# Lehrbuch
der
# Astronomie
von
Joseph Piazzi.

Aus dem Italienischen übersetzt

von

Johann Heinrich Westphal.

*[M]it einer Vorrede des Herrn Hofrath Ritter Gauss.*

*Erster Theil.*
*Mit zwei Kupfertafeln.*

Berlin,
bei G. Reimer.
1822.

Das Original dieses Werks ist im Jahr 1817 unter dem Titel Lezioni elementari di astronomia ad usu del real osservatorio di Palermo in zwei Bänden zu Palermo erschienen, und war zunächst für die astronomischen Vorlesungen bestimmt, welche der Verf zu halten hatte. Obgleich wir an elementarischen Schriften über Astronomie keinen Mangel haben, und einige darunter in ihrer Art vortrefflich sind, so wird man doch, bei der Verschiedenheit der Vorkenntnisse und Absichten der Leser, das Hinzukommen einer neuen nicht für überflüssig halten, zumal von einem Verfasser, der sich um mehrere Theile der Wissenschaft so hohe Verdienste erworben hat. Ich zweifle daher nicht, dafs die Übertragung dieses Werks in unsere Sprache, durch einen Gelehrten, der seine gründlichen Einsichten bereits durch eigene Arbeiten erprobt hat, allen Freunden der Astronomie willkommen sein werde, die entweder durch die Sprache, oder durch die Schwierigkeit, sich italienische Werke zu verschaffen, abgehalten werden das Original zu lesen. Hin und wieder hat der Herr Übersetzer in kleinen Einschaltungen einiges hinzugesetzt, was dem Verfasser bei der Herausgabe des Originals noch nicht bekannt sein konnte, und der letzte Abschnitt, die Berechnung der Kometenbahnen betreffend, rührt von jenem allein her, welcher den Lesern einen Dienst zu erzeigen glaubte, wenn er die Olberssche Methode an die Stelle der von dem Verfasser gewählten unvollkommenen indirecten setzte.

Möge diese Arbeit dazu beitragen, die mehr als oberflächliche Befreundung mit einer Wissenschaft zu befördern, die so vielfachen Stoff zu einer edeln und kräftigen Geistesnahrung darbietet.

Göttingen, den 20. October 1821.

C. F. Gauss.

# Inhalt des ersten Theils.

## *Zweites Buch.*

*Vorkenntnisse für die jetzige Astronomie.*



## *Drittes Buch.*

*Von den Sternen.*

# Einleitung.

§. 1. Das Wort Astronomie bezeichnet in seiner ursprünglichen und natürlichen Bedeutung nichts anders als Regel oder Gesetz der Sterne. Es möchte deſshalb scheinen, als wenn die Wissenschaft, welcher man diesen Namen gegeben hat, nur von den Bewegungen und den Gesetzen der Himmelskörper handeln dürfe; indessen ist einmal allgemein eingeführt, unter derselben Alles zu begreifen, was man am Himmel erforschen kann, oder was auf irgend eine Weise von den Sternen abhängt.

§. 2. Der Zweck der Astronomie ist also die Himmelskörper zu beobachten; sie aufzuzählen und in Klassen zu bringen; ihre natürliche Beschaffenheit zu untersuchen; ihre Gröſse, ihre Masse und ihre gegenseitigen Abstände zu berechnen; die Oerter derjenigen, welche ihre Stelle nicht verändern, ebenso wie die Bahnen der andern, welche sich bewegen, mit allen bei denselben statt findenden Einzelnheiten anzugeben; die Erscheinungen, welche durch die verschiedenen Kombinazionen dieser Bewegungen entstehen müssen, genau zu kennen; die Erklärung aller bekannten Wahrnehmungen zu suchen, wobei diejenigen Thatsachen, die von einer gemeinschaftlichen Ursache abhängen, zusammengefaſst werden, damit man auf solche Weise zu dem ersten, und einfachsten Gesetze, welches die Ursache aller Erscheinungen ist, gelangen möge; endlich sich dieser Kenntnisse in der Nautik, in der Geographie, in der Gnomomik, in der Chronologie, und in allen Fällen zu bedienen, in welchen etwa die menschliche Gesellſchaft von denselben einigen Vortheil ziehen könnte.

§. 3. Wenn die Astronomie aus diesem Gesichtspunkte betrachtet wird, so kann man Alles in ihr Enthaltene in vier Abtheilungen bringen: *Beobachtungen*, *Resultate*, *Theorie*, und *Anwendungen*. Die Beobachtung sammelt und ordnet die Erscheinungen und Thatsachen, welche der Anblick des Himmels darbietet; die Resultate stellen die Wahrheiten dar, welche sich aus den Beobachtungen ableiten lassen; die Theorie giebt die Erklärung derselben, insoweit sie sich aus den, schon anderweitig bekannten Gesetzen der Bewegung folgern läſst; die Anwendungen endlich zeigen den Gebrauch der Lehren in den verschiedenen Zweigen der andern Wissenſchaften, die von der Astronomie abhängen. Es möchte also scheinen, als müſste man nach dieser Eintheilung die Wissenschaft lehren; aber es ist leicht zu bemerken, daſs man auf solche Weise, anstatt das Studium derselben zu erleichtern, es nur noch verwickelter und schwerer machen würde. Beobachtungen, Resultate und Theorie durchkreuzen sich gegenseitig, so daſs man nicht einen Schritt in dem einen Theile thun kann, ohne nicht auch die andern vor Augen zu haben. Will man sich der Beobachtungen bedienen, so muſs man Resultate und Theorie voraus setzen; diese Letztern aber überzeugen nicht, ohne die Erstern. Deſshalb können die drei Theile nicht ganz getrennt werden; man muſs sie also auf solche Art verbinden, daſs sie sich gegenseitig erläutern und unterstützen, und bald diese, bald jene den Weg zum Verständniſs der andern eröffne. Es scheint, als lieſse sich dies nicht besser erhalten, als indem man zuerst einen allgemeinen Abriſs Alles dessen gäbe, was etwa einer, der schon längere Zeit und aufmerksam den Himmel betrachtet hätte, lehren könnte; daſs man dann die hauptsächlichsten Bemerkungen über die Instrumente und Rechnungen mittheilte, auf welche sich die Beobachtungen und Resultate stützen, und daſs man hierauf jede Materie für sich, mit Hülfe jener schon bekannten Sätze abhandelte, weil dann Alles, es möchte sich auf Theorie oder Beobachtung beziehen, leichter und faſslicher werden müſste. Dies ist die Methode welche wir in diesem Lehrbuche anwenden wollen.

# Erstes Buch.

## Erste Beobachtungen und Resultate.

### Erster Abschnitt.

#### Von der allgemeinen Bewegung der Sterne.

§. 4. Um einen einfachen und klaren Gang in unsern Untersuchungen zu gehen, wollen wir voraussetzen, dafs wir uns ohne alle Kenntnifs des Himmels befinden, und zum Erstenmale es unternehmen, ihn zu betrachten und zu untersuchen. Die erste Erscheinung, welche uns auffallen mufs, ist die Bewegung der Sonne und im Allgemeinen aller Sterne. Während eines Tages sehen wir die Erstere am Himmel aufgehen, sich langsam erheben, und auf einer Seite wieder niedersteigen, die derjenigen entgegengesetzt ist, an welcher sie zuerst erschien: wenn es Nacht geworden, sehen wir die Sterne eine gleiche Bahn wie die Sonne beschreiben, und mit einer ähnlichen Bewegung fortrücken. Die Bewegung der Himmelskörper ist also eine allgemeine.

§. 5. Wenn man diese allgemeine Bewegung der Sterne genau beobachtet, so bemerkt man ohne Schwierigkeit, 1) dafs Einer von ihnen gleichsam gar keine Bewegung hat, 2) dafs in Beziehung auf diesen, einige bald auf der einen, bald auf der andern Seite, bald oben, bald unten sich befinden, 3) dafs andere nur oberhalb desselben, oder an den

Seiten gesehen werden. Die Erstern beschreiben also einen vollen Umlauf um den, der unbeweglich zu sein scheint, die Letztern aber nur einen Theil eines Umlaufs, so weit wir es bemerken können. Da indessen diese Letztern, wenn man sie zuerst zur Linken sieht, nachher, wenn sie auf einige Zeit unsichtbar gewesen, zur Rechten erscheinen, und umgekehrt, so kann man nicht zweifeln, daſs auch sie den ganzen Umlauf vollenden, wie die übrigen. Die allgemeine Bewegung der Sterne geschieht also um einen von ihnen, oder um einen Punkt, der diesem sehr nahe ist.

§. 6. Ist aber diese Bewegung den Sternen eigenthümlich, oder kommt sie nur daher, daſs der ganze Himmel sich bewegt, an welchen die Sterne als fest angeheftet betrachtet werden müssen? Die groſse Regelmäſsigkeit, die Einförmigkeit und die Uebereinstimmung dieser Bewegungen unter sich leitet darauf die zweite Voraussetzung der ersten vorzuziehen. Deſshalb wird man den Himmel als eine Kugel betrachten, welche sich um ihre eigne Axe dreht, und auf solche Weise uns, die wir uns im Mittelpunkte befinden, die Erscheinung einer allgemeinen Bewegung der Sterne darbietet. Dies war die Vorstellung welche sich die ersten Beobachter hievon machten, und welche allgemein bis auf Kopernikus beibehalten wurde *).

---

*) Kopernikus und vor ihm einige der Alten meinten, daſs die tägliche Bewegung der Sterne weder ihnen, noch dem Himmel eigenthümlich, sondern blos eine Erscheinung sey, die durch die Umwälzung der Erde um ihre eigne Axe hervorgebracht werde: ganz auf dieselbe Weise, wie die Bewegung eines Platzes blos eine Erscheinung seyn würde für den, der in der Mitte auf einer Stelle sich befände, welche sich um sich selbst bewegte, ohne daſs er es gewahr würde. Diese Meinung, die Anfangs als Hypothese aufgestellt wurde, ist jetzt eine

## Zweiter Abschnitt.

### *Von den Punkten und Kreisen, die man sich an der Himmelskugel vorstellen muſs.*

§. 7. Nachdem der erste Schritt in der Betrachtung des Himmels geschehen, wird es nöthig seyn, wenn man diese Bewegungen und den Himmel selbst aufmerksamer erforschen will, sich an ihm verschiedene Punkte und Linien vorzustellen, um auf diese die Beobachtungen und Untersuchungen zu beziehen. Indem wir also den Himmel als eine Kugel ansehen, welche sich um sich selbst dreht, können wir bei ihr sowohl die Axe, um welche diese Bewegung vor sich geht, als auch die äussersten Punkte derselben betrachten. Jene wollen wir die *Weltaxe*, diese ihre *Pole* nennen, die ebenso wie die Axe immer dieselbe Lage behalten, und als fest und unbeweglich betrachtet werden müssen. Wenn wir nun die ganzen Umläufe bei den Sternen, bei welchen dies angeht, mit dem Auge verfolgen, so muſs sich einer der Pole in ihrer Mitte, oder in demjenigen Theile des Himmels befinden, den wir sehen, und der andere in dem entgegengesetzten, uns unsichtbaren Theile. Von diesen beiden Polen werden wir den erstern den *Nordpol*, den letztern den *Südpol* nennen.

§. 8. Da der Nordpol sich in der Mitte derjenigen Sterne befinden muſs, die in dem uns sicht-

---

unwiderlegbare Wahrheit geworden; da sie aber dem Zeugnisse der Sinne widerspricht, und deſshalb auch nur erst nach langem Streite allgemein angenommen worden, so kann man nicht verlangen, daſs sie sich sogleich auf den ersten Blick darbieten solle. Deſshalb sind wir hier derjenigen Ansicht gefolgt, die leichter aufzufassen ist und auch den unmittelbaren Erscheinungen besser entspricht.

baren Theile der Himmelskugel ihre Umläufe vollständig beschreiben, so können wir leicht den Punkt finden, welcher ihm sehr nahe entspricht. Dazu wird nur nöthig seyn, daſs wir im Laufe mehrerer Nächte die allgemeine Bewegung der Sterne untersuchen, indem wir dieselbe, der grössern Leichtigkeit wegen, auf einen Thurm oder einen andern festen Punkt beziehen. Wir werden finden, daſs Einer unter ihnen ist, welcher, während die Andern nach und nach ihre Stelle verändern, sehr nahe immer an demselben Orte stehen bleibt; deſshalb werden wir diesen den *Polarstern* nennen, und in ihm oder nahe bei ihm wird der Pol liegen müssen.

§. 9. Nachdem die Lage des Pols bekannt ist, unterscheidet man in Beziehung auf ihn, eine rechte und eine linke Seite des Himmels, ferner den ihm grade gegenüber liegenden Punkt und die auf beiden Seiten zwischen diesem und dem Pole in der Mitte liegenden Punkte. Diese sollen *Weltgegenden* heissen und die Namen *Osten*, *Westen*, *Norden* und *Süden* erhalten. Norden ist derjenige Punkt, gegen welchen wir uns wenden, wenn wir den Pol ansehen, Süden oder Mittag der entgegengesetzte, derjenige nämlich, wo die Sonne um Mittag steht; Osten und Westen sind die Punkte, welche in der Mitte zwischen den beiden erwähnten und in gleicher Entfernung von ihnen liegen, der erstere an der Seite, wo die Sterne aufgehen, der letztere an derjenigen, wo sie untergehen Osten ist zur rechten Seite, wenn man das Gesicht gegen den Pol wendet.

§. 10. Ein anderer Punkt, der am Himmel bezeichnet werden muſs, ist derjenige welcher grade über uns sich befindet, oder in welchem eine lothrechte Linie, gehörig gegen den Himmel hin verlängert, sich endigen müſste. Dieser Punkt heifst *Zenith*, und *Nadir* der entgegengesetzte uns immer unsichtbare.

§. 11. Da das Zenith und das Nadir sich grade entgegengesetzt sind, so wird ihre Entfernung von einander, auf einem Kreise gezählt, der am ganzen Himmel herum durch diese beiden Punkte geht, immer 180° betragen. Wir wollen einen solchen Kreis einen *Vertikalkreis* nennen, auf welcher Seite er sich auch befinden möge.

§. 12. Jedesmal wenn wir auf einem freien Felde um uns blicken, sehen wir den Himmel unter der Gestalt einer Halbkugel, die sich über uns befindet; die andere Hälfte bleibt immer unter uns. Wir wollen die uns sichtbare Hemisphäre, die *obere*, die entgegengesetzte, die *untere*, und den gröfsten Kreis, welcher beide trennt, den *Horizont* nennen.

§. 13. Da das Zenith der höchste Punkt des Himmels ist, so wird es stets von allen Punkten des Horizonts um 90° entfernt seyn.

§. 14. Man unterscheidet zwei Horizonte, den *wahren*, und den *scheinbaren*. Der Erste wird durch eine Ebene gebildet, die senkrecht zu der Linie ist, welche vom Zenith zum Nadir geht, und diese genau in der Mitte zwischen beiden Punkten trifft: der Andere ist derjenige Kreis, der unsern Blick begränzt, wenn wir uns auf freiem Felde befinden; er kann als eine Ebene betrachtet werden, welche dem wahren Horizonte parallel ist, und die Erde in dem Punkte berührt, wo sich der Beobachter befindet.

§. 15. Der wahre Horizont ist unbegränzt; der andere breitet sich auf offnem Meere, und wenn das Auge sich in der Höhe von fünf Fussen befindet, nicht über $2\frac{1}{3}$ Meile aus. Bei den Beobachtungen am Himmel, fallen beide Horizonte, wegen der unermefslichen Entfernung der Sterne von uns, zusammen, oder bilden nur einen Einzigen; bei denen auf der Erde aber mufs man sie unterscheiden, indem der Eine durch den Mittelpunkt der Erde geht, der Andere aber eine tangirende Ebene zu derselben ist.

§. 16. So wie wir den Himmel in zwei Halbkugeln durch eine Ebene getheilt haben, welche senkrecht zu der Linie ist, die das Zenith mit dem Nadir verbindet, ebenso wollen wir eine andere Ebene annehmen, welche die Weltaxe in zwei gleiche Theile zerlegt und senkrecht zu ihr ist: wir werden dann zwei andere Halbkugeln haben, deren Eine, nämlich diejenige in welcher unser Pol befindlich, wir die *nördliche*, die Andere die *südliche* nennen können. Der Kreis, welcher beide Hemisphären trennt, soll der *Aequator* heifsen. Er ist der gröfste, welcher bei der allgemeinen Bewegung der Himmelskugel von den Sternen beschrieben wird, und defshalb verdient er genau bemerkt und unterschieden zu werden.

§. 17. Nachdem der Himmel in zwei Hemisphären in Beziehung auf Zenith und Nadir, und in zwei Andere in Beziehung auf die Pole getheilt ist, wird es gut seyn, ihn noch in zwei dergleichen in Beziehung auf die Punkte Ost und West, zu theilen. Die erste Hemisphäre wollen wir die *östliche*, die Andere, die *westliche*, und den Kreis, der sie trennt, den *Meridian* nennen; dieser, da er senkrecht zum Horizonte ist, wird die Gränze seyn, wo die Sterne die gröfste Höhe erlangen, und von wo sie anfangen niederzusinken. Der Meridian ist also ein Kreis, der im Allgemeinen die Bögen, welche die Sterne vom Punkte ihres Aufganges bis zu dem ihres Unterganges beschrieben haben, in zwei gleiche Theile theilt. Wenn dieselben bis zu ihm gelangt sind, so sagt man, dafs sie sich in der Mitte ihrer Bahn befinden; bei der Sonne nennt man dies *Mittag*. Da Zenith und Pol in gleichen Entfernungen vom Ost- und Westpunkte sind, so muſs der Meridian nothwendig immer durch den Pol und das Zenith gehen.

§. 18. Ehe wir weiter gehen, wird es gut sein, eine Kugel zu bilden, welche den Himmel darstelle, und auf ihr die verschiedenen, bis jetzt beschriebenen Punkte und Kreise zu bezeichnen. Es sey also (Fig. 1.) *PHEOF* eine Kugel von beliebiger Materie und Gröſse. Man nehme auf ihr zwei entgegengesetzte Punkte *P* und *A* an, welche die beiden Pole vorstellen: die Linie, welche mitten durch die Kugel von Einem derselben zum Andern geht, wird die Weltaxe seyn, um welche die allgemeine Bewegung geschieht. Man nehme zwei andere Punkte *Z* und *N*, die sich ebenso wie die vorigen, entgegengesetzt sind, und Zenith und Nadir vorstellen. Indem man nun zuerst *Z*, dann *P* als Mittelpunkt annimmt, beschreibe man zwei gröſste Kreise *HFO*, *EFQ*, so wird der Erste der Horizont, der Zweite der Aequator seyn; man ziehe noch zwei andere Kreise, von denen der Eine *ZPHN* durch Zenith und Pol, der Andere *ZV* durch das Zenith gehe und zum Horizonte senkrecht sey, so wird der Erste ein Meridian, der Zweite ein Scheitelkreis oder Vertikalkreis sein: *OPHVFO* ist die obere sichtbare Hemisphäre, *ONHVFO* die untere unsichtbare; die übrigen Hemisphären lassen sich nicht in einer ebenen Figur darstellen. Der Punkt *F*, welcher in der Mitte der östlichen Hemisphäre angenommen wird, ist Osten, der ihm entgegensetzte, Westen.

## *Dritter Abschnitt*

### *Von der Gestalt der Erde, und von den auf sie übergetragenen Himmelskreisen*

§. 19. Diese am Himmel bezeichneten Punkte und Kreise wollen wir jetzt auf die Erde übertragen, vor allen Dingen aber näherungsweise die Gestalt der Erde suchen. Beim ersten Anblicke stellt sich die Erde als eine weite Ebene dar, auf welcher der Himmel in Gestalt einer hohlen Halbkugel ruht. Aber die allgemeine Bewegung der Sterne zeigt hinlänglich, daſs sie ebensoweit als sie von uns in der obern Hemisphäre entfernt sind, auch in der untern entfernt sein müssen; hieraus folgt, daſs man die Erde vielmehr als in den Mittelpunkt der Himmelskugel gestellt betrachten müsse, und daſs ihre Gestalt nicht sehr weit von der einer Kugel entfernt sein könne. Wenn wir ferner ein Schiff von dem Augenblicke an betrachten, in welchem es vom Ufer abstöſst, und bemerken, auf welche Weise es sich unsern Blicken nach und nach entzieht, so werden wir wahrnehmen, daſs der Körper des Schiffes das Erste ist, was wir aus dem Gesichte verlieren, hierauf verschwinden die Segel, und endlich die Spitzen der Masten. Auf gleiche Weise werden wir, wenn wir gegen Mittag reisen, Sterne bemerken können, die wir früher nicht gesehen, und die wir auch nicht mehr sehen, wenn wir zu dem vorigen Standpunkte zurückkehren. Alles dies kann nicht erklärt werden, ohne die Erde sehr nahe als eine Kugel zu betrachten *).

---

*) Obgleich in unsern Tagen die Ründung der Erde etwas allgemein Bekanntes ist, so hatte es doch die gröſsten Schwierigkeiten, und viele Jahrhunderte gingen vorbei, ehe diese Meinung selbst nur von den am meisten gebildeten und unterrichteten Personen angenommen wurde. Die Griechen waren so-

§. 20. Da die Erde eine Kugelgestalt hat und

---

weit von derselben entfernt, daſs sie eine lange Reihe von Jahren hindurch, sich blos auf das unmittelbare Zeugniſs der Sinne verlieſsen und der Erde keine andere Gestalt gaben, als diejenige welche sie uns beim ersten Anblicke zeigt, und zugleich sie von keinen andern Gränzen umgeben glaubten, als vom Ozean, in welchem, wie sie meinten, die Sonne täglich ihre Gluten löschte. Die Indier, bei denen vielleicht die Wissenschaften ihren ersten Ursprung nahmen, betrachteten sie wie eine gewaltig groſse, unförmliche Masse, die von vier Elephanten getragen würde. Endlich verloren sich diese und viele andere unpassende Meinungen, aber nichtsdestoweniger konnte man Anfangs nicht begreifen, wie die Erde, die doch von allen Seiten bewohnt wäre, eine runde Gestalt haben könnte. Es schien unmöglich, daſs diejenigen, die sich an dem uns entgegengesetzten Theile befänden, sich auf ihren Füſsen aufrecht erhalten könnten, und nicht vielmehr von ihrem eignen Gewichte niedergezogen, in den unendlichen Raum hinabfielen. Es half nichts, daſs man sagte, wir machten mit der Erde ein Ganzes aus, wir wären ein Theil von ihr, und würden immer, wo wir uns auch befinden möchten, gegen dieselbe hingetrieben, ferner daſs auch in dem Raume, in welchem die Erde schwebe, kein absolutes Oben und Unten statt fände, sondern daſs allenthalben die Füſse unterhalb des Kopfes sich befänden, weil sie näher am Mittelpunkte ständen. Und wenn Magelhans und viele andere nach ihm, nicht rund um unsere Erde gefahren wären, wer weiſs wie viele Ungläubige es noch jetzt geben möchte!

Es ist aber zu bemerken, daſs die Ründung, von welcher wir reden, nicht im allerstrengsten Sinne zu nehmen sey: weil ausser den Ungleichheiten der Berge, Thäler u. s. w. die aber gegen die ganze Gröſse für nichts zu achten sind, die Erde (wie an seinem Orte bewiesen werden soll) wirklich an den Polen eingedrückt und unterm Aequator erhoben ist.

in dem Mittelpunkte der Himmelskugel liegt, so werden alle Punkte und Kreise, welche wir an dieser vorausgesetzt, und mittelst verschiedener, durch den Mittelpunkt gelegten Ebenen gebildet haben, sich auch auf der Erde finden. Wenn wir also ebenso wie wir eine Kugel angenommen haben, den Himmel darzustellen, eine andere für die Erde annehmen, so können auf dieser dieselben Punkte und Kreise als auf jener vorgestellt werden. Doch findet, und zwar aufser der Benennung, ein Unterschied zwischen beiden Kugeln statt: bei der Himmelskugel betrachtet man die Erde als unbeweglich fest im Mittelpunkte, und einem Punkte gleich, der denselben Ort mit dem Auge des Beobachters einnimmt; bei der Erdkugel befinden wir uns aber auf ihrer Oberfläche, deren verschiedene Punkte so wenig in Beziehung zu einander, als zum Mittelpunkte, als ein einziger betrachtet werden können. Man wird also ebensoviele verschiedene Punkte und Kreise, auf der Erdkugel wie auf der Himmelskugel haben, wo immer die zusammenstimmenden auf beiden gleichbenannt sind.

§. 21. Daraus folgt: 1) Blos die Pole und der Aequator werden für die ganze Oberfläche der Erde dieselben seyn, weil sie immer denselben Punkten der Himmelskugel entsprechen;

2) Jeder Punkt der Erde wird sein besonderes, von dem eines Andern völlig verschiedenes Zenith, und ebenso auch sein Nadir haben.

3) Der Abstand des Zeniths vom Pol ist das Komplement seines Abstandes vom Aequator.

4) Da der Horizont vom Zenith um 90° entfernt ist, so wird jedes Zenith seinen eignen und besondern Horizont haben.

5) Der Abstand des Horizonts vom Aequator wird dem Abstande des Zeniths vom Pole gleich seyn.

6) Es werden soviele verschiedene Meridiane statt finden, als es verschiedene Punkte der Erde giebt, durch welche Kreise vom Pole zum Aequator geführt werden können.

7) Alle Punkte der Erde, welche sich in der Richtung von einem dieser Kreise befinden, werden denselben Meridian haben.

8) Indem man längs des Aequators fortgeht, ändert sich der Abstand vom Pole nicht; geht man aber längs eines Meridians, so geschieht im Gegentheile die ganze Ortveränderung nur in Beziehung auf den Pol.

## *Vierter Abschnitt.*

### *Eintheilung der Himmelskörper in Fixsterne und Planeten.*

§. 22. Nachdem die Hauptpunkte des Himmels, auf welche wir unsere Beobachtungen beziehen können, festgestellt und auch auf die Oberfläche der Erde übergetragen sind, ist es nothwendig, daſs wir zur Untersuchung der Bewegung der Sterne zurückkehren. Hier werden wir aber gleich Anfangs bemerken, daſs wenn auch die tägliche Bewegung allen gemeinschaftlich ist, deſshalb nicht alle dieselben gegenseitigen Abstände von einander behalten: Einige, wiewohl nur in sehr geringer Anzahl, sieht man, so zu sagen, am Himmel herumschweifen, indem sie sich bald dieſem, bald jenem Sterne nähern, und nachher wieder von ihm entfernen. Wir werden deſshalb zwei Arten von Himmelskörpern unterscheiden, *Fixsterne*, und *Wandersterne* oder *Planeten;* zu den Erstern werden wir diejenigen rechnen, welche keine Bewegung in Beziehung auf einander haben, oder welche immer an derselben Stelle bleiben; zu den Letztern die Uebrigen.

## *Fünfter Abschnitt.*

### *Vom Monde.*

§. 23. Der Mond ist derjenige Himmelskörper, der gewiſs zuerst die Menschen angetrieben hat, die erwähnten Beobachtungen und Eintheilungen zu machen. Wenn man ihn beim Einbruche der Nacht nahe bei irgend einem Stern beobachtet, so wird er, nach Verlauf von einigen Stunden, sich schon merklich von demselben entfernt haben, als wenn er gleichsam gegen die Ostseite hin zurückgegangen wäre. Nach einigen Tagen wird er, wenn der Stern mit welchem er zuerst verglichen wurde, nahe beim Untergange ist, kaum angefangen haben sich am Himmel zu zeigen. Wenn wir ihn noch längere Zeit aufmerksam verfolgen, so werden wir bemerken, 1) daſs er sich wirklich zu derselben Zeit nach Osten bewegt, in welcher er mit allen übrigen Sternen gegen Westen fortrückt; 2) daſs seine eigene Bewegung so groſs ist, daſs er in einem Zeitraume von ungefähr 27 Tagen den ganzen Umlauf um den Himmel vollendet, und zwar in einer Richtung, welche derjenigen der täglichen Bewegung entgegengesetzt ist. Hievon kann man sich am besten überzeugen, wenn man einen Stern wählt, dem er in irgend einem Augenblicke ganz nahe ist, und auf diesen seine Bewegung 27 Tage hindurch bezieht. Dann wird man sehen, daſs er sich schon nach 24 Stunden von dem Stern um ungefähr 13° gegen Osten entfernt hat, und indem er von Tage zu Tage so fortrückt, sich demselben nach 27 Tagen von der Westseite nähert und wieder mit ihm zusammentrifft.

§. 24. Noch eine andere, besondere Erscheinung bietet der Mond dar. Nachdem er in runder und glänzender Gestalt, eine ganze Nacht uns sein

Licht zugesendet hat, verliert er nach und nach dasselbe und seinen Glanz; seine Scheibe wird immer kleiner, er geht immer später auf, und erscheint bald nur noch während der Hälfte der Nacht, und in der Gestalt eines Halbkreises. Nach einigen Tagen, wenn er sich noch mehr der Sonne genähert hat, sieht man ihn nur wie eine Sichel, welche sich am Himmel kurz vor dem Aufgange der Sonne erhebt; er nimmt hiebei immer mehr an Licht und Gröfse ab, und verliert sich endlich in den Sonnenstrahlen, die ihn unsern Blicken entziehen. Zwei bis drei Tage hindurch bleibt er unsichtbar; dann fängt er von Neuem an, sich am Abende im Westen zu zeigen; indem er aber nach und nach immer mehr gegen Osten fortrückt und sich von der Sonne entfernt, nimmt seine Gröfse und sein Glanz zu, indem seine Sichel voller und mehr erleuchtet wird. In der Entfernung von 90° von der Sonne erscheint er unter der Gestalt eines Halbkreises; sieben Tage später, wenn er sich von der Sonne um 180° entfernt hat, zeigt er sich rund und überall leuchtend, wie den Monat vorher, und geht um Mitternacht durch den Meridian. Man nennt den Zustand des Mondes, wenn er in den Strahlen der Sonne unsichtbar ist, *Neumond*, 90° von derselben entfernt, *erstes Viertel*, bei 180°, *Vollmond*, und bei 270°, *letztes Viertel*.

## *Sechster Abschnitt.*

### *Von der Sonne.*

§. 25. Ebenso wie der Mond entfernt auch die Sonne sich fortwährend von den Sternen, welche von ihr gegen Westen liegen, und nähert sich denen, die sich östlich von ihr befinden. Auch sie hat also eine wirkliche oder scheinbare Bewegung von Westen gegen Osten; doch ist dieselbe nicht so geschwinde und nicht so leicht zu erkennen, wie beim Monde, aber dessenungeachtet nicht weniger richtig und gewiſs. Der Anblick des Himmels ändert sich beständig, indem er gleichsam in jeder Nacht unsern Blicken neue Sterne darstellt, die früher nicht gesehen wurden, und dagegen andere nicht mehr zeigt: nach einer Zeit von sechs Monaten ist alles ganz geändert und wir sind kaum im Stande uns zurecht zu finden. Die Sterne welche man anfänglich beim Untergange der Sonne aufgehen sah, sind jetzt nahe im Westen; diejenigen, welche damals in der Mitte des Himmels standen, sind nicht mehr sichtbar, und alles deutet eine neue Ordnung und Vertheilung an. Eine aufmerksame Beobachtung wird uns aber zeigen, daſs schon in jedem einzelnen Tage eine merkliche Beschleunigung im Aufgange und Untergange der Sterne statt finde. Alles dies kann man aber nicht anders gehörig deuten und erklären, als indem man der Sonne eine scheinbare oder wirkliche Bewegung beilegt, durch welche sie sich von den westlichen Sternen entfernt, und den östlichen nähert.

## *Siebenter Abschnitt.*

### *Von den Planeten und Kometen.*

§. 26. Wenn wir nach der Betrachtung der Sonne und des Mondes zu den Sternen übergehen, so werden wir unter den glänzendsten Einige treffen, welche ihren Ort in Hinsicht auf die Andern verändern, indem sie von Westen gegen Osten fortrückend, bald auf dieser, bald auf jener Seite des Himmels erscheinen. Mit etwas Aufmerksamkeit wird es uns gleich Anfangs leicht werden, deren bis auf fünf zu zählen, welchen die Namen *Jupi-*

*ter*, *Saturn*, *Mars*, *Hesperus* oder *Abendstern*, und *Lucifer* oder *Morgenstern* gegeben sind. Die beiden Letztern werden wir nach lange fortgesetzten Beobachtungen endlich als einen Einzigen erkennen, der stets bei der Sonne bleibt, bald ihr im Westen folgt, bald ihr im Osten vorangeht; er hat den Namen *Venus* erhalten. Eine noch aufmerksamere Untersuchung des Himmels wird uns noch einen dieser Art entdecken lassen, der *Merkur* genannt worden; er ist stets in geringer Entfernung von der Sonne, bald gegen Osten, bald gegen Westen von ihr.

§. 27. Noch andere Körper werden wir von Zeit zu Zeit am Himmel wahrnehmen, die von einer schwachen Lichthülle umgeben, oder auch von langen, matt leuchtenden Schweifen begleitet sind, ohne irgend eine Ordnung, bald auf dieser Seite des Himmels, bald auf jener, herumschweifen, und nach kurzer Zeit sich unsern Blicken entziehen und nicht wieder zum Vorschein kommen. Ungewiſs darüber, was sie eigentlich sein mögen, ob wirkliche Himmelskörper oder nur Meteore, mag es uns hier genug sein, sie ihrem äussern Ansehen nach *Haarsterne* oder *Kometen* zu nennen, und die Umstände ihrer Erscheinung, vorzüglich Zeit und Ort zu bemerken *).

*) Die Kometen wurden lange Zeit hindurch für Körper gehalten, die sich bei ihrem Erscheinen erst neu gebildet hätten; die Unwissenheit zählte sie zu den Meteoren, der Aberglaube, der unzertrennbare Gefährte von jener, betrachtete sie wie Zeichen des Zorns des Himmels, und wie Vorbedeutungen seiner schwersten Züchtigungen und Plagen. Die bessern Einsichten der neuern Astronomie haben eine so eitle Furcht vernichtet, indem sie zeigten, daſs die Kometen ebenso gut Himmelskörper als die Planeten, und wie sie Glieder der groſsen Kette wären, welche alle Theile des Weltalls zusammenhält.

## Achter Abschnitt.

*Von der Art und Weise die Bewegung der Sterne mit der Bewegung der Planeten zu verbinden.*

§. 28. Wie kann man aber die allgemeine Bewegung der Sterne von Osten nach Westen mit derjenigen der Planeten von Westen nach Osten in Uebereinstimmung bringen? Wenn wir statt eine einzige Himmelskugel vorauszusetzen, wie Anfangs geschehen, deren acht verschiedene und konzentrische annehmen, von welchen die Erste, die, um sie von den Uebrigen zu unterscheiden das *Primum Mobile* genannt werden mag, nur allein die eigentlichen Sterne, die Uebrigen aber die Planeten, jede einen derselben, enthält; so wird nichts weiter verlangt, um die eigne Bewegung der Planeten von Westen nach Osten zu erklären, und sie mit der täglichen des ganzen Himmels zu vereinigen, als nur eine andere, der vorigen nicht wiederstreitende Voraussetzung zu machen, nach welcher, während das Primum Mobile alle übrigen Sphären mit sich von Osten nach Westen fortreifst, diese mit verschiedener Geschwindigkeit, die aber weit geringer als die des Primum Mobile, sich in der entgegengesetzten Richtung, von Westen nach Osten bewegen. Bei dieser Hypothese müssen nothwendig die Planeten nach und nach gegen Osten vorrücken, während sie an jedem Tage vom

---

Ihre Anzahl ist ziemlich grofs, und fast in jedem Jahre entdeckt man neue mit Hülfe der Fernröhre. Von 117 ist schon die Bahn mehr oder minder genau berechnet, von fünf der Umlauf bekannt; dessenungeachtet ist dieser Theil der Astronomie noch unvollkommen, und man kann nicht mit Gewifsheit sagen, ob er jemals wird viel weiter gebracht werden.

Primum Mobile in der gemeinschaftlichen Bewegung nach Westen fortgetrieben werden.

§. 29. Wenn aber diese Erklärung im Allgemeinen für die Bewegung der Planeten gegen Osten genügt, so ist sie doch für die Darstellung der Einzelnheiten derselben nicht hinlänglich. Die Sterne haben im Meridiane immer dieselbe Höhe über dem Horizonte; die Planeten aber, die Sonne und der Mond zeigen sich hier bisweilen höher, bisweilen niedriger: es scheint, als wenn sie einige Zeit sich gegen Norden bewegten; dann, als wären sie zurückgestofsen, kehren sie um gegen Süden, nachher fangen sie wieder an sich nach Norden, und hierauf wieder nach Süden zu bewegen u. s. w. Die Planeten bewegen sich also zu gleicher Zeit, sowohl gegen Osten als gegen die Pole; von welchen beiden Bewegungen, wohl nur die erste durch die vorhergehende Erklärung dargestellt werden kann.

§. 30. Die zweite Bewegung wird sich offenbar aus der ersten ableiten lassen, wenn man die Pole der einzelnen Sphären verschieden von den Polen des Primum Mobile, oder den Weltpolen annimmt. Da jede Sphäre von der Andern verschieden ist, und ihre eigne Geschwindigkeit hat, so hindert nichts, ja es scheint sogar ganz natürlich, zu glauben, dafs sie auch ihre besondere Axe habe, um welche sie sich bewege. Hiedurch wird bewirkt, dafs der Planet, jenachdem er in dem einen oder in dem andern Theile seiner Sphäre ist, beim Durchgange durch den Meridian bald höher, bald niedriger erscheint. Diese Hypothese, obgleich sehr weit von der Wahrheit entfernt, ist doch hinlänglich, die Möglichkeit solcher Bewegungen zu zeigen; die genauere Kenntnifs der Letzteren wird freilich ihre Unzulänglichkeit darthun und uns dahin führen, passendere und der Wahrheit mehr angemessene Annahmen zum Grunde zu legen *).

## Neunter Abschnitt.

### Von der Bahn der Sonne und deren Eigenthümlichkeiten.

§. 31. Indem wir zu der Untersuchung der Sonne zurückkehren, wollen wir ihre Bahn, deren Eigenthümlichkeiten, und was von ihnen abhängt, näher betrachten. Bei dieser Untersuchung gehen

*) So kindisch und abgeschmackt zu unserer Zeit die Hypothese von den Sphären erscheinen mag, so war sie dies doch nicht in den Zeiten, in welchen sie erdacht wurde; Eudoxos, der wie es scheint ihr Erfinder war, erntete viel Lob durch sie ein. Wir urtheilen immer nach der Analogie, und die falschen Folgerungen, zu welchen uns diese oft führt, lassen sich nicht so leicht beseitigen: wie lange müssen oft Beobachtung, Nachdenken und Zeit mit einer einmal aufgefafsten und angenommenen Idee kämpfen! Die ersten Beobachter urtheilten über die Himmelskörper nach dem, was sie auf der Erde sahen; und da hier nichts sich frei in der Luft erhält, so konnten sie nicht begreifen, wie die Sterne im Raume frei schweben und sich bewegen konnten. Sie nahmen defshalb Sphären an, in welche sie gleichsam eingefügt wären, gaben diesen die Beschaffenheit der Kristalle, damit man frei durch sie hindurch sehen könnte, und vertrauten sie ebensovielen höhern Geistern an, die sie ihren Weg führen sollten. Es darf also nicht Wunder nehmen, wenn Pythagoras, Aristoteles und die übrigen griechischen Philosophen dies lehrten: aber erstaunen mufs man darüber, dafs es möglich war, nachdem sie schon von Ptolemäos verworfen waren, dieselben von neuem aufzunehmen und bis zur Wiederauflebung der bessern Philosophie beizubehalten.

wir von der einfachsten Erscheinung, vom Schatten der Sonne, aus; dieser ist den Tangenten ihrer Abstände vom Scheitel proporzional, und kann also, wenn er lange Zeit hindurch beobachtet wird, uns den Weg angeben, welchen die Sonne täglich macht. Es sei an einem Orte, z. B. in Palermo ein grader Stab, von 8 Fuſs Länge, senkrecht und fest auf einer horizontalen Ebene errichtet. Der Schatten welchen er zu Mittage wirft, findet sich am 21ten März 6,277 Fuſs; von diesem Tage an, wird er immer mehr abnehmen bis zum 21. Junius, wo er nur von 2,091 Fuſs Länge erscheinen wird; hierauf fängt er an zu wachsen, und am 21. September ist er dem vom 21. März gleich; er wächst bis zum 21. Dezember, wo er 14,770 Fuſs lang sein wird; nun nimmt er aber wieder ab, und wird von neuem am 21. März 6,277 Fuſs lang sein, und auch an den folgenden Tagen immer sehr nahe dieselben Längen, wie im Jahre vorher an denselben Tagen, zeigen. Hieraus lassen sich sehr einfach folgende Resultate ableiten.

§. 32. 1) Die Mittagsschatten der Sonne nehmen vom Kleinsten zum Gröſsten regelmäſsig zu, und ebenso regelmäſsig von diesem bis zu jenem wieder ab. Die Bahn der Sonne ist also eine regelmäſsige und in sich zurückkehrende Linie.

2) Während des Uebergangs des Schattens von seinem gröſsten oder seinem kleinsten Werthe bis wieder zu diesem Punkte, finden sich zwei Tage, in welchen die Dauer der Nacht der des Tages gleich ist, ebenso auch die Schatten an sich, und die Abstände von ihren gröſsten und kleinsten Werthen, dieselben sind. Die Bahn der Sonne hat also zwei, diametral entgegengesetzte Punkte mit dem Aequator gemein.

3) Auſser diesen beiden Tagen finden sich keine, an welchen die Schatten unter sich, und auch

Tag und Nacht gleich wären. Deſshalb befindet sich die Sonne nur an diesen beiden Tagen im Aequator.

4) Nach den beiden erwähnten Tagen wachsen die Schatten oder nehmen ab, jenachdem die Sonne sich dem gröſsten oder dem kleinsten Werthe des Schattens nähert. Der Weg der Sonne entfernt sich also vom Aequator.

5) In gleichen Abständen von den Durchschnittspunkten der Sonnenbahn mit dem Aequator, sind Zunahme und Abnahme des Schattens sehr nahe dieselben, und umgekehrt. Die Bahn der Sonne, die wir *Ekliptik* nennen wollen, befindet sich also in einer Ebene, und ist zu beiden Seiten auf gleiche Weise gegen den Aequator geneigt,

6) Da die Sonne am 21. März und 21. September im Aequator ist, so kann man aus der Länge des Schattens die Höhe des Aequators und also des Pols über dem Horizonte herleiten. Es sei (Fig. 2.) $S$ die Sonne im Aequator, $Z$ das Zenith, $P$ der Pol, $AC$ der aufgerichtete Stab, $CO$ die Länge des Schattens; dann ist 1. $SZ$ der Abstand des Aequators vom Zenith $= PM$ der Höhe des Pols über dem Horizonte, 2. $ZP$ der Abstand des Zenith vom Pol $=$ $SN$ der Höhe des Aequators über dem Horizonte. Im Dreiecke $CAO$, das bei $C$ rechtwinklig, ist $CAO$ $= SAZ$, und $COA = ZAP$, ferner $AC : CO = R :$ Tang $OAC$, und wenn man $AC = 8$ Fuſs, und $CO$ $= 6{,}277$ setzt, so erhält man

$$\begin{array}{l} \text{Compl. log } 8 \;\ldots\; 9{,}09691 \\ \underline{\log\; 6{,}277 \;\ldots\ldots\; 0{,}79775} \\ \log \text{ Tang } OAC = 9{,}89466 \end{array}$$

Also ist $OAC = ZAS = 38° \; 7' = PM$ der Höhe des Pols über dem Horizonte, und $51° \, 53'$ die Ergänzung $= SN$ der Höhe des Aequators über dem Horizonte.

7) Wenn man auf dieselbe Weise am 21. Dezember den gröſsten, und am 21. Junius den kleinsten Schatten miſst, so kann man den Winkel finden, den der Aequator mit der *Ekliptik* macht. Man berechne für diese beiden Tage den Abstand der Sonne vom Zenith; er wird am 21. Dezember 61° 35', am 21. Junius 14° 39' betragen: die Hälfte ihres Unterschiedes, nämlich 23° 28' wird den Winkel des Aequators mit der Ekliptik geben, den man die *Schiefe der Ekliptik* nennt. Vom 21. März bis zum 21. September sind 187 Tage, und nur 178 vom 21. September bis zum 21. März; die Sonne braucht also längere Zeit die nördliche Hälfte ihrer Bahn zu durchlaufen; deſshalb ist ihre Bewegung nicht gleichförmig.

8) Wenn man an dem Tage, an welchen der Schatten der Sonne der gröſste oder kleinste war, einen Stern zugleich mit derselben hat aufgehen und untergehen sehen, so wird man ebendies wiederum bemerken, wenn der Schatten zu derselben Gröſse zurückgekehrt ist. Deſshalb hat die Sonne in dieser Zeit den ganzen Umlauf am Himmel vollendet.

9) Dieser Zeitraum ist ungefähr 365 Tage lang, welches also als die Zeit betrachtet werden muſs, die die Sonne gebraucht um ihre Sphäre von Westen gegen Osten zu durchlaufen; wir werden denselben ein *Jahr* nennen und uns seiner bedienen, um die Dauer der Umwälzungen der übrigen Planeten zu bestimmen.

10) Diese erste Messung kann einigermaſsen berichtigt werden, indem man die Länge des Schattens beobachtet, die nach 365 Tagen grade ebendieselbe seyn müſste, wenn die Sonne ihren Lauf genau vollendet hätte. Man beobachtet indessen, daſs sie nicht von derselben Gröſse ist, als sie vorher gefunden war, sondern ungefähr um ein Vier-

tel ihrer täglichen Veränderung gröſser oder kleiner gefunden wird, jenachdem sie nämlich überhaupt abnimmt oder zunimmt. Die Sonne braucht deſshalb etwas mehr als 365 Tage, um ihren Umlauf zu vollenden: wenn man die Beobachtung nach zwei Umläufen anstellt, so wird der Unterschied der doppelte, nach drei Umläufen der dreifache sein und nach vier Umläufen wird der Schatten erst dieselbe Gröſse erlangen, wenn 366 Tage verflossen sind. Deſshalb werden wir die Länge des Jahrs zu $365\frac{1}{4}$ Tage annehmen. *)

## *Zehnter Abschnitt.*

*Von der Armillarsphäre und ihrem Gebrauche. Von den Aequinokzien, den Solstizien, den Längen und den Breiten.*

§. 33. Nachdem wir die Höhe des Pols und des Aequators, und die Schiefe der Ekliptik ken-

*) Man könnte vielleicht glauben, daſs das, was wir hier aus einer einfachen Beobachtung kurz hergeleitet haben, auch früherhin immer mit derselben Leichtigkeit erhalten wäre, wenn wir nicht von der Geschichte ganz anders belehrt würden. Welche Schwierigkeiten fanden nicht die Griechen, ehe sie dahin gelangten, die Bahn der Sonne gegen den Aequator zu neigen, welche, um die Schiefe der Ekliptik zu bestimmen, die Aequinokzien und Solstizien anzugeben, die Höhe des Pols zu finden, die Gröſse des Jahrs zu messen! Jede dieser Entdeckungen, oder vielmehr dieser einfachen Kenntniſse war hinlänglich einen Philosophen berühmt zu machen: mit welchen Loberhebungen wurden nicht im Alterthume Anaximander, Pytheas, Philolaos, Kleostratos, Euktemon, Meton und Andere gepriesen, die sich mit dieser oder jener von solchen Entdekkungen beschäftigten. In jeder Wissenschaft, vor-

nen, wird es nicht schwer seyn, eine Maschine zu konstruiren, mit deren Hülfe man die Bahn der Sonne am Himmel, und die Lage der Sterne in Beziehung auf die Kreise und Punkte, welche wir angenommen haben, bestimmen könnte. Man setze deſshalb vier gröſste Kreise von Eisen, oder Messing, oder irgend einer andern Materie, die alle gleich, und jeder in 360 Theile oder Grade getheilt sind, so zusammen, daſs sie den Horizont, den Meridian, den Aequator und die Ekliptik darstellen. Um dies zu erlangen, verbinde man sie zuerst zu je zweien, indem man dem ersten Paare einen Winkel von 90°, dem andern einen von 23° 28′ giebt: jene können den Horizont und Meridian, diese den Aequator und die Ekliptik darstellen. Dann gebe man dem Aequator seine Axe, um welche er sich zugleich mit der Ekliptik drehen könne. Hierauf richte man das erste Paar so, daſs der eine Kreis parallel zu der Ebene sei, auf welche sie gestellt sind, und der andere durch das Zenith und den Pol gehe: jener wird unser Horizont seyn, dieser der Meridian. Nun bringe man die beiden andern hinzu, stelle die beiden Durchschnittspunkte in den Horizont, und neige gegen diesen den Aequator um 51°55′. Endlich stellte man das Auge in den Mittelpunkt, und drehe von den so verbundenen Kreisen die beiden Beweglichen so lange bis die Gesichtslinie durch die Ebene der Ekliptik *) gehend, die Sonne treffe; dann wird die Ekliptik mit den Sternen zusammentreffen, durch

züglich aber in der Astronomie, wird das, was man im Anfange wie ein Wunder betrachtet, nachher als von gar keiner, oder sehr geringer Wichtigkeit befunden.

*) Die Ekliptik muſs vom 21. März bis zum 22 September oberhalb, in der übrigen Zeit unterhalb des Aequators liegen.

welche die Bahn der Sonne geht, der Aequator mit denen, welche in ihm liegen, und der ganze Himmel mit den verschiedenen Theilen und Räumen der eingebildeten Kreise. Die dritte Figur kann dazu dienen, eine Idee von diesen vier Kreisen zu geben, wenn sie von ihrem gemeinschaftlichen Mittelpunkte aus, zu der Zeit betrachtet werden, wo die Sonne im Widder und im westlichen Horizonte ist. *HO* ist der Horizont, *HZON* der Meridian, *QV* der Aequator, *EC* die Ekliptik, *P* der Pol des Aequators, $\pi$ derjenige der Ekliptik *).

*) Die Kreise waren gewiſs die ersten Instrumente, deren man sich bei der Betrachtung des Himmels bediente: denn es würde schwer zu begreifen seyn, auf welche andere Weise die Alten die Lage der Sterne sowohl unter sich, als in Beziehung auf die Ekliptik und den Aequator hätten bestimmen können. Wir finden sie auch wirklich schon im hohen Alterthume bei den Chinesen, die vielleicht die ersten waren, welche sich ihrer bedienten: dann gebrauchten sie die Griechen, durch welche sie der Schule von Alexandrien bekannt wurden, in welcher Timochares und Aristillos, und ihre Nachfolger sie mit Vortheil anwendeten. Aber, soviel man abnehmen kann, kam man nicht vor Eratosthenes dahin, ihnen einen Halbmesser von sieben oder acht Fuſs zu geben, wodurch es möglich ward, mit ihnen die kleinsten Abstände der Sterne zu messen; ebenso sind auch wohl nicht früher Mehrere zugleich aufgestellt, nämlich Einige im Meridiane, Andere in der Ekliptik, noch Andere im Aequator. Durch die Dioptern oder Absehen, welche Hipparchos ihnen beifügte, erhielten sie eine neue Verbesserung. Die Kreise, welche zu verschiedenem Gebrauche dienten, wurden zuletzt in ein einziges Instrument vereinigt, was sowohl im Groſsen, als im Kleinen gearbeitet ward, und unter dem Namen *Astrolabium* bekannt ist. Den alexandrinischen Armillen, und den Astrolabien verdanken wir die be-

§. 34. Wir können leicht in der Richtung der Ekliptik, sowohl die Sterne, welche sich in ihren Durchschnittspunkten mit dem Aequator, als diejenigen, welche 90° davon entfernt sind, erkennen. Man bringe nämlich nur am 21. März beim Aufgange der Sonne einen der beiden gemeinschaftlichen Punkte der Ekliptik und des Aequators in den Horizont, und ebenso am 21. September, den andern und entgegengesetzten Punkt, und beobachte genau die Sterne welche beiden entsprechen. Dasselbe thue man am 21. Junius und am 21. Dezember, indem man am erstern Tage beim Untergange der Sonne den nördlichsten Punkt der Ekliptik, am letztern aber den entgegengesetzten oder südlichsten in den Horizont bringt. Der Mond kann diese Operazion erleichtern. Nach langer Zeit werden wir auf solche Weise dahin kommen endlich die verschiedenen Sterne zu kennen und zu unterscheiden, welche den vier Hauptpunkten der Ekliptik entsprechen, und dieselbe in vier gleiche Theile theilen. Diese vier Punkte sollen *Aequinokzien* und *Solstizien* heifsen, weil die Sonne in den beiden Erstern gleiche Zeit oberhalb und unterhalb des Horizonts bleibt, und nahe bei den beiden Letztern fast keine merkliche Bewegung hat. Von diesen Punkten werden wir vier verschiedene Perioden anfangen, in welche wir das

sten Beobachtungen, welche uns das Alterthum überliefert hat: heutiges Tages sind aber weder die Einen, noch die Andern im Gebrauche; und man kann sagen, dafs zwischen diesen Instrumenten und den unsrigen derselbe Unterschied ist, als zwischen der alten und neuen Astronomie. In dieser Einleitung aber mufsten jene und nicht diese vorgelegt werden, weil die natürlichste Entwickelung unserer ersten Ideen und Kenntnisse von den Sternen dargestellt werden sollte.

Jahr zerlegen, nämlich *Frühling*, *Sommer*, *Herbst* und *Winter*. Die beiden gröſsten Kreise, welche man durch die Pole und die Aequinokzien oder die Solstizien legt, heiſsen *Kolure*, und zwar der Erstere, der *Aequinokzialkolur*, der Letztere, der *Solstizialkolur*.

Nachdem wir diese Sterne gehörig erkannt haben, untersuchen wir auch die Uebrigen, welche längs der Ekliptik liegen, wozu nichts weiter nöthig seyn wird, als daſs wir nur an jedem Tage des Jahrs den Punkt der Ekliptik in den Horizont bringen, in welchem sich die Sonne bei ihrem Aufgange befindet. Die Anzahl der Grade die zwischen dem Durchschnittspunkte am 21. März und den Sternen, die wir nach und nach beobachten, enthalten ist, zeigt den Abstand derselben von jenem Punkte an; wir werden diesen, von Westen gegen Osten gezählt, die *Länge des Sterns* nennen.

§. 35. Wenn wir zu den vier Kreisen, die wir bis jetzt betrachtet haben, einen fünften von gleichem Durchmesser hinzufügen, der ebenso wie die andern eingetheilt, und um den Pol der Ekliptik beweglich ist, so können wir durch ihn die Lage der Sterne auſser der Ekliptik in Beziehung auf dieselbe bestimmen. Man bringe den Punkt der Ekliptik, in welchem sich die Sonne beim Aufgange befindet, in den Horizont, führe durch ihn den fünften Kreis, den wir *Breitenkreis* nennen wollen, und bemerke mit Hülfe eines Lineals, welches im Mittelpunkte des Instruments liegt, alle Sterne, die in der Richtung desselben liegen, diese werden dieselbe Länge als die Sonne haben, und der Bogen zwischen der Ekliptik und jedem Sterne, wird uns den Abstand desselben von jener, oder seine *Breite*, geben. Sie wird nördlich seyn, wenn der Stern in der nördlichen Hemisphäre ist, südlich im entgegengesetzten Falle.

§. 36. Es sey $\pi L$ der angenommene Breitenkreis (Fig. 3); während nun die Sterne, welche längs demselben liegen, einerlei Länge $\gamma L$ haben, sind die einzelnen Abstände von der Ekliptik, oder die Breiten, verschieden: die Sterne $S$, $\sigma$ haben dieselbe Länge $\gamma L$, aber die Breite von $S$ ist $SL$, und $\sigma L$ die von $\sigma$. Ueberhaupt ist die Länge der Abstand des Sterns vom Widderpunkte, auf der Ekliptik von Westen nach Osten gezählt, die Breite aber sein Abstand von der Ekliptik auf einem grössten Kreise gerechnet, der vom Pol der Ekliptik aus, durch den Stern gelegt ist.

## *Elfter Abschnitt.*

### *Von den Rektaszensionen und Deklinazionen.*

§. 37. Nachdem die Sterne, welche in der Bahn der Sonne liegen, aufgefunden, und ihre und der übrigen Lage in Beziehung auf die Ekliptik bestimmt worden, kann man sie auch noch auf den Aequator beziehen. Hiezu mufs man sich aber ausser der Armillarsphäre noch einer Uhr bedienen, welche die Zeit angiebt, die der Durchschnittspunkt des Widders gebraucht, um einen ganzen Umlauf am Himmel zu machen: wir wollen hier eine Wasser - oder Sanduhr voraussetzen, indem von dieser Art die Ersten gewesen, die zu diesem Zwecke angewendet wurden. Weil nun an dem Tage, an welchem die Sonne im Durchschnittspunkte des Widders ist, durch den Punkt des Horizonts, in welchem sie untergeht, nach und nach alle Sterne längs dem Aequator rücken müssen, so beobachte man genau, 1. den Punkt des Horizonts in welchem die Sonne untergeht; 2. die Zeit, welche vom Untergange der Sonne, bis zu dem jedes Sternes, den man durch diesen Punkt gehen sieht, verfliefst; 3. verwandle man eine solche Zeit in Theile des Aequators, um die einzelnen Rektaszensionen der beobachteten Sterne zu erhalten, indem Rektaszension überhaupt der Bogen des Aequators ist, vom Durchschnittspunkte des Widders bis zu dem Stern, wenn dieser im Aequator liegt, oder, wenn dies nicht der Fall bis zu dem Punkte, wo ein, vom Weltpol ausgehender durch den Stern gelegter Kreis, der *Deklinazionskreis*, den Aequator trifft. Auf solche Weise können nun im Aequinokzium des Frühlings, die Rektaszensionen der Sterne der einen Hälfte des Aequators, und im Aequinokzium des Herbstes, die der andern Hälfte gefunden werden.

§. 38. Die Sterne aufserhalb des Aequators können nicht besser bestimmt werden, als indem man sie in ihrem Durchgange durch den Meridian beobachtet. Defshalb wähle man einen Stern unter den schon bekannten und bestimmten des Aequators aus, und vergleiche mit ihm die Anderen, welche nach und nach durch den Meridian gehen; hierauf verwandle man die Zeit zwischen dem Vergleichungsstern und irgend Einem der Andern, in Theile des Aequators, und addire hiezu die Rektaszension des Erstern, so erhält man die des Letztern; ebenso verfahre man mit allen Sternen. Die *Deklinazion* oder den, auf dem Deklinazionskreise gemessene Abstand des Sterns vom Aequator erhält man, wenn man den Punkt des Meridians bemerkt, durch welchen der Stern gegangen ist. Die Deklinazion des Sterns, der durch den Punkt *Z* (Fig. 3.) gegangen ist, ist *QZ*; ebenso *QM*, diejenige eines andern, der in *M* gesehen worden, u. s. w.

## *Zwölfter Abschnitt.*

### *Vom Thierkreise und den Sternbildern.*

§. 39. Wenn wir ebenso wie die Sterne, auch den Mond und die Planeten auf die Ekliptik beziehen, so werden wir bemerken, dafs während jene keine merkliche Veränderung, weder in der Länge noch in der Breite zeigen, diese in Hinsicht auf beide ihre Lage von einem Tage zum Andern verändern, was mit dem, was wir oben (§. 30.) erwähnt haben, übereinstimmt. Diese Veränderungen sind indessen nicht von derselben Art: in der Länge machen die Planeten einen ganzen Umlauf um den Himmel, in der Breite aber entfernen sie sich nicht von der Ekliptik, sowenig nach Norden, als nach Süden, um mehr als 8 Grade. Sie scheinen also in einer Art von Zone eingeschlossen zu seyn, in deren Mitte sich die Ekliptik befindet. Dieser Theil des Himmels, der als die Region der Planeten betrachtet werden darf, mufs von dem übrigen unterschieden werden: wir wollen ihn *Thierkreis* nennen, und ihn in zwölf Theile theilen, deren Namen seyn sollen: *Widder, Stier, Zwillinge, Krebs, Löwe, Jungfrau, Waage, Skorpion, Schütze, Steinbock, Wassermann, Fische**).

---

*) Die erste Eintheilung des Thierkreises ist wahrscheinlich in 27 oder 28 Theile gewesen, die andere in 12 Theile mufs viel später sein. Jene ist aus den Erscheinungen des Mondes entstanden, der 13 bis 14 Tage hindurch wächst, und ebenso lange abnimmt; diese aus dem Laufe der Sonne, oder, wie Makrobius will, aus dem Fall der Gewässer. Die alten Perser theilten den Thierkreis in vier Theile: der Stier entsprach dem Anfange des Frühlings, der Skorpion dem des Herbstes, Regulus dem des Sommers, und Fomalhaut dem des Winters. Diese Epoche steigt auf ungefähr 3000 Jahre vor Christus hinauf.

§. 40. Auf ebendieselbe Weise, wie wir die Planetenregion eingetheilt und durch Namen unterschieden haben, können wir auch den übrigen Himmel eintheilen. Dies wird von nicht geringem Nutzen seyn, weil man auf solche Weise ihn nach seinen einzelnen Theilen besser kennen lernen, und sich ein vollständiges und deutliches Bild von ihm entwerfen kann. Wir können auch durch

---

Die Namen Widder, Stier u. s. w. mit welchen die zwölf Zeichen des Thierkreises belegt werden, sind zwölf Sternbildern eigenthümlich, die fast ganz vom Thierkreise eingeschlossen werden, aber verschieden von den Zeichen sind, mit denen sie nicht verwechselt werden dürfen, indem der Raum, den z. B. das Sternbild des Widders einnimmt, nicht derselbe ist, welchen das Zeichen des Widders begreift. Zu welcher Zeit die Namen der Gestirne zuerst gebraucht sind, um die Zeichen zu bemerken, läfst sich schwer bestimmen. Die Meinung, die sich hier am ungezwungendsten darbietet ist, dafs sie damals eingeführt wurden als die Sternbilder des Widders, des Stiers u. s. w., sehr nahe mit den Zeichen desselbigen Namens überein kamen, was ungefähr auf 300 Jahre vor Christus hinaufsteigt. Es ist aber gewifs, dafs sie schon sehr viele Jahrhunderte vorher, als die Sternbilder noch weit von den Zeichen waren, dieselben Namen führten. Vielleicht sind die Namen der Sternbilder viel früher gewesen, als die der Zeichen, und um diese zu benennen, sind, ohne Rückblick auf den Himmel, die Namen der Sternbilder genommen, die am besten geeignet schienen, die Eigenthümlichkeiten jedes Monats symbolisch auszudrücken. Diese Erklärung stimmt gut mit dem Systeme von Pluche zusammen, nach welchem die Namen der Zeichen Bezug haben auf die Feldarbeiten. Andere sind jedoch anderer Meinung, und es fehlt nicht an Beweisen für alle Ansichten: woraus man wohl schliessen darf, dafs diese Dinge ganz im Dunkel der Zeit begraben sind.

dies Mittel die verschiedenen Sterne um so leichter erkennen, und zu jeder Zeit über die etwa statt gefundenen Veränderungen urtheilen. Man wähle deſshalb in den verschiedenen Gegenden des Himmels die hellsten und glänzendsten Sterne aus, und verbinde sie mit einer grössern oder geringern Anzahl der benachbarten, sodaſs daraus eine bekannte Figur entstehe, die sich leicht dem Sinne einprägen läſst; auf solche Weise wird man sich jeden Theil deutlich vorstellen können, den man etwa anzeigen und beschreiben wollte. Figuren von Menschen, Thieren, Werkzeugen u. s. w. sind die paſslichsten, weil sich bei ihnen die gröſste Anzahl einzelner Theile findet. Für den Anfang wollen wir 24 in der nördlichen Hemisphäre und 15 in der südlichen bilden, welche mit den 12 des Thierkreises uns 51 Figuren darbieten werden, die wir *Sternbilder* oder *Gestirne* nennen. Die Namen der nördlichen sollen seyn: *Pegasus*, *Andromeda*, *Cassiopeja*, der *kleine Bär*, *Cepheus*, *Perseus*, das *nördliche Dreieck*, der *Fuhrmann*, der *groſse Bär*, der *Drache*, das *Haupthaar der Berenice*, *Bootes* mit dem *Berge Mänalus*, die *nördliche Krone*, *Herkules*, *Ophiuchus*, die *Schlange*, die *Lyra*, der *Adler*, *Antinous*, der *Schwan*, der *Pfeil*, der *Delphin*, das *kleine Pferd*. Die südlichen: der *Wallfisch*, der *Eridanus*, der *Hase*, *Orion*, der *groſse Hund*, der *kleine Hund*, das *Schiff Argo*, die *Hyder*, der *Becher*, der *Rabe*, der *Kentaur*, der *Wolf*, der *Altar*, die *südliche Krone*, der *südliche Fisch* *).

---

*) Zu den 51 erwähnten Sternbildern wurden zu verschiedenen Zeiten viele andere hinzugefügt, deren Namen folgende sind: Das *Rennthier*, der *Erntehüter*, die *Giraffe*, die *Georgsharfe*, das *Einhorn*, der *Luchs*, das *herschelsche Teleskop*, der *kleine Löwe*, die *Jagdhunde*. der *Mauerquadrant*, der *poniatowski-*

## *Dreizehnter Abschnitt*

### *Von der Bewegung des Aequators längs der Ekliptik.*

§. 41. Wenn die Oerter der Sterne, die zu zwei, ziemlich von einander entfernt liegenden Zeiten beobachtet sind, mit einander verglichen

---

*sche Stier*, das *sobieskische Schild*, der *Fuchs mit der Gans*, die *Fliege*, die *Eidexe*, der *Sextant*, der *Einsiedler*, die *Bildhauerwerkstatt*, der *Phönix*, die *Elektrisirmaschine*, das *chemische Laboratorium*, das *Pendel*, der *brandenburgische Zepter*, der *Grabstichel*, die *Mahle staffelei*, die *Luftpumpe*, das *Winkelmafs*, der *Kompafs*, das *astronomische Fernrohr*, das *Mikroskop*, der *Luftballon*, der *Kranich*, die *Friedrichsehre*, das *Lineal*, der *Toukan*, die *kleine Wolke*, die *Wasserschlange*, die *Uhr*, das *Fadennetz*, die *grofse Wolke*, der *Tafelberg*, der *fliegende Fisch*, das *Chamäleon*, die *Karlseiche*, das *Kreuz*, die *Biene*, das *Niveau* oder der *südliche Triangel*, der *nautische Oktant*, der *Pfau*, der *Indianer*, die *Katze*, der *Goldfisch*. Alle diese Sternbilder sind aus älteren und neueren Beobachtungen hervorgegangen. Die Namen der ersten 51 beziehen sich hauptsächlich auf den Gebrauch im gemeinen Leben, sowie auf Mythologie, auf die Helden der ältesten Zeit und ihre Thaten. Verschiedene Gelehrte haben gesucht, zu ihrem Ursprunge zurückzugehen und denselben zu erklären, es ist aber in der That nichs anderes geschehen, als dafs auffallende Systeme gebildet und Vermuthungen aufgestellt sind, denen mehr Gelehrsamkeit als Wahrscheinlichkeit zum Grunde liegt. Nicht auf gleiche Weise ist es mit den Uebrigen der Fall, deren Zeit und nähere Umstände man angeben kann. Die Südlichsten rühren zum Theil von Colombo, Vespucci und Andern, die nach ihnen die neu entdeckten Meere und Länder besuchten, zum Theil von Lacaille her. Die Nördlichen wurden von den Astronomen der beiden letzten Jahrhunderte eingeführt, und dem Andenken grofser Männer oder nützlicher Erfindungen und Entdeckungen geweiht.

werden, so wird es nicht schwer seyn, zu erkennen, daſs der Aequator in der Zwischenzeit beider Beobachtungen sich längs der Ekliptik bewegt hat, wobei er zu derselben sehr nahe dieselbe Neigung behält. Es sey ♑♋ (Fig. 4) die Ekliptik, $\pi$ ihr Pol; $QV$ der Aequator, $P$ dessen Pol und $s$ ein Stern; so wird $A$♈ dessen Rektaszension, $As$ seine Deklinazion, $L$♈ seine Länge, und $Ls$ seine Breite seyn. Zu einer andern Zeit, wo $qv$ der Aequator, wird $\alpha o$ die Rektaszension, $\alpha s$ die Deklinazion, $Lo$ die Länge und $Ls$ die Breite seyn. Ebenso bei allen übrigen Sternen: die Breiten werden keine merkliche Veränderung zeigen, die Längen aber alle um dieselbe Grösse zugenommen haben; die Rektaszensionen sind gleichfalls, aber nicht um gleichviel, gewachsen, die Deklinazionen sind aber zum Theil grösser, zum Theil kleiner geworden, nach den verschiedenen Theilen der Himmelskugel, in welchen sie in Beziehung zu den beiden Durchschnittspunkten des Aequators mit der Ekliptik liegen.

§. 42. Da unsere Beobachtungen verglichen mit denen der Alten uns völlige Gewiſsheit über diese Thatsachen geben, so wollen wir die Folgen untersuchen, die daraus hervorgehen.

1) Da die Sterne unbeweglich sind, so können wir das allmählige Zunehmen der Längen und der Rektaszensionen nicht anders erklären, als indem wir eine rückgängige Bewegung der Durchschnittspunkte des Aequators mit der Ekliptik voraussetzen, durch welche der eine dieser Punkte, während der Zwischenzeit der ersten und zweiten Beobachtung von ♈ nach $o$ gerückt ist, und zwar mit einer rückgängigen Bewegung.

2) Da die Längen immer um gleichviel wachsen, und die Breiten stets dieselben bleiben, so kann die Ekliptik als unbeweglich angesehen wer-

den: deshalb ist blos der Aequator in Bewegung. Er rückt auf der Ekliptik von Osten gegen Westen, oder vom Widder gegen die Fische, aus der Lage $V\gamma Q$ in die andere $vog$ fort, gegen die Ordnung der Zeichen.

3) Während der Aequator sich von ♈ nach *o* bewegt, rückt sein Pol von $P$ nach $p$, und wenn der Durchschnittspunkt des Aequators und der Ekliptik einen ganzen Umlauf auf dieser vollendet hat, so hat auch der Pol $P$ einen ähnlichen um den Pol $\pi$ gemacht.

4) Der Aequator nähert sich bei seinem Umlaufe auf der Ekliptik, in den ersten sechs Zeichen den südlichen Sternen, und entfernt sich von den nördlichen; das Gegentheil findet in den letzten sechs statt. In den Erstern werden also die südlichen Deklinazionen abnehmen, und die nördlichen wachsen; in den Letztern, die südlichen wachsen, und die nördlichen abnehmen.

5) Die Aenderung in der Deklinazion ist am gröſsten bei den Sternen nahe an den Aequinokzialpunkten, nimmt bei den Andern ab, nach Verhältniſs wie sie näher bei den Solstizialpunkten sind, und wird bei diesen unmerklich. Die Neigung des Aequators gegen die Ekliptik, oder die Schiefe der Ekliptik kann man also als konstant annehmen, indem der Aequator, sowie er auf der Ekliptik fortrückt, immer denselben Winkel mit ihr macht.

6) In jedem Jahre tritt die Sonne eher in den Aequator, als sie ihren Umlauf auf der Ekliptik vollendet hat. Wenn sie in irgend einem Jahre ihn in ♈ getroffen hat, so wird, während der Zeit ihrer Rückkehr zu demselben Punkte der Ekliptik ♈, der Aequator nach *o* vorgerückt seyn; das Aequinokzium des Frühlings trifft also eher ein, als die Sonne die ganze Ekliptik durchlaufen ist, oder

denselben Punkt der Ekliptik wieder erreicht hat, von welchem an ihre Bewegung gezählt wurde.

7) Da die Grösse, um welche die Aequinokzien in jedem Jahre vorrücken, der jährlichen Zunahme der Sterne in der Länge gleich ist, so sind die Benennungen dieser Bewegung, *Vorrücken der Aequinokzien* oder *Präzession der Fixsterne*, gleichbedeutend.

8) Die Präzession beträgt ungefähr 50″ in jedem Jahre; es wird also in ungefähr 25900 Jahren der Durchschnittspunkt des Widders einen ganzen Umlauf in der Ekliptik machen, und die Jahreszeiten werden wieder mit den einzelnen Sternbildern des Thierkreises zusammentreffen.

§. 43. Alles dies läfst sich besser auffassen, indem man eine Himmelskugel vor Augen hat. Es ist aber noch zu bemerken, dafs wenn man die alten Beobachtungen mit den neuern vergleicht, ihre Unterschiede nicht ganz mit dem, was oben festgesetzt ist, zusammenstimmen werden. Dies rührt ebensowohl von der Unvollkommenheit der Beobachtungen, als von mehreren kleinen Bewegungen her, welchen Aequator und Ekliptik unterworfen sind, und welche hier noch nicht betrachtet werden können *).

---

*) Die Präzession der Fixsterne, die Hipparchos zuerst auffand, indem er seine eignen Beobachtungen mit denen des Timocharks und Aristillos verglich, wufste man sich im Alterthume nicht anders zu erklären, als indem man zu gleicher Zeit zwei entgegengesetzte Bewegungen in der Fixsternsphäre annahm. Der Erstern zufolge machte die Himmelskugel ihren täglichen Umlauf von Osten nach Westen; die zweite bewirkte dafs sie noch einen Umlauf in ungefähr 25000 Jahren von Westen gegen Osten machte, wobei der Durchschnittspunkt des Widders unbeweglich blieb. So abgeschmackt auch diese Erklärung war, blieb sie doch bis auf Koper-

## *Vierzehnter Abschnitt.*

### *Von den Finsternissen.*

§. 44. Von einer Erscheinung ist noch nicht geredet, die mehr als alle Uebrigen unsere Aufmerksamkeit und unser Erstaunen erregen muſs. Bisweilen verliert bei hellem Tage plötzlich die Sonne von ihrem Lichte, und entzieht sich in kurzer Zeit ganz oder zum Theil unsern Blicken; nach und nach gewinnt sie aber wieder ihren vorigen Glanz: auch der Mond zeigt uns nicht selten solche Lichtabnahmen. Ihre Erklärung ist nicht schwer zu erhalten; man hat nur nöthig die Umstände, welche sie begleiten, genau zu verfolgen. Die Sonnenfinsternisse geschehen nur dann, wenn der Mond, von Westen kommend, vor ihr vorübergeht und sich nach Osten bewegt. Es ist also klar, daſs sie aus keiner andern Ursache entstehen können als durch den Mond, der bei seinem Vorübergange vor der Sonne, von der Westseite nach der Ostseite, sich zwischen sie und die Erde stellt, und uns ihren Anblick ganz oder zum Theil entzieht. Die Mondfinsternisse finden nur statt, wenn der Mond ganz erleuchtet ist, oder seine Entfer-

---

NIKUS im Ansehn, der für die tägliche Bewegung der Himmelskugel, die tägliche Umwälzung der Erde um ihre Axe, und für die jährliche Bewegung der Sonne, eine der Erde in der Ekliptik setzte, und nun annahm, daſs bei dieser zweiten Bewegung die Erdaxe nicht immer parallel mit sich selbst bliebe, sondern eine geringe Bewegung hätte, durch welche sie sehr langsam die Oberfläche eines Kegels um die Sonne beschriebe. So erklärte er die Präzession der Fixsterne, aber erst NEWTON vermochte zu der Erklärung der wahren Ursache dieser Erscheinung zu gelangen, indem er zeigte, daſs sie nichts als eine Folge des allgemeinen Grundgesetzes der Gravitazion sey.

nung von der Sonne 180° beträgt; in diesem Falle aber befindet sich die Erde zwischen der Sonne und dem Monde, und wenn nun der Schatten der Erde auf den Mond fällt, erscheint dieser ganz oder zum Theil verfinstert.

§. 45. Aus dieser Erklärung scheint zu folgen, daſs bei jedem Neumonde eine Sonnenfinsterniſs, bei jedem Vollmonde eine Mondfinsterniſs statt finden müsse; dies würde auch in der That der Fall seyn, wenn die Mondbahn in der Ebene der Ekliptik läge. Wenn wir indessen dieselbe näher untersuchen und längere Zeit beobachten, sowie wir es bei der Sonne gethan haben, so werden wir uns überzeugen, daſs sie nur zwei Punkte, welche *Knoten* heiſsen, mit der Ekliptik gemeinschaftlich habe; diese Punkte sind um 180° von einander entfernt, die in der Mitte zwischen ihnen liegenden, stehen aber um etwa 5° von der Ekliptik ab. Die Mondbahn neigt sich also gegen die Ekliptik um einen Winkel von 5°. Deſshalb werden nur dann Verfinsterungen geschehen, wenn die Neumonde und Vollmonde um die Zeit eintreffen, wo der Mond in oder nahe bei den Knoten ist; in den übrigen Theilen der Bahn aber nicht, obgleich der Mond in jedem Monate mit der Sonne sowohl, als mit dem Erdschatten zusammentrifft; denn er bleibt dann immer entweder oben oder unten, so daſs die Gesichtslinie zum Monde, verlängert, weder die Sonne noch den Erdschatten trifft.

§. 46. Nachdem die Ursache der Finsternisse bekannt geworden, wollen wir sie fleiſsig beobachten, und sowohl die Zeit in welche sie fallen, als den Ort des Mondes in der Ekliptik bemerken. Wenn wir Beides, sowohl das neue, als das volle Licht des Mondes gehörig und lange Zeit beobachten, so werden wir am Ende dazu gelangen, die folgenden Sätze zu begründen.

1) Die Mondumläufe sind bald von längerer, bald von kürzerer Dauer, und der Zeitraum zwischen einer Konjunkzion und der nächsten Opposizion ist sehr selten der Hälfte der Umlaufszeit gleich. Deshalb ist die Bewegung des Mondes in seiner Bahn nicht gleichförmig, sondern seine Geschwindigkeit bald grösser, bald kleiner.

2) Es folgen und erneuern sich die Finsternisse in verschiedenen Punkten der Ekliptik. Deshalb haben auch die Knoten eine Bewegung, und die Rückkehr des Mondes zu einem von ihnen, ist nicht einerlei mit seiner Rückkehr zu demselben Punkte der Ekliptik.

3) Nach achtzehn Jahren und elf Tagen kommen die Finsternisse in derselben Ordnung, und in denselben Punkten der Ekliptik wieder vor *).

---

*) Dies ist nur für einen oder zwei Umläufe richtig, beim dritten sind die Finsternisse schon ziemlich verschieden in der Gröfse, und nach zehn bis zwölf Umläufen findet keine Rückkehr mehr statt. Dessenungeachtet hielt das Alterthum sehr viel auf diese Periode von 18 Jahren und 11 Tagen, oder von 223 Mondumläufen, und wurde einzig durch dieselbe in den Stand gesetzt die Mondfinsternisse vorherzusagen, denn weil man damals die Vorhersagungen nicht auf einen grofsen Zeitraum ausdehnte, und sich auch nicht darum bekümmerte die genaue Gröfse der Verfinsterung anzugeben, so konnte man sich ihrer mit Vortheil bedienen, ohne ihre Mängel gewahr zu werden. Die Auffindung dieser Periode wird allgemein den Chaldäern zugeschrieben, obgleich Bailly meint, dafs sie allen alten Völkern gemeinschaftlich gewesen sey.

Man kann noch viele andere Perioden finden, indem man die Bewegungen der Sonne und des Mondes mit einander verbindet, so dafs gewisse Erscheinungen immer nach einer bestimmten Reihe von

Deshalb machen die Knoten sehr nahe in dieser Zeit einen Umlauf.

4) Die Mondfinsternisse fangen für alle Oerter der Erde in demselben Augenblicke an, und endigen ebenso; bei den Sonnenfinsternissen findet dies aber nicht statt.

§. 47. Um diese Verschiedenheit zu erklären, ist es hinreichend zu bedenken, daſs der Mond nur durch das von der Sonne erhaltene Licht, die Sonne aber aus sich selbst leuchtet. In den Mondfinsternissen, wo dieser in den Schatten der Erde eintritt, muſs er unsichtbar werden, wo auch das Auge sich befinden mag, weil die Strahlen der Sonne nicht mehr auf ihn fallen. Bei den Sonnenfinsternissen, welche entstehen, indem der Mond sich zwischen die Sonne und uns stellt, kann er uns nur den Anblick des Theils der Sonnenscheibe entziehen, vor welchem er, in der Richtung der Gesichtslinie, sich wirklich befindet. Jenachdem wir uns nun aber auf diesem, oder auf jenem Punkte der Erde befinden, können wir, ungeachtet der Mond dazwischen steht, noch immer die Sonne ganz oder zum Theil sehen. Die Mondfinsternisse hängen also nur vom Monde allein, die Sonnen-

---

Jahren wiederkehren; solcher Perioden besaſsen die Alten viele. Die berühmteste ist die der Rückkehr der Neumonde und Vollmonde auf dieselben Tage des Jahrs; sie beträgt 19 Jahre, oder 235 Mondenmonate, von denen 110 jeder 29 Tage, 125 aber jeder 30 Tage enthalten. Meton fand sie zuerst und theilte sie dem bei den olympischen Spielen versammelten Griechenlande mit, im Jahre 432 v. Chr. Der Beifall und die Bewunderung mit welcher sie aufgenommen wurde, war so groſs, daſs sie den besonderen Namen *goldner Zyklus*, oder *goldne Zahl* erhielt, welchen sie noch jetzt im gregorianischen Kalender führt.

finsternisse aber vom Monde und von unserer geographischen Lage ab *).

*) Die Chaldäer, welche aufmerksame Beobachter der Mondfinsternisse waren, vernachläſsigten die der Sonne; wahrscheinlich weil sie wuſsten, daſs dieselbe Sonnenfinsterniſs an verschiedenen Orten von verschiedener Gröſse, ja sogar bisweilen an einigen Orten gar nicht gesehen würde, und sie also dieselben als zufällige Erscheinungen betrachteten, die der Rechnung nicht unterworfen werden könnten. Hipparchos, der überzeugt war, daſs bei einer Sonnenfinsterniſs, die Sonne und der Mond an demselben Orte des Himmels stehen müſsten, schloſs daraus, daſs wenn die Sonnenfinsterniſse nicht an jedem Orte auf gleiche Weise sichtbar wären, dies daher käme, weil nicht an jedem Orte die Sonne und der Mond in demselben Augenblicke derselben Stelle des Himmels entsprächen. Er unternahm es, hievon die Ursache aufzusuchen, und fand sie auch glücklich. Nachdem er nämlich den Mond mit der Sonne und mit den Sternen verglichen hatte, sowohl bei seinem Aufgange, als bei seinem Durchgange durch den Meridian und in den zwischenliegenden Punkten, überzeugte er sich, dass die Abstände desselben, sowohl von der Sonne als von den Sternen, sich merklich vom Horizonte bis zum Zenith änderten, auch wenn man seine eigene Bewegung in Rechnung brachte. Wenn der Mond am Horizonte um einen Grad niedriger war, als ein Stern, so berührte er ihn beim Zenith, und entfernte sich dann von Neuem von ihm. Hieraus ersah Hipparchos, daſs der Mond in verschiedenen Höhen, verschiedenen Punkten des Himmels entspräche, und indem er diese Wahrnehmung mit der Annahme der Ründung der Erde verband, folgerte er leicht daraus, daſs weil der Mond nicht in demselben Augenblicke an einem Orte dieselbe Höhe über den Horizont hätte, er an verschiedenen Oertern, verschiedenen Punkten des Himmels entsprechen müsse, und also dieselbe Sonnenfinsterniſs nicht allenthalben auf gleiche Weise sichtbar seyn könne. Der

## Funfzehnter Abschnitt.

### Von der Bewegung der Planeten in Beziehung auf die Sterne und auf die Sonne.

§. 48. Nach der Sonne und dem Monde treffen wir in unsern Untersuchungen zunächst auf die Planeten. Indem wir dem Laufe derselben mit Aufmerksamkeit folgen, und sie mit den Sternen vergleichen, bei welchen sie nach und nach, von Westen gegen Osten fortrückend, vorbeigehen, werden wir eine sonderbare und auffallende Erscheinung wahrnehmen: es wird uns nämlich dünken, als wenn sie zu gewissen Zeiten des Jahrs, gleichsam wie wenn ihnen Hindernisse in den Weg gelegt wären, nicht mehr ihren ordentlichen und regelmäfsigen Gang verfolgten; denn man bemerkt, dafs zu einer Zeit ihre Bewegung langsamer wird, hierauf ganz aufhört, nach einigen Tagen eine der ersten entgegengesetzte Richtung an-

Mond also und jeder andere Himmelskörper, der von zwei, an verschiedenen Orten der Erdkugel befindlichen Beobachtern gesehen würde, erscheine an verschiedenen Punkten des Himmels, nicht anders als ein Gegenstand, der von verschiedenen Standpunkten aus betrachtet wird, verschiedenen Punkten des Horizonts entspricht. Der Winkel, den am Mittelpunkte des Himmelskörpers die Gesichtslinien zweier Beobachter bilden, heifst die *Parallaxe*; er bewirkt eine Senkung der Sterne gegen den Horizont. Dieser Winkel wird grösser, oder kleiner seyn, jenachdem der Himmelkörper uns näher, oder von uns entfernter ist. Alles dies zeigte dem HIPPARCHOS die Nothwendigkeit bei den astronomischen Rechnungen Rücksicht auf die Ründung der Erde zu nehmen, und die Erscheinungen auf der Oberfläche derselben mit denen zu vergleichen, die man sehen würde, wenn die Beobachtungen im Mittelpunkte der Erde gemacht würden.

nimmt, diese mit zunehmender Geschwindigkeit bis zu einem gewissen Punkte fortsetzt, dann nach und nach immer mehr abnimmt, ganz aufhört, und endlich wieder in die frühere Richtung von Westen gegen Osten übergeht. Doch werden wir uns auch überzeugen, dafs ungeachtet dieser Art von Schwankung, die Planeten, dieser in längerer, jener in kürzerer Zeit, den ganzen Thierkreis durchlaufen, indem sie von der Westseite her, wieder zu den Sternen gelangen, von welchen sie sich nach Osten hin entfernten. Wir unterscheiden diese Einzelnheiten ihres Laufs durch die Namen: *rechtläufig, rückläufig, stillstehend,* von denen der erste die Richtung von Westen nach Osten, der zweite, die von Osten nach Westen bezeichnet.

§. 49. Wenn die Bewegungen der Planeten in Beziehung auf die Sterne betrachtet sind, so kann man sie auch noch in Beziehung auf die Sonne, als das allgemeine Zeitmafs, untersuchen; hiebei mufs jedoch zuerst erforscht werden, in welchen Fällen und wie dies überhaupt geschehen könne. Da die Planeten und die Sonne sich um die Erde bewegen, so werden die Zeiten, in welchen sie sich zusammen im Meridian befinden, ohne Zweifel die passendsten hiezu seyn; dies Zusammentreffen kann aber auf verschiedene Weise geschehen, wenn nämlich die Erde zwischen der Sonne und dem Planeten, oder der Planet zwischen der Erde und der Sonne, oder die Sonne zwischen dieser und jenem ist. In den beiden letztern Fällen können wir den Planeten nicht sehen, indem er mit der Sonne zugleich durch den Meridian geht, wohl aber im erstern, in welchem, während der Planet im obern Meridian ist, die Sonne sich im untern befindet. Um dies deutlicher zu machen, sey (Fig. 6) $PX$ der Meridian; $Syok$ die Bahn der Sonne, $X\eta Pl$ oder $rzmh$ die

Bahn der Planeten, jenachdem dieselbe, in Vergleichung mit der Sonne, weiter oder näher als diese von der Erde $t$ ist. Dann ist klar, dafs wenn die Sonne in $S$ und der Planet in $X$ oder in $r$ ist, Sonne und Planet sich zugleich im Meridian befinden werden; aber der Letztere wird in den Strahlen der Sonne nicht sichtbar: wenn aber die Sonne in $S$ und der Planet in $m$ oder in $P$ ist, so wird um Mitternacht, wenn die Sonne durch den untern Meridian geht, der Planet in demselben Augenblicke durch den obern gehen, und uns also sichtbar werden. Den ersten Fall nennen wir die *Konjunkzion* des Planeten mit der Sonne, den Letztern die *Opposizion.* Es sind also die Opposizionen die besten Zeitpunkte die Planeten mit der Sonne zu vergleichen.

§. 50. Nach diesen Bemerkungen können wir durch eine lange Reihe von Beobachtungen die nachfolgenden Thatsachen feststellen.

1) Die Stillstände und Rückgänge sind periodische Erscheinungen, welche wiederkehren, wenn der Planet sich wiederum in demselben Abstande von der Sonne befindet, als bei der früheren Beobachtung, ohne dafs dies auf irgend eine Weise von dem Orte des Thierkreises abhängt, in welchem sich der Planet befindet.

2) Mars, Jupiter und Saturn sieht man fast in jedem Jahre einmal um Mitternacht durch den Meridian gehen, und sie sind also dann 180° von der Sonne entfernt. Venus aber und Merkur sieht man nie zu dieser Zeit im Meridian, und überhaupt nie in einem gröfseren Abstande von der Sonne als 45° für die Erstere, und 28° für den Letztern.

3) Venus und Merkur sieht man bald auf der rechten, bald auf der linken Seite der Sonne, welcher sie sich bis auf eine gewisse Weite nähern,

dann verschwinden, und nur erst auf der entgegengesetzten Seite wiedererscheinen.

4) Da Merkur und Venus nie um Mitternacht im Meridiane gesehen werden, so folgt, daſs sie nie in Opposizion mit der Sonne sind, oder die Erde sich nie zwischen ihnen und der Sonne befindet; und wenn man sie nun bald zur Linken, bald zur Rechten von der Sonne, nach derselben untergehen oder vor derselben aufgehen sieht, so ist deutlich, daſs sie beständig der Sonne näher sind als die Erde, und daſs sie sich um dieselbe und mit ihr um die Erde bewegen *). Es sey (Fig.

*) Die Bewegung des Merkur und der Venus um die Sonne, die hier von uns als eine leichte Folgerung aus den Erscheinungen dieser beiden Planeten auf beiden Seiten der Sonne hergeleitet ist, fand dessenungeachtet bei den Alten viele Schwierigkeit. Blos die Aegypter lehrten diese Wahrheit, und es läſst sich nicht nicht einmal sagen, ob sie sie selbst auffanden, oder nur durch Ueberlieferung von andern erhielten. Unter den Griechen setzte der Eine beide Planeten oberhalb der Sonne, wie PLATON; der Andere, Beide unterhalb, wie PTOLEMÄOS; ein Dritter, den Einen oberhalb, den Andern unterhalb; keinem fiel es ein, dieselben um die Sonne laufen zu lassen, wie es uns doch am leichtesten und einfachsten zu seyn scheint. Aber hiezu war nöthig vorauszusetzen, daſs sie sich bei ihrem Verschwinden, bald oberhalb, bald unterhalb der Sonne befänden, und wenn einer auch wirklich diese Idee auffaſste, so hatte er nicht den Muth sie bekannt zu machen. Jetzt aber, wo wir mit Hülfe der Fernröhre dahingelangt sind, die Lichtgestalten der Venus und des Merkurs und ihre Vorübergänge vor der Sonnenscheibe zu sehen, sind die Bewegungen dieser Planeten um die Sonne nicht mehr Vermuthung sondern ausgemachte Wahrheit. Wir werden uns hievon leicht einen Begriff machen können wenn wir uns vorstellen, was geschehen muſs, wenn eine Kugel von einem Lichte er-

6.) *mhrz* die Bahn der Venus, *nftu* die des Merkurs, so kann die Erde niemals zwischen einem von beiden Planeten und der Sonne liegen, und deſshalb können sie nicht um Mitternacht im Meridiane erscheinen: immer wird entweder die Sonne zwischen ihnen und der Erde, oder sie werden zwischen dieser und jener seyn; daher sind sie in Beziehung auf die Erde in beiden Fällen in Konjunkzion, und wir wollen den erstern die obere, den letztern die untere Konjunkzion nennen.

5) Man kann zwei Umläufe der Planeten annehmen, einen in Beziehung auf die Sterne, den andern in Beziehung auf die Sonne.

---

leuchtet wird. Diese Erleuchtung kann nur die Hälfte der Kugel treffen, und wir können auch diese erleuchtete Halbkugel nicht anders ganz sehen, als wenn wir uns in der graden Linie von der Kugel zum Lichte hinstellen: stehen wir zur Seite, so werden wir nur einen Theil der Kugel erleuchtet sehen; wenn aber die Kugel zwischen uns und dem Lichte ist, so wird die dunkle Seite derselben uns zugewendet seyn. Um also Venus im vollen Lichte zu sehen, ist es nöthig, daſs sie, das Auge und die Sonne in derselben Richtung, wenn auch nicht genau in derselben graden Linie sich befinden, und daſs Venus nicht in der Mitte sey. In zwei Fällen können wir also Venus voll sehen: 1) wenn die Sonne, und 2) wenn die Erde in der Mitte ist. Im ersten Falle muſs Venus mit der Sonne zugleich untergehen, im zweiten muſs sie aufgehen wenn die Sonne untergeht; dieser zweite Fall findet aber nie statt. Wenn wir also Venus voll sehen, so ist sie gewiſs jenseits der Sonne; sie ist aber zwischen der Sonne und der Erde, wenn sie vor der Erstern vorübergeht, und zu den Seiten, wenn sie sichelförmig, oder höckerig erscheint. Genau dasselbe findet auch bei Merkur statt; diese beiden Planeten bewegen sich also um die Sonne, nicht anders als der Mond um die Erde.

6) Da Merkur und Venus nie mit der Sonne in Opposizion seyn können, so muſs man auf eine andere Art denken, sie mit der Sonne zu vergleichen: ihre gröſsten Digressionen oder Entfernungen von der Sonne werden sich hiezu am sichersten anwenden lassen.

7) Wenn man die Zeiten genau bemerkt, in welchen Mars, Jupiter und Saturn um Mitternacht durch den Meridian gehen, und Venus oder Merkur in ihren gröſsten westlichen oder östlichen Digressionen von der Sonne sind, so erhält man die Periode ihrer Umläufe in Beziehung auf die Sonne; und wenn man ebenso die Zeiten bemerkt, in welchen sowohl die erstern, als die letztern Planeten zu demselben Punkte der Ekliptik zurückkehren, so erhält man die Perioden in Beziehung auf diese, oder auf den Thierkreis. Die Erstern betragen für den Mond $29^t$ $12^{st}$, für Merkur $113^t$ $15^{st}$, für Venus $383^t$ $22^{st}$, für Mars $2^j$ $49^t$ $22^{st}$, für Jupiter $1^j$ $33^t$ $15^{st}$, für Saturn $1^j$ $12^t$ $20^{st}$: die Letztern für den Mond $27^t$, für Merkur $88^t$, für Venus $225^t$, für Mars nahe 2 Jahre, für Jupiter 11 Jahre und 10 Monate, für Saturn ungefähr 29 Jahre. Wir können indessen zu diesen letzten Resultaten nur erst nach oft wiederholten Untersuchungen gelangen, indem wir sowohl unsere eignen Beobachtungen, als die unserer Vorgänger anwenden.

8) Da die periodischen Umläufe der Sonne, des Mondes und der andern Planeten in ungleichen Zeiten geschehen, so können wir nicht ohne Grund muthmaſsen, daſs die Planeten selbst in ungleichen Entfernungen von der Erde sind: diejenigen näher deren Umlaufszeit geringer, die Andern weiter entfernt. Weil aber Merkur und Venus nicht eigentlich um die Erde, sondern um die Sonne laufen, so kann man sie nicht als die nächsten bei der Erde betrachten, wenn auch ihre Um-

laufszeiten kleiner als die der andern sind. Merkur, der von beiden die kleinste hat, wird näher bei der Sonne und entfernter von der Erde als Venus seyn. Wenn also wirklich die Planeten sich in verschiedenen Entfernungen von der Erde befinden, so liegen sie wahrscheinlich in folgender Ordnung: am nächsten der Mond, dann Venus, dann Merkur, hierauf die Sonne, nach derselben Mars, Jupiter und endlich Saturn *).

*) Die Abstände der Planeten, wenn man sie auch näherungsweise finden kann, hängen von Beobachtungen und Rechnungen ab, welche eine schon sehr ausgebildete und vervollkommte Astronomie voraussetzen. In der That kannten auch die Alten sie gar nicht, und wenn sie von ihnen reden wollten, so sagten sie kindische Dinge wie Pythagoras, oder verfielen in grofse Irrthümer wie Aristarchos. Wenn sie die Entfernung der Erde von der Sonne gekannt hätten, und hätte diese ruhen und jene sich bewegen lassen, so würden sie vielleicht ohne Schwierigkeiten mit dieser Untersuchung zu Stande gekommen seyn. Denn in diesem Falle würde nur nöthig gewesen seyn, ausser den Opposizionen und Konjunkzionen den Winkel an der Erde zu beobachten, und aus den bekannten Umlaufszeiten den an der Sonne herzuleiten, aus welchen, verbunden mit der bekannten Entfernung der Erde von der Sonne, die Entfernungen sowohl von der Sonne als von der Erde hätten gefolgert werden können. Aber indem man die Sonne als in Bewegung annahm, war es unmöglich, für eine gegebene Zeit den Winkel an derselben zu bestimmen. Aus den Umlaufszeiten können wir blos urtheilen, dafs die Planeten, welche sich langsam bewegen, vielleicht die entfernteren sind, jedoch nicht so, dafs die Abstände den Zeiten proporzional wären. Das hier statt findende Gesetz ist ein ganz anderes, welches, nachdem Kepler es entdeckt hatte, die Grundlage der neuern Astronomie geworden ist.

## Sechszehnter Abschnitt.

### *Erklärung der Stillstände und Rückgänge der Planeten.*

§. 51. Da Merkur und Venus sich um die Sonne bewegen, so werden ihre Stillstände und Rückgänge nicht mehr eine ausserordentliche Erscheinung, oder eine unbegreifliche Sache, sondern ein einfaches Phänomen seyn, das durch unsere Stellung, sowohl gegen diese Planeten, als gegen die Sonne hervorgebracht wird. Wenn der Planet (Fig. 6.) in *h* oder in *z* ist, so wird die Gesichtslinie eine Tangente der Bahn, welche er um die Sonne beschreibt, und seine Bewegung ist dann für uns nicht merklich; er muſs also stillstehend erscheinen, und zwar wird dies zweimal bei jedem Umlaufe in *h* und in *z* statt finden. Wenn der Planet sich in dem obern Theile *hrz* seiner Bahn befindet, so bewegt er sich in ebenderselben Richtung wie die Sonne, ist also rechtläufig; aber wenn er in dem untern Theile *hmz*, oder zwischen der Sonne und der Erde ist, bewegt er sich für uns in einer Richtung, welche der der Sonne entgegengesetzt ist, und uns also rückgängig erscheint.

§. 52. Um die Stillstände und Rückgänge der übrigen Planeten ebenso als einfache Erscheinungen betrachten zu können, ist nichts weiter nöthig, als die Erde in Bewegung und die Sonne in Ruhe zu setzen, indem man auf jene die Bewegung dieser überträgt. Freilich ist dies dem Zeugnisse der Sinne ganz entgegengesetzt, aber wer weiſs auch nicht, wie trügerisch diese an und für sich sind? Derjenige, welcher auf einem Schiffe fährt, würde gewiſs, wenn er nicht sonst schon überzeugt wäre, daſs das Ufer ohne Bewegung sey, glauben, daſs er stillstände, und jenes sich von ihm nach und nach entferne. Es ist hier aber eigentlich auch gar nicht darum zu thun, die Bewegung der Erde wirklich zu beweisen; man will blos sehen, ob sich durch eine solche Annahme eine leichte Erklärung der Stillstände und Rückgänge herleiten lasse. Und wirklich, wenn die Erde sich um die Sonne bewegt, so müssen Mars, Jupiter und Saturn, welche entfernter von der Sonne sind, als die Erde, und sich mit geringerer Geschwindigkeit bewegen, obgleich sie in der That immer nach derselben Richtung von Westen gegen Osten in ihren Bahnen fortrücken, dennoch nothwendigerweise bald stillstehend, bald sogar rückgängig, bald aber auch rechtläufig erscheinen.

§. 53. Es sei die Sonne unbeweglich in *S* (Fig. 7.), *MONPQ* sey die Bahn der Erde, *mcnpq* ein Theil der Bahn des Jupiters, und *XDBY* der entsprechende Bogen an der Himmelskugel, auf welche wir die Bewegung der Planeten beziehen. Wenn nun z. B. die Erde vier Monate braucht von *M* nach *N* zu kommen, und folglich einen Bogen von 120° beschreibt; so wird Jupiter in derselben Zeit nur den kleinen Bogen *mn*, von ungefähr 10° beschreiben. Ehe aber die Erde von *M* nach *O*, und der Planet von *m* nach *c* kommt, wo er in Opposizion seyn wird, mufs 1) ein Punkt *M* vorhanden seyn, in welchem die Gesichtslinie *Mm* eine Tangente der Erdbahn ist, und weil wir Jupiter nicht in seiner Bahn *mnq*, sondern in der Verlängerung der Gesichtslinie an der Himmelskugel sehen, so wird er uns in *B* erscheinen, und hier unbeweglich stehen, solange die Gesichtslinie nahe die Richtung der Tangente behält. 2) Indem die Erde von *M* nach *O*, und der Planet von *m* nach *c* rückt, werden sie in Opposition seyn, und der Planet wird sich in *A* zeigen, nachdem er scheinbar auf der Himmelskugel den Bogen *BA* von Osten nach Westen beschrieben, da er doch wirklich in seiner Bahn den Bogen *mc* von Westen nach Osten durchlaufen ist. 3) Indem die Erde von *O* nach *N* weiter fortruckt, und der Planet von *c* nach *n*, wird dieser sich immer mehr von *B* entfernen; wenn die Erde nach *N*, der Planet aber nach *n* gelangt ist, so wird er von neuem stillstehend wie in *M* erscheinen. 4) Von diesem Punkte an, wird die Bewegung der Planeten wieder rechtläufig werden; wenn die Erde in *P*, und der Planet in *p* ist, so erscheint er in *E*, wenn aber die Erde in *Q*, so wird der Planet in *F* erscheinen, und so fort, bis die Gesichtslinie von der Erde zum Planeten von neuem eine Tangente der Erdbahn wird. Alles dies ist hinreichend deutlich: es ist nur nöthig wohl zu bemerken, wie schon oben geschehen, dafs wir den Planeten nicht in seiner Bahn sehen, sondern ihn an die Himmelskugel versetzen, und dafs er sich in seiner eignen Bahn mit einer geringeren Geschwindigkeit als die Erde in der ihrigen bewegt. Defshalb mufs er von *M* durch *O* nach *N* rückläufig, von *N* aber durch *P* und *Q* nach *M* rechtläufig erscheinen: wobei im ersten Falle die wirkliche Bewegung des Planeten in der Richtung der Erde geschieht, hinter welcher er stets zurückbleibt, im zweiten Falle aber in der entgegengesetzten Richtung *).

*) Die Stillstände und Rückgänge der Planeten verwickelten die Griechen in eine nicht aufzulösende Verwirrung: sie hatten einestheils den Muth nicht das ägyptische System anzunehmen, und noch vielweniger, da sie der Ruhe der Erde so gewifs waren, konnten sie daran denken es noch allgemeiner zu machen; anderntheils sahen sie nicht ein, wie man diese Erscheinung mit der gleichförmigen Kreisbewegung der Planeten, die sie wie ein Grundgesetz der Natur betrachteten, in Uebereinstimmung bringen sollte. Endlich stellten sie eine Hy-

## Siebenzehnter Abschnitt.

### Vom Planetensysteme.

§. 54. Die leichte und einfache Art, wie wir die Stillstände und Rückgänge der beiden Planeten Merkur und Venus erklärt haben, hat uns darauf geführt zu versuchen, ob wir nicht auf gleiche Weise die der übrigen Planeten erklären könnten, und wir sind hiemit glücklich zu Stande gekommen, indem wir annahmen, dafs ebenso wie Merkur und Venus sich um die Sonne bewegten, dies auch bei der Erde, bei Mars, Jupiter und Saturn der Fall wäre. Wenn wir jedoch nicht an der Bewegung der Ersteren zweifeln können, wegen ihrer verschiedenen Erscheinungen, bald zur rechten, bald zur linken der Sonne, so ist es nicht ebenso mit den Letztern; indessen wird doch diese Hypothese vernünftigerweise Andern vorgezogen werden müssen, die sich auf die Ruhe der Erde gründen *), weil bei ihr Alles besser geordnet, einför-

---

pothese auf, durch welche, ihrer Meinung nach, alles erklärt würde. Sie setzten nämlich voraus, dafs jeder Planet sich in einem kleinen Kreise bewegte, dessen Mittelpunkt einen gröſsern um die Erde beschriebe; den kleinen Kreis nannten sie den *Epizykel.* Apollonios von Pergä, der 240 Jahre vor Christus lebte, und sich einen groſsen Ruhm durch sein schönes Werk über die Kegelschnitte erwarb, fand auch diese Erklärung und bestimmte das Verhältnifs, welches zwischen den Halbmessern der beiden Kreise statt finden müfste, damit den Erscheinungen genügt würde. Dieser Satz, die erste Anwendung der Geometrie auf die Astronomie, wurde die Grundlage aller Hypothesen, die man nachher aufstellte, und blieb auch bis auf Kopernikus, als eine ausgemachte Wahrheit unangefochten stehen.

*) Obgleich Ptolemäos, dem wir die Darstellung

miger und einfacher ist. Dieser Annahme gemäfs ist also die Sonne der gemeinschaftliche Mittelpunkt, um welchen sich mit verschiedenen Geschwindigkeiten und in verschiedenen Entfernun-

der alten Astronomie verdanken, immer angenommen und geglaubt hat, dafs die Erde in Ruhe sey, so fehlte es doch unter den Griechen nicht an Leuten, die es wagten das Gegentheil zu denken und zu behaupten. PYTHAGORAS, PHILOLAOS, ARISTARCHOS und deutlicher als alle HIKETAS von Syrakus, bemerkten, dafs wirklich die Erde in Bewegung und die Sonne mit den Sternen in Ruhe sey. Es ist schwer auszumachen, ob sie durch Nachdenken zu dieser Meinung geführt wurden, oder ob sie sie nicht vielleicht aus dem Chaos alter, dunkler Ueberlieferungen herausgesucht, und sie nur angenommen haben, um sich durch die neue Hypothese bemerklich zu machen und auszuzeichnen. Es ist gewifs, dafs man dem Zeugnisse der Sinne, deren Macht grofs und gewaltig ist, nur mit der gröfsten Mühe und allein gestützt auf eine, durch Nachdenken erlangte Ueberzengung, widerstehen, und sich von ihnen losmachen kann; solche Ueberzeugungen zu Gunsten der Bewegung der Erde hatten aber die Alten gewifs nicht, und konnten sie auch nicht haben: denn der bündigste Beweis, der in der Abirrung des Lichts der Sterne liegt, ward erst im vorigen Jahrhunderte gefunden. BAILLY's Meinung über die Existenz eines Volkes, bey welchem die Astronomie zu einem vielleicht höhern Grade der Vollkommenheit gebracht ist, als jetzt, ist nicht unwahrscheinlich; dies Volk wäre dann aber bei den Umwälzungen unserer Erde untergegangen, und mit ihm sein Name, sein Wissen, seine Entdeckungen und seine Erfindungen. Wie dem aber auch seyn mag, so können sich sehr leicht aus der allgemeinen Zerstörung einige Hauptwahrheiten, einige Thatsachen, einige vorzügliche Resultate, welche im Munde Aller waren, erhalten haben und bis zu uns gelangt seyn, ohne dafs wir im Stande wären, bis zu ihrem Ursprunge zurückzugehen.

gen die Planeten, zuerst Merkur, dann Venus, hierauf die Erde, welche den Mond mit sich führt, und nun in immer grösseren Abständen Mars, Jupiter, und Saturn bewegen. Die Bewegungen geschehen alle in derselben Richtung, die Bahnen sind sich ähnlich, die einzelnen Neigungen derselben wenig verschieden, und alles in einer und derselben Zone eingeschlossen. Das Ganze ist ein zusammenhängendes System von Körpern, welches die Sonne beherrscht *), denn diese macht

*) Ich habe hier nur die Planeten angeführt, welche schon die Alten kannten, und welche man mit blossem Auge sehen kann; mehrere aber zählt die neuere Astronomie, die sie in *Hauptplaneten* und *Nebenplaneten* eintheilt. Die Hauptplaneten, die der Alten mitgerechnet, sind, *Merkur*, *Venus*, *Erde*, *Mars*, *Ceres*, *Pallas*, *Juno*, *Vesta*, *Jupiter*, *Saturn* und *Uranus*. Dieser Letzte, der im Jahre 1781 von Herschel entdeckt wurde, hat eine Umlaufszeit von 84 Jahren, und ist von der scheinbaren Grösse eines Sterns der sechsten Ordnung. Ceres, Pallas, Juno und Vesta sind von Piazzi, Olbers und Harding entdeckt: alle vier sehr klein, nur durch Fernröhre sichtbar und zwischen Mars und Jupiter, alle fast in derselben Entfernung von der Sonne gelegen; sie bewegen sich in Bahnen, welche sich gegenseitig durchschneiden, und die sie in fast gleicher Zeit beschreiben; es scheint also, dafs sie für sich zusammen gehören, oder ein besonderes System bilden.

Die Nebenplaneten, so genannt, weil sie um einen Hauptplaneten laufen, sind achtzehn an der Zahl: einen hat die Erde (den Mond), vier Jupiter, sieben Saturn und sechs Uranus. Galileo entdeckte die des Jupiters; Cassini, Huygens und Herschel fanden zu verschiedenen Zeiten die des Saturns, um welchen Huygens zuerst noch einen Ring bemerkte, den Herschel als doppelt erkannte: eben diesem gelang es auch mit sehr grofsen Fernröhren, die sechs Trabanten bei seinem Planeten zu uns die Planeten erst sichtbar, da dieselben kein eignes Licht haben, wie die Vorübergänge des Merkurs und der Venus vor der Sonnenscheibe beweisen. Ebenso wie die Gestalt des Mondes ist auch die der Planeten rund; ihr Bau vielleicht wenig verschieden von dem der Erde: wie diese sind sie Aenderungen und Wechseln unterworfen, und ebenso vielleicht von unendlich verschiedenen Arten lebendiger Wesen bevölkert *). Wenn sich dies Alles so verhält, so könnten wir vielleicht daraus muthmaſsen, daſs die Planeten nichts weiter

---

beobachten. Man hat gemuthmaſst, daſs Venus vielleicht auch einen Mond hätte, doch ist darüber bis jetzt nichts ausgemacht. Es scheint indessen, als wäre das Dasezn dieses und mehrerer Anderer ziemlich wahrscheinlich, indem vielleicht ihre Kleinheit, vielleicht aber auch der Umstand daſs sie nur in gewissen besondern Lagen bemerkt werden können, sie unsern Blicken bis jetzt entzogen hat, und vielleicht immer entziehen wird.

*) Bis zur Erfindung der Teleskope betrachtete man es allgemein als ausgemacht, daſs die Planeten mit eignem Lichte leuchteten, und bis zur Entdeckung der Sonnenflecke, sah man dies Licht als durchaus rein und ungetrübt an. Dieser Meinung waren nicht blos die Alten, sondern auch die Araber, sowie Brahe und selbst noch Kepler, der doch bewies, daſs der Mond kein anderes Licht habe, als das, was er von der Sonne erhielte; er wagte es nicht, ebenso über die Planeten zu urtheilen, sondern glaubte vielmehr, gestützt auf eine Beobachtung von keinem Werthe, daſs sie ein doppeltes Licht hätten, ein eigenes und dasjenige, welches sie von der Sonne erhielten. Er gab endlich seinen Irrthum, den er übrigens mit der übrigen Welt theilte, auf, als Galileo beobachtet hatte, daſs die Scheibe der Planeten im milden, ruhigen Lichte und unter kreisförmiger Gestalt erschiene, und daſs im Gegentheil die Fixsterne ganz wie brennende Körper flammten.

als ein Ausfluſs der Sonne selbst wären, welche aus ihrem Schooſse irgend einmal eine groſse Menge Materie in den Raum hinausgeschleudert habe; diese hätte dann, immer fort kreisend, und den Gesetzen der Verwandschaft, der Verdichtung und der Anziehung gehorchend, sich im Laufe der Zeit in verschiedenen Abständen von der Sonne zu verschiedenen Massen und Körpern gesammelt und gebildet.

§. 55. Was wir bisjetzt erforscht haben, umfaſst in der Kürze die einfachsten Beobachtungen, welche der erste Anblick des Himmels darbietet; die leichten und natürlichen Folgerungen, die aus ihnen flieſsen; das, was aus der Verbindung der beiden ersten Resultate hervorgeht; die weitern Schritte, welche ohne andere Hülfe als die einer unermüdeten und fortwährenden Aufmerksamkeit, geschehen können; ferner diejenigen, die sich mit Hülfe eines Instruments, das ebenso leicht zu erdenken als auszuführen ist, erlangen lassen; endlich die Folgerungen, welche sich ergeben, indem wir unsere Beobachtungen mit früheren vergleichen. Von allem diesem sind die hauptsächlichen Beobachtungen sicher und ohne einen Zweifel zu erlauben; die Angaben von Zeit und Ort aber keineswegs genau; die Folgerungen noch höchst schwankend; die ganze Lehre unvollkommen und ungewiſs. Alles zusammen ist nur ein roher und mangelhafter Versuch einer Kunde des Himmels. So war die Astronomie der Chaldäer, so die der ersten Griechen, und wenig besser die der alexandrinischen Schule, welcher Ptolemeos seinen Namen gab, und die unangetastet bis auf Brahe und Kopernikus im Ansehn blieb. Wenn sie von dieser Epoche an, gänzlich ihre Gestalt verändert hat; wenn sie, nachdem die Irrthümer die sie verunstalteten, und die unziemlichen Hypothesen, die ihre Fortschritte hemmten, beseitigt worden, ein neues Leben und eiu neues Dasein erhalten hat; wenn sie unverhältnifsmäfsig durch Beobachtungen und Entdeckungen zugenommen, auf richtige Grundlagen gestützt worden, und endlich auf ein einziges einfaches Grundgesetz zurückgeführt ist: so verdankt sie dies nur den vereinten Bemühungen der vorzüglichsten Geister der vorigen und der gegenwärtigen Zeit, und den neuen Erfindungen in den erhabensten Wissenschaften und den schwierigsten Künsten. Ehe ich aber die Wissenschaft in ihrer gegenwärtigen Gröfse darstellte, habe ich es für passend gehalten, den Weg zu derselben zu ebnen und zu erleichtern, indem ich zu den ersten Anfängen zurückginge, und zeigte, wie durch eine Beobachtung nach der andern, durch eine Folgerung nach der andern, die Grundlagen gelegt, und auf ihnen das prachtvolle Gebäude erbaut worden, welches vielleicht, mehr als alles Uebrige, die Höhe zeigt, zu welcher der menschliche Geist gelangen kann.

# *Zweites Buch.*

## *Vorkenntnisse für die jetzige Astronomie.*

§. 1. Die jetzige Astronomie geht in ihren Untersuchungen einen Weg, der von dem im vorigen Buche angegebenen gänzlich verschieden und zugleich viel gewisser ist. Rechnung, Instrumente, Beobachtungen, Maſs und Gebrauch der Zeit, Alles ist neu, oder wenigstens vervollkommt. Die Auflösung der Aufgaben, und jede Art von Rechnung ist einfacher und schneller; die Instrumente sind endweder ganz neu erfunden, oder mit grösserer Kunst und Geschicklichkeit gearbeitet, sodaſs man mit ihrer Hülfe im Stande ist, alle Abstände der Sterne, von den gröſsten bis zu den kleinsten, welche man mit dem bloſsen Auge gar nicht sieht, zu messen; die Beobachtungen sind nicht blos von den Fehlern, welche man schon an ihnen kannte, noch mehr befreit, sondern dies ist auch in Hinsicht auf diejenigen geschehen, deren Dasein man früher gar nicht geahndet hatte; die Zeit endlich, ist auf verschiedene Art getheilt und bestimmt, und wird mit der gröſsten Genauigkeit gemessen. Alles dies bildet eigentlich die Grundlage der jetzigen Astronomie, und kann unter der Benennung von Vorkenntnissen zu derselben zusammengefaſst werden: es soll, soviel als nöthig ist, in diesem zweiten Buche, einzeln genau auseinandergesetzt werden.

## *Erster Abschnitt.*

### *Benennungen der Kreise, Bögen und Winkel an der scheinbaren Himmelskugel.*

§. 2. Der Aequator, die Ekliptik, der Horizont, der Meridian und die übrigen Kreise, die von den Polen der drei ersten durch die Sterne geführt werden, sind die hauptsächlichsten Mittel durch welche die Oerter dieser Letztern bestimmt, und die Bewegungen derselben erklärt werden. Wir müssen also die Beziehungen kennen, welche die Winkel und Seiten, die durch die Durchschnitte dieser Kreise auf der Oberfläche der Kugel gebildet werden, zu einander haben. Dies lehrt die sphärische Trigonometrie, deren Kenntniſs vorausgesetzt wird. Hier sollen noch, um zur bessern Uebersicht Alles beisammen zu haben, die Benennungen, durch welche man in den verschiedenen Fällen die Bögen und Winkel unterscheidet, kurz dargelegt werden, obgleich sie schon zum Theil im vorigen Buche genannt sind.

§. 3. Man beziehe zuerst die Sterne auf den Horizont, den Meridian und den Aequator, und es sei (Fig. 11.) *HEZPO* der Meridian, *HVO* der Horizont, *EQ* der Aequator, *Z* und *P* die Pole des Horizonts und des Aequators, *S*, *s* zwei Sterne, durch welche vom Pol des Aequators die beiden Bögen *PSA*, *Psa*, und vom Pol des Horizonts, oder vom Zenith, zwei andere *ZSV*, *Zsv* gelegt sind. Im Dreiecke *APa* sollen nun *PA*, *Pa* *Stundenkreise* oder *Deklinazionskreise*, *SP* die *Polardistanz* des Sterns *S*, *AS* die *Deklinazion* desselben, und ebenso *sP* die Polardistanz des Sterns *s*, *sa* seine Deklinazion sein; den Winkel *APa* wollen wir den *Stundenwinkel* der beiden Sterne *S*, *s*, und endlich den Winkel *APE* den Stundenwinkel des Sterns *S* in Beziehung auf den Meridian, oder seinen Abstand von demselben nennen. Im Dreiecke *ZSP* soll *ZP* der *Abstand des Zeniths vom Pol* heifsen, der immer dem Komplemente der Polhöhe über dem Horizonte gleich seyn mufs; ferner wollen wir *ZS* die *Zenithdistanz* des Sterns *S*, *SV* oder das Komplement der vorigen, die *Höhe* des Sterns über dem Horizonte, den Winkel *PZS* das *Azimuth*, den Winkel *ZSP* den *parallaktischen* oder *Variazionswinkel* nennen; endlich können die Winkel *HZV*, *HZv*, welche die Supplemente der Winkel *VZO*, *vZO*, oder der Azimuthe sind, wenn der Stern sich im Horizonte befindet, durch die Benennungen *Morgenweite* und *Abendweite*, jenachdem der Stern in der östlichen oder westlichen Halbkugel sich befindet, unterschieden werden.

§. 4. Man betrachte ferner die Sterne in Beziehung auf die Ekliptik und auf den Aequator, und es sei (Fig. 3.) *QV* der Aequator, *P* sein Pol, *EC* die Ekliptik, $\pi$ ihr Pol, ♈ der Widderpunkt, und *S* ein Stern, durch welchen von den beiden Polen die Bögen *PA*, $\pi L$ geführt sind; dann wird *LS* die *Breite*, *L*♈ die *Länge*, *SA* die *Deklinazion*, *A*♈ die *Rektaszension* des Sterns *S* seyn. Ausserdem ist im Dreiecke $SP\pi$, der Winkel $PS\pi$ der *Posizionswinkel*, $SP\pi$ der *Winkel am Pole des Aequators*, $S\pi P$ der *Winkel am Pole der Ekliptik*, *SP* das *Komplement der Breite*, und $P\pi$ der Abstand der beiden Pole *P* und $\pi$, welcher immer der Schiefe der Ekliptik gleich seyn mufs.

§. 5. In der elften Figur wurde vorausgesetzt, dafs die beiden Sterne *S* und *s* im Norden des Aequators lägen; sind sie jedoch im Süden desselben, so erhalten die Abstände vom Aequator den Namen *südliche* Deklinazionen, und ihre Abstände vom Pole *P*, oder die Komplemente ihrer Deklinazion sind der Deklinazion + 90° gleich. Dasselbe findet beim Stern *S* (Fig. 3.) in Beziehung auf die Ekliptik statt: wenn derselbe im Süden von dieser liegt, so heifst sein Abstand, *südliche* Breite; die übrigen Benennungen bleiben dieselben in beiden Fällen. Um Irrungen zu vermeiden ist es aber gut, die Deklinazionen und Breiten im Norden vom Aequator und der Ekliptik durch den Beisatz, *nördliche* näher zu bezeichnen.

## *Zweiter Abschnitt.*

### *Instrumente.*

§. 6. Die wesentlichsten Beobachtungen in der neuern Astronomie bieten die Durchgänge der Sterne durch den Meridian, und die Höhen derselben im Meridiane oder die Abstände vom Scheitel, welches die Komplemente der Erstern sind, dar. Die Abstände vom Scheitel beobachtet man mit verschiedenen Instrumenten, meistens aber mit dem *Quadranten*, oder dem *Kreise*; die Durchgänge durch den Meridian mit einem Fernrohre, welches in der Richtung des Meridians selbst liegt, und gewöhnlich *Passageninstrument* genannt wird; bei demselben befindet sich stets eine Pendeluhr oder auch allenfalls eine andere Uhr.

Wenn es nun aber gut ist, diese und die übrigen Instrumente, welche heutiges Tages im Gebrauche sind, kennen zu lernen, so ist es doch fast unnütz, sie bis in die kleinsten Theile zu beschreiben; denn wenn man nicht die Instrumente vor Augen hat, so gelangt man entweder gar nicht, oder nur mit der gröfsten Schwierigkeit dahin, sie kennen zu lernen. Wir wollen uns hier darauf beschränken ihre Einrichtung, die vorzüglichsten Theile, aus welchen sie bestehen, und ihren Gebrauch kurz anzudeuten, und denken, dafs dies hinreichend seyn werde, Jeden in den Stand zu setzen, die Instrumente anzuwenden, sobald sich ihm die Gelegenheit dazu darböte. Da es aber vielleicht kein Instrument giebt, an welchem nicht das Fernrohr, das Loth, das Niveau, und der Vernier, entweder Alle zusammen oder blos Eins oder das Andere befindlich sind, so wollen wir die Beschreibung mit diesen beginnen.

## *Fernröhre.*

Den Fernröhren verdankt die neuere Astronomie ihre gröfsten Entdeckungen, und ihre unendliche Ueberlegenheit über die der Alten. Es gehört aber für die Optik, die verschiedenen Arten derselben zu beschreiben, ihre Theorie zu geben, ihre Einrichtung zu erklären und ihre Wirkungen zu bestimmen; hier kann es genug sein, blos die Einrichtung und Beschaffenheit derjenigen anzuzeigen, deren sich die Astronomen bedienen.

§. 8. Die wesentlichen Theile dieser Fernröhre sind zwei doppeltconvexe Linsen, die sich an den beiden Enden einer Röhre befinden; die gegen den Gegenstand gerichtete Linse heifst das *Objektiv*, die andere, an welche man das Auge legt, das *Okular.* Beide Linsen sind so gestellt, dafs ihre Brennpunkte in einem Punkt, den *gemeinschaftlichen Brennpunkt*, zusammenfallen. Hier macht die Objektivlinse das Bild des Gegenstandes, und das Okular vergrössert dasselbe in Verhältnifs seiner Brennweite zu der des Objektivs. Das Bild ist immer verkehrt, sowohl in der Richtung von der Rechten zur Linken, als von oben nach unten. Der Winkel, unter welchem dies Bild gesehen wird, heifst der *Gesichtswinkel* der Linse, und bestimmt das *Gesichtsfeld* des Fernrohrs, bei welchem man eine Blendung anzubringen pflegt, um das Bild reiner und deutlicher zu machen. Und weil für das bloſse Auge die Helligkeit des Gegenstandes in dem Verhältniſse des Lichtes steht, das durch die Pupille, für das bewaffnete Auge aber, in Verhältniſs der Lichtmenge welche durch die Oeffnung des Rohrs einfällt, so werden die Helligkeiten des Gegenstandes und des Bildes, sich wie die Quadrate der Halbmesser der Pupille und der Objektivlinse verhalten.

§. 9. Die Fernröhre heiſsen *achromatische*, wenn die Objektivlinse aus zwei oder mehr Linsen von verschiedener Dichtigkeit zusammengesetzt ist. Hiedurch verbessert man, wenigstens zum Theil, die verschiedene Brechung, welche die Strahlen beim Uebergange aus der Luft ins Glas erleiden, und durch welche das Bild immer mit einem Ringe, wie ein Regenbogen, umgeben ist, welcher das Gesichtsfeld verkleinert, und nur geringe Vergröſserungen erlaubt. Um das Werkzeug noch mehr zu vervollkommnen, pflegt man zu der Okularlinse noch eine zweite hinzuzufügen, welche das Bild deutlicher und das Gesichtsfeld gröſser macht.

In dem vereinigten Brennpunkt des Objektivs und Okulars werden zwei Fäden ausgespannt, die sich gegenseitig durchschneiden und dadurch einen festen Punkt geben, auf welchen man den Himmelskörper, den man beobachtet, beziehen kann. Damit die Fäden immer fest und gespannt ſeyen, bringt man sie in einem Ringe an, der mit Schrauben inwendig im Fernrohre so befestigt wird, daſs man mit gleicher Deutlichkeit und Schärſe sowohl die Fäden als den Himmelskörper sehen kann.

### *Bleiloth.*

§. 10. Um die Abstände vom Zenith zu messen, ist es nöthig diesen Punkt zu kennen, und wir haben dazu kein anderes Mittel, als daſs wir die kürzeste Linie suchen, die von demselben zu uns gezogen werden kann; man nennt sie die *Vertikallinie*. Da nun, wie die Erfahrung lehrt, der Fall der schweren Körper immer senkrecht zum Horizonte ist, so wird, wenn man das eine Ende eines Fadens an einen Haken befestigt, und an das andere ein Gewicht hängt, der Faden nach einigen Schwankungen, in senkrechter Lage ruhen. Der Aufhängepunkt zeigt also das Zenith oder den Scheitel, der Faden selbst aber die Vertikallinie. Am obern Theile der Instrumente pflegt man defshalb einen Faden aufzuhängen, dessen Winkel mit der Gesichtslinie den Abstand des Himmelskörpers vom Zenith mifst, und defshalb immer auf dem untern Theile entweder den Nullpunkt der Theilung oder den, dem gemessenen Bogen entsprechenden Punkt derselben angiebt. Das Bleiloth läfst man in ein Gefäfs mit Wasser fallen, sowohl um den Faden möglichst genau zur Ruhe zu bringen, als auch damit derselbe, weil er sehr dünne seyn mufs, nicht zerbreche.

### *Niveau oder Wasserwage.*

§. 11. Es giebt verschiedene Wasserwagen, wir wollen aber nur diejenige näher beschreiben, deren man sich allgemein bedient, um die horizontale Axe der Instrumente zu berichtigen.

Das Bleiloth ist immer senkrecht auf die Oberfläche des stehenden Wassers, welche also mit der Ebene des astronomifchen Horizonts zusammenfällt. Hierauf begründet sich die Einrichtung der Wasserwagen im Allgemeinen, und der Unsrigen insbesondere.

§. 12. Es sey (Fig. 8.) *CD* eine Glasröhre, von *A* bis *B* ein wenig erhaben, im übrigen Theile ihrer Höhlung genau zylindrisch. Wenn man dieselbe fast ganz mit Alkohol oder Aether füllt, sie hermetisch verschliefst, und auf eine horizontale Ebene stellt, so wird die Luftblase, mehr oder weniger, den obern Theil der Röhre von *A* bis *B* einnehmen. Umgekehrt also, so oft die Blase diesen Raum einnimmt, wird das Niveau horizontal seyn. Den Punkt in der Mitte des Raums *AB* bezeichne man mit o, und mache zur Rechten und zur Linken kleine gleiche Abtheilungen, die man mit 1, 2, 3, bezeichnen kann. Die so eingerichtete Röhre ruhe in der Fassung *MXN*, in welcher sie mit der Schraube V erhöht oder erniedrigt werden kann, so dafs die Blase stets den Raum von *A* nach *B* einnehme.

§. 13. Diese Maschine ist dasjenige Niveau, dessen sich meistens die Astronomen bedienen, ihre Instrumente horizontal zu stellen. Es sey die Stange *PQ* die Axe des Instruments, und an dieselbe sey das Niveau mit Hülfe der beiden Arme *M* und *N* aufgehängt. Dann verfährt man folgendermafsen.

1) Man beobachte die Zahl, welcher auf der einen, oder auf der andern Seite der Eintheilung das Ende der Blase entspricht.

2) Man nehme das Niveau von der Stange, und hänge es in der entgegengesetzten Richtung wieder auf, so dafs *N* an der Seite von *P* zu liegen kommt (man nennt dies: *Umkehrung* des Niveau), und bemerke die Zahl, welcher das schon vorhin betrachtete Ende der Blase entspricht.

3) Mit der Schraube *S*, am Stützpunkte der Stange, bringe man das besagte Ende der Blase auf die Zahl, welche in der Mitte der beiden vorigen liegt, und die Stange wird horizontal seyn. Um auch das Niveau horizontal zu machen, bringe man mit der Schraube *V* die ganze Blase in die Mitte zwischen *A* und *B*. Der gröfsern Sicherheit wegen, wiederhole man die ganze Arbeit von neuem,

und fahre so lange fort, bis die Blase sowohl in der einen als in der andern Lage des Niveau genau in der Mitte bleibt.

§. 14. Wenn die Röhre *CD* nicht eingetheilt ist, sondern blos zwei bewegliche Zeiger hat, so ist es besser in der ersten Lage des Niveau, die beiden Zeiger an die beiden Enden der Blase zu bringen, in der zweiten die Hälfte der Abweichung mit der Schraube *V*, die andere Hälfte mit der Schraube *S* zu verbessern, dann das Niveau von neuen umzukehren und dieselbe Operazion zu wiederholen, wenn die Blase noch nicht in der Mitte seyn sollte.

Die Gründe, auf welchen alles dies beruht, sind an sich deutlich genug, sodaſs es nicht nöthig ist, hier ihren Beweis zu führen, indem Jeder ihn selbst auffinden kann.

## *Vernier.*

§. 15. Bei der Theilung eines Bogens in seine verschiedenen Theile, kann man im Allgemeinen nur die Grade, deren Hälfte, Drittheil und Viertheil, und nur wenn der Halbmesser sehr groſs ist, das Zehntheil oder Zwölftheil des Grades unmittelbar angeben. Um nun aber diese Theile in Minuten und Sekunden einzutheilen, hat man verschiedene künstliche Methoden erdacht, von welchen der *Vernier* die leichteste und am Allgemeinsten gebräuchliche ist. Er besteht aus einem eingetheilten Streifen von gegebener Gröſse, der sich auf dem Gradbogen bewegen, und mit den Abtheilungen, die man von neuen theilen will, zusammenbringen läſst. Ehe wir aber seine Einrichtung beschreiben, und die Art seines Gebrauchs erläutern, ist es nothwendig folgenden Satz vorauszuschicken.

Wenn zwei Bögen *A*, *A'* von gleichem Halbmesser und gleicher Länge, der eine in $n$, der andere in $n - 1$ unter sich gleiche Theile getheilt sind, so wird der Unterschied zwischen einem Theile des ersten und einem des zweiten $= \frac{A}{n-1} - \frac{A}{n} = \frac{A}{n(n-1)} = \frac{A}{n-1} \cdot \frac{1}{n}$ seyn; diese Differenz ist also immer der $n$te Theil eines Theilungsintervalls des Bogens, der in $n - 1$ Theile getheilt worden, ein Zehntheil, wenn der eine in 9, der andere in 10 Theile getheilt ist, ein Zwanzigtheil, wenn die Eintheilungen in 19 und 20 geschehen wären u. s. w.

§. 16. Es sey nun (Fig. 9.) $DC$ ein Theil des Bogens eines Quadranten oder eines Kreises, der z. B. von 20 zu 20 Minuten getheilt wäre. Man nehme einen andern Bogen $NV$, von demselben Halbmesser wie $DC$, und in der Länge 19 Theilen von $DC$ gleich: man theile $NV$ in 20 gleiche Theile, und gebe ihm mit Hülfe einer Schraube eine solche Bewegung auf dem Bogen $DC$, dafs seine Theilstriche mit denen des andern Bogens zusammenfallen können. Dann wird $NV$ der Vernier seyn, durch welchen jedes Intervall des Bogens $DC$ in Minuten getheilt werden kann. Denn es ist klar,

1) Dafs jedes Theilungsintervall des Vernier um ein Zwanzigtheil von jedem des Bogens, oder um 1′ kleiner seyn wird, als ein solches, wenn $A = 6° 20'$ und $n = 20$ genommen wird, weil dann $\frac{A}{n-1} \cdot \frac{1}{n} = \frac{380'}{19} \cdot \frac{1}{20} = 1'$ ist.

2) Dafs wenn man den ersten Theilstrich des Vernier, oder den Nullpunkt desselben, mit irgend einem Theilstriche des Bogens, z. B. 23° zusammenfallen läfst, der letzte oder zwanzigste des Ver-

nier mit dem neunzehnten des Bogens zusammenfallen wird: sodaſs der zweite Strich des Vernier von dem zugehörigen auf dem Gradbogen um 1′, der dritte Strich um 2′ u. s. w. und der zwanzigste um 19′ abstehen muſs. Wenn man also den Vernier von der Rechten zur Linken mit Hülfe seiner Stellschraube solange fortbewegt, bis der zweite Theilstrich mit dem ihm nächsten des Bogens zusammenfällt, so hat sich der Nullpunkt oder Index des Vernier um 1′ von dem Theilstriche 23° des Gradbogens entfernt; wenn man weiter schraubt, bis z. B. der Theilstrich 8 des Vernier zuerst mit einem Theilstriche des Gradbogens zusammentrifft, so wird der Index des Vernier sich von dem Theilstriche 23° des Bogens um 8 Minuten entfernt haben. Im Allgemeinen wird die Zahl des Vernier, die mit einem Theilstriche des Gradbogens zusammenfällt, die Zahl der Minuten angeben, um welche der Nullpunkt des Vernier sich von dem Theilstriche 23° des Bogens entfernt hat.

§. 17. Wenn man halbe Minuten haben will, so muſs man, indem ein Intervall auf dem Gradbogen eine Länge von 40 halben Minuten beträgt, für den Vernier 39 Theile des Gradbogens nehmen, und diese in 40 Theile theilen; dann wird jeder von diesen um $\frac{1}{40}$ eines Intervalls des Gradbogens kleiner seyn als ein solches, denn es ist in diesem Falle $A = 13° = 780'$ und $n = 40$ also

$$\frac{A}{n-1} \cdot \frac{1}{n} = \frac{780'}{39} \cdot \frac{1}{40} = 20' \cdot \frac{1}{40} = \frac{1}{2} \text{ Minute.}$$

Im Allgemeinen kann man immer mittelst des Verniers die Intervalle eines Bogens in die paſslichste Anzahl kleinerer Theile eintheilen. Es sey $m$ die Zahl der Minuten, welche ein Intervall des Gradbogens enthält, $p$ die Zahl der Minuten oder Sekunden, in welche man dasselbe theilen will, so wird $\frac{m}{p} - 1$ die Anzahl der Theile des Bogens seyn, welche der Vernier enthalten mufs, um ihn in eine Anzahl von $\frac{m}{p}$ gleichen Theilen zu theilen. Wenn der Bogen von 5′ zu 5′ getheilt wäre, und sollte von 5″ zu 5″ getheilt werden, so wird $\frac{m}{p} - 1 = \frac{300''}{5} - 1 = 59$, und $\frac{m}{p} = 60$ seyn; also mufs der Vernier 59 Intervalle des Gradbogens enthalten, die in 60 gleiche Theile zu theilen sind. Was hier bis jetzt von der Theilung der Bögen gesagt ist, kann auf gleiche Weise auf die Theilung der graden Linien angewendet werden.

§. 18. Der Vernier ist so genannt von dem Namen seines Erfinders, Peter Vernier; andere legen diese Ehre dem Pedro Nunez bei, und nennen ihn deshalb auch *Nonius*: aber dieses Letztern Art zu theilen, ist sehr verschieden von der des Erstern, wenn auch bei beiden dasselbe Prinzip zum Grunde liegt.

### *Mikrometer.*

§. 19. Bei einigen Instrumenten ist es besser statt des Vernier eine andere Einrichtung zu gebrauchen, welche man gewöhnlich Mikrometer nennt. Ihre Hauptttheile sind eine Einfassung *MN* (Fig. 12), ein Rahmen *Tt* mit einem Schraubenarm *V* und einem Faden *Ff*, ein kleiner Kreis *C*, und ein Mikroscop. Mit dem Kreise *C* bewegt man den Rahmen mit dem Faden innerhalb der Einfassung; und mit dem Mikroskope, das gehörig an der Einfassung selbst angebracht ist, bringt man die Bilder der Theilungsintervalle des Bogens in den vereinigten Brennpunkt der Objektiv - und Okularlinse, welchem auf gleiche Weise der Faden *Ff* entsprechen muls. Die Zahl der Umläufe, welche der Kreis in Hinsicht auf den Index *I* macht, damit der Faden von dem einen Ende des Bildes eines Theilungsintervalls des Bogens zum andern gelange, giebt die Minuten oder Sekunden, welche jedem Umlaufe des Kreises *C* entsprechen, und welche auf den Umfang des Kreises selbst aufgetragen werden.

§. 20. Man begreift leicht, dafs wenn man die Theile des Gradbogens nach einem gegebenen Verhältnisse weiter theilen will, es nur nöthig ist das Mikroskop dem Bogen soweit zu nähern oder von ihm zu entfernen, bis das Bild eines Intervalls in einem bestimmten Verhältnisse mit den Umläufen der Schraube stehe. Wenn also ein Intervall des Gradbogens 10′, wie in der Figur umfafst, und man will jede Minute in Sekunden theilen, so mufs das Bild eines Intervalls genau dem Zwischenraume von 0 bis 10 entsprechen, und der Kreis, dessen Umfang in 60 Theile getheilt ist, mufs 10 Umläufe machen, damit der Faden von 0 bis 10 gelange.

§. 21. Den Rahmen *Tt* pflegt man auch wohl mit zwei Fäden zu versehen; einen *festen*, und einen beweglichen, welcher der *Läufer* heifst. In diesem Falle kann das Mikrometer zur Messung der Planetendurchmesser angewendet werden, wenn sie im Meridiane sind, und kann auf gleiche Weise zu der Bestimmung der gegenseitigen Entfernung der Doppelsterne dienen u. s. w.

## *Passageninstrument.*

§. 22. Das Passageninstrument besteht aus einem Fernrohre mit einer Axe, deren Enden auf zwei Unterlagen ruhen, die von zwei, in der Richtung des Meridians stehenden Pfeilern getragen werden. Im Brennpunkte des Rohrs sind sechs oder vier Fäden ausgespannt, von denen einer horizontal, die übrigen vertikal sind; der mittlere der letztern muſs genau in der Ebene des Meridians liegen, und in gleichen Abständen zu beiden Seiten die übrigen. Von den beiden Unterlagen hat die östliche eine horizontale, die westliche eine vertikale Bewegung, und ist überdies mit einem eingetheilten Halbkreise versehen, der dazu bestimmt ist, das Rohr auf jeden beliebigen Abstand vom Aequator zu richten.

§. 23. Damit dies Instrument brauchbar sey, müssen die Zapfen der Axe genau rund, die Unterlagen genau kegelförmig, und überdies beide Theile so hart als möglich seyn, damit nur eine sehr geringe Reibung und ein sehr geringer Widerstand statt finde. Ueberdies ist nothwendig, daſs die Gesichtslinie, welche durch den Mittelpunkt der Fäden und des Fernrohrs geht, immer im Meridian bleibe; dies erhält man dadurch, daſs man die Axe des Instruments parallel mit dem Horizont macht, und dann dafür sorgt, daſs die Gesichtslinie durch den Scheitel und durch den Pol gehe. Das Erstere geschieht mittelst des oben beschriebenen Niveau, und das Letztere, indem man, den Beobachtungen gemäſs, den Unterlagen die gehörige Stellung giebt. Das Instrument ist Fig. 13. abgebildet.

## *U h r.*

§. 24. Eine astronomische Uhr ist von einer jeden andern sehr verschieden. Die Haupttheile derselben sind das *Echappement*, oder das Eingreifen der Spindellappen in das Steigrad, und das *Pendel*. Vom Erstern ist das Beste das sogenannte *freie*, und das *mit dem Anker*, das vorzüglichste Pendel ist aber das *Kompensazionspendel*, welches aus verschiedenen Stangen von Messing und Stahl zusammengesetzt ist, die so gegeneinander stehen, dafs während die einen es von unten nach oben verlängern, die andern es von oben nach unten verkürzen, so dafs es weder in der Wärme sich ausdehnt, noch in der Kälte sich zusammenzieht, sondern immer von derselben Länge bleibt und also auch die Dauer seiner Schwingungen immer dieselbe ist.

### *Ganzer Kreis.*

§. 25. Der ganze Kreis wird mit Grund für das beste Instrument gehalten, dessen man sich in der Astronomie bedient. Der Quadrant und alle übrigen sind nichts als mehr oder minder grofse Theile desselben, nur mit einer verschiedenen Einrichtung. Dessenungeachtet ist der ganze Kreis am spätesten vervollkommt und in die Sternwarten eingeführt.

§. 26. Der schöne Kreis von Ramsden, welchen die Sternwarte von Palermo besitzt, besteht eigentlich aus zwei Kreisen, einem vertikalen und einem horizontalen. Der erstere wird von zwei Armen zwischen vier Säulen gehalten, der andere aber, der Azimuthalkreis, ist fest mit einem Kegel verbunden, dessen Axe durch den Mittelpunkt des Kreises geht. Zwei rechtwinklige, und sehr feste Platten, verbinden die Säulen und den Kegel und machen daraus einen zwischen zwei Stützpunkten, oben und unten beweglichen Körper. Der obere Stützpunkt wird durch eine Art von Ring gebildet, den vier, von ebensovielen Säulen ausgehende Bögen tragen; der untere durch drei Kreise, die Einer über den Andern gelegt sind und die auf einer marmornen Grundlage ruhen. In den obern greift ein, aus der zunächst liegenden Platte hervorgehender Zapfen ein, und auf dem untern ruht die Spitze des Kegels der den Azimuthalkreis trägt. Die Spitze des Kegels und der Zapfen sind die

Pole des Instruments, das mit einer Art von Gallerie umgeben ist.

§. 27. Der Vertikalkreis ist in vier Theile, jeder von 90°, und ein Grad wieder in 10 Theile, oder von 6′ zu 6′ getheilt; der Horizontalkreis aber ist in zwei Theile, jeder von 180°, und der Grad in 6 Theile, oder von 10′ zu 10′ getheilt. Mit Hülfe von zwei Mikrometern, die an den Säulen, zwischen welchen der Vertikalkreis liegt, befestigt sind, und von einem dritten an der Gallerie, theilt man jedes Intervall der Theilung beider Kreise in Minuten und Sekunden; nämlich mit den beiden Erstern den vertikalen, mit den Letztern, den horizontalen Kreis. Die Theilung auf jedem Kreise wird durch Reflektoren erleuchtet, und mit Hülfe von Mikroskopen ungefähr siebenmal vergrössert.

§. 28. Von den drei Kreisen, welche die untere Stütze bilden, ist der eine unbeweglich, die beiden andern beweglich, und zwar die Bewegung des einen senkrecht zu der des andern. Durch diesen Mechanismus und durch das Bleiloth giebt man dem ganzen Instrumente eine senkrechte Lage, und hierauf dem Azimuthalkreise eine horizontale, oder eine zur Axe des Instruments senkrechte. Zur gänzlichen Berichtigung ist indessen noch nöthig, dafs die Axe des Vertikalkreises gleichfalls horizontal sey, und dies erhält man durch ein mikroskopisches Niveau, welches man an das obere und untere Mikrometer des Vertikalkreises anbringt. Man sehe Fig. 14.

§. 29. Nicht wenige, und nicht unbedeutende Vortheile bietet dies Instrument dar.

1) Der Rand des Kreises, auf welchem die Eintheilungen sind, bleibt ganz frei von der Reibung eines Verniers, statt dessen in diesem Instrumente Mikroskope befindlich sind, sodafs man auch nicht die Abtheilungen selbst auf dem Kreise,

sondern im Gesichtsfelde des Mikroskops abliest, wohin ihre Bilder gebracht, und wo auch die Fäden des Mikrometers befindlich.

2) Die Theilungen befinden sich auf einer vollkommenen Ebene, und die Bewegung geschieht um eben die Pole, auf welchen der Kreis gedreht und eingetheilt ist.

3) Die Fehler der Theilung kann man unmittelbar entdecken, indem man die gegenüberstehende abliest, hierauf den Kreis eine halbe Umdrehung machen läſst, und dieselbe Theilung noch einmal abliest.

4) Das Instrument kann mit einer Genauigkeit in den Meridian gerichtet werden, die nicht geringer ist, als die des besten Mittagfernrohrs.

5) Man hat mit einemmale die Höhe und das Azimuth eines Himmelskörpers, und kann also durch eine einzige Beobachtung den Ort desselben bestimmen.

6) Wenn man denselben Stern im Meridian mit der Theilung nach Osten, und dann nach Westen beobachtet, so hat man den Fehler des Azimuths und den der Kollimazionslinie.

7) Zu allen Stunden des Tags kann man die Wirkung der Refrakzion in jedem Abstande vom Scheitel bestimmen.

§. 30. Die Zusammensetzung eines solchen Instruments ist sehr schwierig. Es ist aber nicht durchaus nothwendig zwei Kreise zu vereinigen; der vertikale kann für sich stehen, entweder zwischen zwei Pfeilern oder an einer Mauer angebracht, welche in der Richtung des Meridians liegt. Im ersten Falle wird man den Kreis um seine Axe, im zweiten das Fernrohr um die Axe des Kreises bewegen. Von dieser Art ist der von Troughton für die Sternwarte zu Greenwich gearbeitete.

*Quadrant.*

§. 31. Die vorzüglichsten Theile des Quadranten sind ein Kreisbogen von 90°, ein Fernrohr und ein Bleiloth, welches die Grösse des Bogens zwischen dem Himmelskörper und dem Scheitel oder dem Horizonte angiebt. Der Bogen ist in Grade und Theile des Grades getheilt, und mit einem Vernier versehen, um jedes Theilungsintervall in noch kleinere Theile zu theilen. Das Fernrohr hat in dem vereinigten Brennpunkte beider Linsen, des Objektivs und des Okulars, ein Netz von rechtwinkligen Fäden, die so angebracht sind, daſs einer von ihnen den Horizont, die übrigen aber ebensoviele Scheitelkreise darstellen können. Das Bleiloth endlich ist oben am Instrumente befestigt. Der Quadrant und das Fernrohr sind auf solche Weise mit einander verbunden, daſs entweder der Quadrant um seinen Mittelpunkt beweglich, und das Fernrohr fest ist, oder der umgekehrte Fall statt findet; in beiden Fällen aber geschieht die Bewegung immer um den Mittelpunkt des Quadranten. Wenn der Quadrant sechs bis acht Fuſs im Halbmesser hat, pflegt man ihn an eine starke Mauer zu befestigen, die in der Richtung des Meridians liegt, und dann heiſst er *Mauerquadrant*; wenn er aber nur drei bis vier Fuſs groſs ist, so giebt man ihm zur Haltung ein Fuſsgestell, und dann heiſst er ein *beweglicher* Quadrant. (Fig. 15.)

§. 32. Die Güte des Instruments hängt von der Vollkommenheit der Ebene des Quadranten, von der Genauigkeit des ganzen Bogens und seiner Theilung, von der Schärfe der Theilstriche, von der Unveränderlichkeit der konzentrischen Bewegung, vom Bleiloth, dessen Aufhängepunkt mit dem Mittelpunkt des Quadranten zusammenfallen muſs, und endlich von der Schärfe, der Vergröſserung, und der Deutlichkeit des Fernrohrs ab: die

Güte der Beobachtungen aber steht im Verhältniſs mit der genauen Stellung des Instruments in der Ebene des Meridians, mit der vollkommenen Uebereinstimmung der wahren und beobachteten Abstände, und mit der Erfahrung und Uebung des Beobachters.

*Zenithsektor.*

§. 33. Dies Instrument ist so genannt, entweder wegen der Kleinheit seines Bogens, oder weil es allein dazu bestimmt ist die Zenithabstände derjenigen Sterne zu messen, welche höchstens sechs oder sieben Grade von demselben entfernt sind. Es besteht aus einem Bogen von 12 bis 15 Grad, der einem Halbmesser von 12 bis 15 Fuſs zugehört. Der Nullpunkt der Theilungen ist in der Mitte des Bogens, welcher ohne Mühe umgekehrt werden kann, um dieselben Sterne in entgegengesetzten Lagen des Instruments zu beobachten. Der Gebrauch zu welchem es bestimmt ist, besteht hauptsächlich darin, mit der gröſsten Genauigkeit den Nullpunkt der Theilung, oder den Kollimazionsfehler bei den Mauerquadranten zu bestimmen. Einem Instrumente dieser Art verdankt man die Entdeckung der Aberrazion und der Nutazion.

*Aequatorial.*

§. 34. Dies Instrument ist aus mehrern Kreisen zusammengesetzt, welche den Aequator mit seiner Axe, einen Meridian oder Deklinazionskreis und den Horizont darstellen: dieser Letztere ist aber nur bei den tragbaren Aequatorialen nothwendig. Wenn diese Maschine einmal der Höhe des Pols am Beobachtungsorte gemäſs aufgestellt ist, so kann man zu jeder Zeit und mit der gröſsten Leichtigkeit die Sterne und die Planeten auffinden, welche über dem Horizonte sind. Der Aequatorialsektor und die parallaktische Maschine sind nur Vereinfachungen des Aequatorials; die Uhr aber, welche einige mit demselben verbinden, ist ganz überflüssig. Auf die Beobachtungen, welche mit einem solchen Werkzeuge gemacht sind, kann man wenig rechnen; denn weil alle Bewegungen um denselben Mittelpunkt geschehen müssen, so ist die Zusammensetzung immer mehr oder minder unvollkommen und mangelhaft. Die Aequatoriale von Ramsden werden für die besten gehalten.

### *Reflexionssextant.*

§. 35. Der Reflexionssextant, auch nach seinem Erfinder der hadleysche Sextant genannt, ist erfunden worden, um in jeder Lage die Winkelabstände der Gegenstände zu messen, selbst dann noch, wenn der Beobachter, wie dies auf einem Schiffe der Fall ist, keinen festen Standpunkt hat. Wirklich wurde er anfänglich auch nur für die Nautik brauchbar gehalten, aber man sah später ein, daſs er vom gröſsten Nutzten für die ganze Astronomie sey.

§. 36. Es sey *AB* (Fig. 10.) ein dem Winkel *ACB* zugehöriger Kreisbogen, *CD* eine um den Mittelpunkt *C* bewegliche Regel oder *Alhidade*, *PQ* ein auf derselben stehender Spiegel, der senkrecht zur Ebene des Instruments, und in der Richtung des Halbmessers oder Index *CD* liegt; *YX* ein anderer Spiegel der gleichfalls senkrecht zur Ebene des Kreisausschnitts *ACB*, und parallel mit der Linie *CB*, also auch mit dem ersten Spiegel ist, wenn die Alhidade so liegt, daſs die Halbmesser *CD* und *CB* zusammenfallen. Von der Sonne komme in der Richtuug *SM* ein Lichtstrahl, der im Punkte *M* auf den Spiegel *QP* fällt; von diesem wird er nach *F* auf den Spiegel *XY*, und von hier aufs Auge in *O* zurückgeworfen, und zwar sey die Richtung *FO* oder *HO* horizontal. Nach der bekannten Eigenschaft des Lichts, dafs die einfallenden und die zurückgeworfenen Strahlen, gleiche Winkel mit der zurückwerfenden Ebene machen, werden die Winkel $SMC = FMD$, $XFM = YFO$, $FNO = FON$ seyn; es ist aber $IMC = HTC = TCO + TOC$, und $FNO = MCN + CMN$: also $IMC = IMS + SMC = 2\ NCM + CMN$, und weil $SMC = CMN$, auch $IMS = 2\ NCM = 2\ DB$.

§. 37. Dies vorausgesetzt ist es leicht die Einrichtung und den Gebrauch des Sextanten zu verstehen: die Erstere ist schon hinlänglich deutlich durch die Figur; der Letztere besteht aber blos darin, dafs man den Spiegel der Alhidade gegen den Gegenstand richtet, dessen Höhe man messen will, und die Alhidade solange bewegt, bis das reflektirte Bild des Gegenstandes den Horizont in *H* trifft. Dann ist klar, dafs die Winkelbewegung des Index von *B* nach *D*, durch den Bogen *BD* wird gemessen werden, der immer die Hälfte der Höhe des Gegenstandes über dem Horizonte beträgt.

§. 38. Auf dem Meere ist der Horizont durch die Linie bezeichnet, in welcher sich Meer und Himmel scheinbar begränzen; auf der Erde mufs man statt dessen, wenn man das Meer nicht sehen kann, einen Planspiegel, parallel mit dem Horizonte aufstellen; man nennt denselben einen *künstlichen Horizont*. In diesem Falle mufs man indessen dahin sehen, dafs der zurückgeworfene Strahl, ehe er ins Auge fällt auf den künstlichen Horizont trifft; es ist also dasselbe, als wenn der Himmelskörper ebenso tief unter dem Horizonte wäre, als er wirklich über demselben ist. Daher ist der beobachtete Winkel das Doppelte des wahren.

### *Wiederholungskreis.*

§. 39. Zu den Instrumenten von denen bis jetzt die Rede gewesen und die heutiges Tages vorzüglich im Gebrauche sind, soll noch der *Wiederholungskreis* hinzugefügt werden, den Einige für das passendste Werkzeug zu allen Arten von Beobachtungen, und für das vollkommenste aller vorhandenen halten. Dies Instrument, das Tobias Mayer erfand um den geodätischen Operazionen die möglichst gröſste Genauigkeit zu geben, ward von Borda zuerst auf astronomische Zwecke angewendet. Er faſste die glückliche Idee, den Kreis wechselsweise gegen Morgen und gegen Abend zu wenden, und in der einen Lage den Kreis selbst um seine Axe, in der andern das Fernrohr auf dem Kreise sich bewegen zu lassen, und auf solche Weise die Messung eines Winkels auf alle Punkte des Umfangs zu vertheilen. Hiedurch kann jeder Theilungsfehler zuletzt bis zum Verschwinden vermindert werden; sodaſs man von einem Instrumente dieser Art, das gewöhnlich ziemlich klein ist, eine Genauigkeit im Messen erlangen kann, die man kaum bei Quadranten von einem sehr groſsen Halbmesser hoffen und erwarten darf.

§. 40. Ein Kreis mit einem Fernrohre, zwei Niveau, und eine Säule mit einem Azimuthalkreise machen die Haupttheile des Wiederholungskreises aus, dessen man sich bei den astronomischen Beobachtungen bedient. Der Kreis ist mit der Säule durch ein rechtwinkliges Knie verbunden, das von zwei Zylindern gebildet wird, die dazu bestimmt sind, die beiden Axen der horizontalen und vertikalen Bewegung des Kreises darzustellen. Der senkrechte Zylinder ist in der Höhlung der Säule beweglich, und durch ihn erhält der Kreis die horizontale Bewegung; der horizontale Zylinder trägt den Kreis, der sich in senkrechter Richtung um ihn bewegt.

Auf der Ebene des Kreises liegt das Fernrohr, das sowohl für sich, als auch zugleich mit dem Kreise beweglich ist. Von den beiden Niveau ist das eine auf dem horizontalen Zylinder, das andere aber auf der Ebene des Kreises selbst befindlich, und um den Mittelpunkt desselben beweglich. Diese beiden Niveau, die gegenseitig senkrecht zu einander sind, dienen dazu den Kreis und seine Bewegung in eine senkrechte Ebene zu bringen und ihn darin zu erhalten. Ohne diese Bedingung, dafs nämlich der Kreis bei beiden Bewegungen immer in einer senkrechten Ebene sei, verliehrt das Instrument allen Werth: sie ist aber grade am schwersten zu erfüllen. Da sie jedoch hauptsächlich von der Zusammensetzung des Instruments abhängt, so haben sich Astronomen und Künstler vereinigt, diese zu vervollkommnen; vorzüglich der Baron von ZACH als Astronom, und der Ritter von REICHENBACH als Künstler. Die 16. Figur kann dienen, eine ungefähre Idee von diesem Instrumente zu geben. *)

*) Da diese Beschreibung nur im Allgemeinen eine Vorstellung von dem Instrumente geben soll, so ist die Beschreibung der Einzelnheiten, des Vernier, der Theilung, des Azimuthalkreises, auf welchem die Säule ruht, des Fadennetzes im Brennpunkte des Fernrohrs, der Berichtigungen u. s. w. übergangen. Alles dies bis ins Kleinste beschrieben kann man in der Abhandlung: Exposé des operations faites en France en 1787, und besser in DELAMBRE's grofsen Werke: Base du système metrique Tom. 2. pag. 160. finden. Ebendaselbst ist auch der Gebrauch des Instruments bei geodätischen Operazionen auseinandergesetzt, bei welchen noch ein zweites Fernrohr, das ebenso wie das erste um den Mittelpunkt des Kreises beweglich ist, nöthig wird.

§. 41. Nachdem im Allgemeinen eine Idee von dem Wiederholungskreise gegeben worden, ist noch übrig zu zeigen, auf welche Weise die Messung desselben Winkels auf dem ganzen Umfange des Kreises, und so oft als man will, wiederholt werden kann. Es sey (Fig. 17.) *ZN* der Kreis, *CL* das Fernrohr, *Z* das Zenith, *S* ein Stern, der unbeweglich angenommen wird, und *ZN* die Vertikallinie, um welche und an welcher die beiden Bewegungen, die horizontale und die vertikale geschehen. Der gröſseren Deutlichkeit wegen betrachte man den Kreis, als wäre er von den übrigen Theilen des Instruments abgesondert, und von 60° zu 60° getheilt.

*Erste Messung.*

1) Man bringe den Index des Fernrohrs auf den Nullpunkt der Theilung, und den Kreis selbst, mit der Theilung gegen Osten gewendet, in die Vertikalebene die durch das Zenith und den Stern geht.

2) Indem das Fernrohr fest bleibt, drehe man den Kreis um seinen Mittelpunkt bis der Stern im Gesichtsfelde des Fernrohrs erscheint. Der Kreis wird in der Lage, wie Fig. 17. zeigt, seyn, und die Zenithdistanz des Sterns durch den Winkel *ZCS*, der noch unbekannt ist, gemessen werden.

3) Man wende die Eintheilung des Kreises gegen Westen, indem man ihn einen Halbkreis um seine Vertikalaxe beschreiben läſst; er kommt dann in die Lage Fig. 18. und es wird der Winkel *ZCL* = *ZCS* seyn. Weil man aber den Stern *S* unbeweglich, oder seinen Abstand vom Zenith unveränderlich annimmt, so wird der Abstand des Nullpunkts von dem Theilungspunkte, welcher durch die zum Stern gehende Linie *CS* bestimmt wird, das Doppelte des Abstands des Sterns vom Zenith ſeyn.

4) Indem der Kreis fest bleibt, richte man das Fernrohr auf den Stern; es wird auf diese Weise den doppelten Winkel beschreiben: wäre z. B. der Abstand 60°, so wird das Fernrohr 120° auf dem Kreise durchlaufen, wie Fig. 19. zeigt. Man lese also den Punkt der Eintheilung ab, den das Fernrohr angiebt, und man wird den doppelten Abstand des Sterns vom Scheitel haben. Dies ist die erste Messung.

*Zweite Messung.*

1) Man wende die getheilte Seite des Instruments gegen Osten, wodurch es in die Lage Fig. 20. kommt.

2) Indem das Fernrohr fest auf dem Theilstrich 120° bleibt, drehe man den Kreis bis der Stern im Rohre erscheint (Fig. 21.)

3) Man wende die Eintheilung des Instruments gegen Westen, indem man dasselbe wie vorhin einen Halbkreis um seine Vertikalaxe beschreiben läſst (Fig. 22).

4) Indem der Kreis fest in seiner Lage bleibt, richte man das Fernrohr auf den Stern (Fig. 23.) und lese nun die angegebenen Grade u. s. w. ab; der vom Fernrohre durchlaufene Bogen wird wiederum das Doppelte des Abstands des Sterns vom Scheitel seyn, und zugleich das Vierfache dieses Abstands auf dem Kreise gegeben seyn, da es zwischen den Eintheilungen 0° und 240° liegt. Man hat also eine zweite Messung.

*Dritte vierte u. s. w. Messung.*

Man wende von neuen die Eintheilung des Instruments gegen Osten, und wiederhole die in der zweiten Messung beschriebenen Operazionen, so erhält man eine dritte Messung, oder das Sechsfache des Winkels. Indem man sie zum Viertenmal, zum Fünftenmal u. s. w. wiederholt, erhält man das Achtfache, Zehnfache u. s. w. des Winkels, und überhaupt auf diese Weise jedes beliebige Vielfache. Man lese den letzten Winkel ab, wie man den ersten abgelesen, füge zu der Zahl desselben die Anzahl der durchlaufenen ganzen Umfänge hinzu, und theile das Ganze durch die Zahl der gemachten Messungen; dann wird der Quotient der gesuchte Abstand seyn, der von den, von 60° zu 60° in der Eintheilung des Kreises etwa befindlichen Fehlern, bereits befreit ist. Fängt man die Messung statt vom Nullpunkte der Eintheilung, nach und nach immer von andern Punkten an, so kann man eine und dieselbe Messung auf alle Punkte der Eintheilung beziehen.

§. 42. Alles dies nimmt sich leicht und einfach in der Theorie aus, ist aber nicht so in der Ausführung.

1) Der Himmelskörper ist nicht unbeweglich, wie wir vorausgesetzt haben, sondern steigt oder sinkt fortwährend, jenachdem man ihn vor oder nach seinem Durchgange durch den Meridian betrachtet. Deſshalb muſs man die Zeit jeder Beobachtung bemerken, und dieselben nachher durch Rechnung auf *einen* Moment und *einen* Abstand vom Scheitel reduziren.

2) Es sind zwei Beobachter nothwendig: Einer, der auf den Himmelskörper visirt, und also bald das Fernrohr allein, bald dieses mit dem Kreise bewegt; ein anderer, der die Zeit jeder Beobachtung bemerkt, und mit Hülfe der beiden Niveau den Kreis immer in der senkrechten Lage erhält. Welche Umstände also, und welcher Zeitaufwand für *eine* Beobachtung! Wenn man wirklich mit den Wiederholungskreisen die Genauigkeit erlangen kann, welche sie dem Anscheine nach versprechen, so können sie doch höchstens nur zu der Berichtigung einiger wesentlicher Punkte der Astronomie dienen, nicht aber zum täglichen Gebrauch ange-

wendet werden; denn in diesem letztern Falle ließe sich so recht eigentlich nicht bestimmen, ob der hieraus für die Wissenschaft entstehende Nachtheil oder Vortheil der größere wäre. Ich wenigstens würde gewiß nicht den hundertsten Theil meiner Beobachtungen gemacht haben, wenn ich mit einem solchen Instrument beobachtet hätte.

## *Dritter Abschnitt.*

### *Fehler welchen die Beobachtungen unterworfen sind.*

§. 43. Man glaubt gemeiniglich, daß die Sterne sich genau an dem Punkte des Himmels befinden, wo sie dem Auge erscheinen, und daß sie, von welchem Orte der Erde man sie auch betrachte, immer dieselbe Stelle am Himmel einnehmen. Alles dies ist nicht ganz richtig, und mehrere Ursachen wirken zusammen, um die hier statt findende Täuschung zu verursachen. Die Astronomie der Alten kannte schon zwei derselben, diejenigen, welche den größten Einfluß haben, die *Refrakzion* oder *Strahlenbrechung*, und die *Parallaxe*; zwei andere entdeckte die neuere Astronomie, nämlich die *Aberrazion* oder *Abirrung* des Lichts, und die *Nutazion* oder *Schwankung* der Erdaxe. Wir wollen sie sämmtlich hier kennen lernen, aber es wird nicht nöthig seyn, sie bis in die kleinsten Theile auseinanderzusetzen, sondern nur soviel zu bemerken, als man braucht, um ihre Wirkungen einzusehen, und die Beobachtungen von denselben zu befreien. Im Folgenden werden wir am gehörigen Orte eine genaue Erklärung derselben geben.

### *Refrakzion.*

§. 44. Das Licht, das seiner Natur nach sich immer in grader Linie fortpflanzt, gehorcht diesem Gesetze nicht mehr, wenn es aus einem Medium in ein anderes von verschiedener Dichtigkeit übergeht. Es bricht und beugt sich dann, und läſst die Gegenstände hoher oder niedriger erscheinen als sie wirklich sind, wie dies ein Ruder im Wasser, und eine Münze, die auf den Boden einer Anfangs leeren, nachher mit Wasser gefüllten Tasse gelegt worden, zeigen. Diese Brechung heiſst *Refrakzion,* und ihr ist jeder Lichtstrahl unterworfen, der von der Sonne und den übrigen Himmelskörpern zu uns kommt, weil er aus dem dünneren Aether in die an Dichtigkeit verschiedenen Schichten der Atmosphäre übergeht.

§. 45. Es sey (Fig. 24.) *AB* die Oberfläche der Erde, *EKG* die äuſsere Oberfläche der Atmosphäre, welche die Erde umgiebt, und welche noch in einer Höhe von 10 Meilen eine merkliche Dichtigkeit besitzt, wie es die Dämmerungen zeigen; es sey ferner *A* der Ort des Auges, und *MK* ein Lichtstrahl, der von einem Himmelskörper in *M* ausgeht, und schief auf die Atmosphäre in *K* einfällt. Wenn er hier kein Hinderniſs, oder ein von dem, in welchem er vorher ging, in Hinsicht der Dichtigkeit verschiedenes Medium anträfe, so würde er seinen Weg in derselben Richtung fortsetzen, und die Vertikallinie *ZC* in *a* treffen, also der Himmelskörper vom Auge nicht gesehen werden. Wenn aber in *K* ein Medium von gröſserer Dichtigkeit anfängt, so bricht sich der Strahl *MK* beim Eintritte ein wenig, und wird sich, wenn er beim weitern Fortrücken immer dichtere Schichten trifft, immer mehr und mehr brechen, bis er durch die letzte Brechung nach *A* gelangt. Weil wir aber über den Ort, welchen die Gegenstände einnehmen, nicht anders urtheilen können, als nach der Richtung, welche die Lichtstrahlen im letzten Augenblicke haben, in welchem sie unser Auge treffen.

so versetzen wir auch hier den Himmelskörper nach der Richtung, welche der Lichtstrahl bei der letzten Brechung hatte, nach *N*, und nicht nach *M*, wo er sich wirklich befindet. Der Winkel *NKM*, welcher die Summe aller Brechungen des Lichtstrahls, von seinem Eintritte in die Atmosphäre bis dahin, wo er das Auge trifft, ausdrückt, ist es was man eigentlich die *astronomische Refrakzion* nennt.

§. 46. Wenn man vom Mittelpunkte *C* durch den Punkt *K* den Halbmesser *CK* zieht, und ihn ins Unbestimmte bis *R* verlängert, so steht die Linie *CR* zu der brechenden Fläche in *K* senkrecht, und man hat die beiden Winkel *RKM*, *RKN*, von welchen der erste, den der einfallende Strahl *MK* mit der senkrechten Linie *RK* macht, der *Einfallswinkel*, der zweite, welchen ebendiese senkrechte Linie mit dem gebrochenen Strahle *NK* bildet, der *Brechungswinkel* heifst. Weil nun aber die Lagen der Atmosphäre auf beiden Seiten des einfallenden Strahls gleich grofs und von derselben Beschaffenheit sind, so kann jener von seiner anfänglichen Richtung nur allein durch den Theil der Atmosphäre abgelenkt werden welcher in der Ebene liegt, die durch den Strahl selbst und die Vertikallinie gelegt ist. Beide Winkel, der einfallende sowohl als der gebrochene, sind also immer in dieser Ebene; ausserdem aber haben auch ihre Sinus ein konstantes Verhältnifs zu einander, das nur von der gröfsern oder geringern Dichtigkeit der Atmosphäre selbst abhängt.

§. 47. 1) Defshalb äufsert die Refrakzion ihre Wirkung blos auf die Höhe.

2) Weil der Lichtstrahl aus einem dünneren Medium in ein dichteres übergeht, wird die Refrakzion den Himmelskörper dem Zenith nähern, und ihn vom Horizonte entfernen.

3) Im Zenith findet keine Refrakzion statt,

weil der Einfallswinkel und also auch der Brechungswinkel beide = 0 sind.

4) Die Refrakzion wird in der kleinsten Entfernung vom Zenith merklich, und nimmt immer zu bis zum Horizont, und unter denselben hinab. Denn je tiefer der Himmelskörper steht, desto grösser wird die atmosphärische Schicht seyn, durch welche der Lichtstrahl gehen muſs.

5) Da die Himmelskörper sich auſserhalb der Atmosphäre befinden, so werden ihre Refrakzionen in denselben Entfernungen vom Zenith dieselben seyn.

6) Die Abstände der Himmelskörper vom Meridian auf dem Horizonte gezählt, oder die Azimuthe, werden durch die Refrakzion gar nicht geändert, weil diese nur nach der vertikalen Richtung wirkt.

7) Der Stundenwinkel, oder der Abstand des Himmelskörpers vom Meridian, auf dem Aequator gezählt, und der Abstand desselben vom Pole erhalten andere Werthe: wovon man sich leicht überzeugt, wenn man vom Pole aus durch die beiden Oerter des Sterns, den scheinbaren und den wahren, zwei Bögen gröſster Kreise legt.

8) Wenn ein Himmelskörper beim Aufgange oder Untergange den Horizont zu berühren scheint, so befindet er sich immer schon unter demselben.

9) Das Azimuth des Himmelskörpers, wenn er für uns in den Horizont tritt, bleibt nicht dasselbe, wenn er diesen Kreis wirklich erreicht. Der Unterschied rührt von der schiefen Lage der Bahnen der Sterne zum Horizonte her.

§. 48. Die Kenntniſs vom Daseyn der Refrakzion würde von sehr geringer Bedeutung seyn, wenn man nicht zugleich ihre Gröſse in den verschiedenen Abständen vom Scheitel bestimmt hätte. Durch vielfältige Bemühungen der gröſsten Astronomen ist man jetzt dahin gelangt, sehr genau die

Verbesserung zu kennen, welche man deſshalb bei den Beobachtungen anbringen muſs. Zwei Mittel hat man hiebei angewendet: die Beobachtung und die Theorie der Zentralkräfte; beide aber setzen Lehren voraus, die bis jetzt von uns noch nicht erklärt sind; es mag also genug seyn, hier nur eine Idee von der Sache zu geben.

*Erste Methode.* Diese besteht darin, daſs man die beobachtete Höhe eines Sterns, die noch die Refrakzion mit enthält, mit derselben Höhe, nachdem jener Einfluſs weggeſchafft ist, vergleicht. Man nehme an, ein Stern gehe genau durchs Zenith; wenn man diesen nachher in seinen verschiedenen Abständen bis zum Horizont, und zugleich die entsprechenden Azimuthe beobachtet, so erhält man aus der Beobachtung im Zenith seine Deklinazion, frei vom Einflusse der Refrakzion, und kann nun aus dieser Deklinazion, verbunden mit der Polhöhe und den beobachteten Azimuthen, alle Höhen ohne Refrakzion herleiten. (Man sehe weiter unten §. 138.). Die Unterschiede zwischen beiden werden die Refrakzionen in den beobachteten Abständen seyn. Auf diese Weise habe ich den hauptsächlichsten Theil der Refrakzionstafel, welche sich am Ende dieses Abschnitts befindet, bestimmt. In derselben sind von 38° Zenithabstand bis zu 89°, die Refrakzionen blos auf Beobachtun- begründet; von 0° aber bis zu 38° auf Beobachtungen und Theorie, welche Letztere, wie sie auch immer beschaffen seyn mag, innerhalb dieser Gränzen keinen Zweifel oder Ungewiſsheit übrig lassen kann. Lacaille nahm statt der Azimuthe die Stundenwinkel, Bradley die Deklinazionen der Sonne und der Sterne in der Nähe des Pols; aber die Stundenwinkel gewähren wenig Sicherheit, und sowohl die Deklinazionen als auch jene Sterne können nur für eine kleine Anzahl von Abständen dienen. Im

Allgemeinen kann man nicht durch Beobachtung allein die Refrakzionen für alle Grade vom Zenith zum Horizonte bestimmen: man muſs nothwendig die Theorie damit verbinden.

*Zweite Methode.* Aus der Theorie der Zentralkräfte kann man, wenn man sie auf einen Lichtstrahl anwendet, der aus dem Aether in unsere Atmosphäre übergeht, die Beziehung zwischen der scheinbaren und der wahren Zenithdistanz des Himmelskörpers herleiten, oder die Summe der Ablenkungen finden, welche der Strahl von seinem Eintritte in unsere Atmosphäre bis er an unser Auge gelangt, erleidet, wie auch immer der Einfallswinkel beschaffen seyn mag. Simpson, Lambert, Oriani, Laplace und andere haben die Auflösung dieser Aufgabe versucht, Jeder, indem er von einer Hypothese über die Dichtigkeit der verschiedenen Schichten der Atmosphäre, über die Abnahme der Wärme, und über die andern Ursachen, welche die anfängliche Richtung des Lichtstrahls stören können, ausging, die er für die sicherste hielt. Simpson nimmt an, daſs die Dichtigkeit gleichförmig von unten nach oben abnehme; die Barometerbeobachtungen zeigen aber, daſs sie in jeder Höhe dem Drucke der obern Luftschichten proporzional sey: nichts destoweniger ist seine Formel die einfachste, die bequemste, und vielleicht die durch die Beobachtungen am besten bestätigte. Nur von ihr allein wollen wir hier die Anwendung zeigen.

§. 49. Die simpsonsche Formel ist $m. \text{Sin}\, a = \text{Sin}\, (a - nr)$, wo $m$ und $n$ zwei unbestimmte Gröſsen, $a$ der scheinbare Abstand eines Himmelskörpers vom Zenith und $r$ die entsprechende Refrakzion bedeuten: wenn man einen andern Abstand $a'$ annimmt und die entsprechende Refrakzion $r'$ nennt, so ist $m. \text{Sin}\, a' = \text{Sin}\, (a' - nr')$.

Aus beiden Gleichungen erhält man die Werthe von $m$ und $n$ durch die Gröſsen $a$, $a'$, $r$ und $r'$ ausgedrückt; es ist nämlich

$$m = 1 - \frac{n^2 r^2 + 2nr.\,\mathrm{Cotg}\,a}{2R^2} = 1 - \left\{\frac{n^2 r^2}{2R^2} + \frac{nr\,\mathrm{Cotg}\,a}{R}\right\}$$

$$n = 2R.\,\frac{r.\,\mathrm{Cotg}\,a - r'.\,\mathrm{Cotg}\,a'}{r'^2 - r^2},$$

wo $R$ den Halbmesser in Sekunden ausgedrückt bedeutet, und deſshalb gesetzt ist, um die Formeln homogen zu machen.

Aus meinen Beobachtungen einiger Sterne in der Nähe des Pols leitete ich die Refrakzion in verschiedenen Abständen vom Scheitel her, und nachdem ich diese Werthe in die obigen Formeln für $m$ und $n$ substituirte, fand ich $m = 0{,}9982639$ und $n = 6{,}25781$. Also ist $0{,}9982639 \cdot \mathrm{Sin}\,a = \mathrm{Sin}\,(a - 6{,}25781\,r)$, woraus man für jeden Abstand vom Scheitel immer die Refrakzion finden kann. Will man sie z. B. für 45° Zenithabstand haben, so ist

| | |
|---|---|
| log 0,9982639 . . . . | 9,9992454 |
| log sin 45° 20′0″ . . . . . | 9,8494850 |
| log sin 44° 54′ 2″,23 . . . . | 9,8487304 |
| Unterschied 5′ 57″,77 oder 357″,77 | |
| log 357″ 77 . . . . | 2,55360 |
| log 6,25781 . . . | 0,79642 |
| log $r$ . . . . | 1,75718 |

daraus die Refrakzion für die scheinbare Zenithdistanz von 45 Graden, oder $r = 57'',2$, wie in den Tafeln; diese 57″,2 muſs man zu dem beobachteten Zenithabstand addiren, um ihn von dem Einflusse der Refrakzion zu befreien.

§. 50. Meine Refrakzionstafel, und also auch die Werthe von $m$ und $n$, welche in die simpsonsche Formel substituirt sind, setzen eine Dichtigkeit der

Luft voraus, welche einer Barometerhöhe von 29,6 englischen Zollen und 50° Wärme des fahrenheitschen Thermometers entspricht. Wärme und Kälte bringen aber fortwährend Aenderungen im Zustande der Atmosphäre hervor, und gewifs selten trifft es sich, dafs das Thermometer grade 50° bei 29,6 Zollen Barometerhöhe zeige. Die Dichtigkeit ist also anders als sie vorausgesetzt ist, und die berechneten Refrakzionen, welche man *mittlere* nennt, sind von denen, welche der Lichtstrahl wirklich erleidet, von den *wahren,* verschieden; diese Letztern aber können und dürfen nur bei den Beobachtungen angewendet werden. Es ist defshalb eine Korrekzion nöthig, um die mittlern Refrakzionen in wahre zu verwandeln. Viele Untersuchungen sind hierüber von den Physikern und von den Astronomen angestellt; endlich hat Bradley die folgende Regel festgesetzt.

*Die mittlern Refrakzionen stehen zu den wahren, oder überhaupt zu denen, die bei irgend einem andern Barometer- und Thermometerstande statt finden, in dem zusammengesetzten Verhältnisse der Barometerstände, und der Zahl* 350 + *dem Thermometerstande, zur Zahl* 400. Nennt man also $r$ die wahre, $\rho$ die mittlere Refrakzion, $a$ die Barometerhöhe, $\alpha$ den Thermometergrad, so ist $r = \frac{\rho \cdot a \cdot 400}{29,6\,(350 + \alpha)}$. Den Faktor $\frac{400\,a}{29,6\,(350 + \alpha)}$ hat man für die verschiedenen Werthe von $a$ von 29 bis 31 Zoll, und für die Werthe von $\alpha$ von 20° bis 85° berechnet, in einer Tafel dargestellt, die sich am Ende dieses Abschnitts findet. In derselben sind nicht die Werthe des Faktors selbst, sondern die Ueberschüsse derselben über die Einheit, oder die Ergänzungen zur Einheit enthalten, weil dies den Gebrauch der Tafel bequemer macht.

§. 51. Wenn das Barometer nicht nach dem

englischen Maſse, und das Thermometer nicht nach *Fahrenheit* getheilt ist; und man will sich dennoch der Bradleyschen Regel bedienen, so muſs man entweder die Maſse Eins auf das Andere reduziren, oder Formeln anwenden, welche der gegebenen Art von Barometer und Thermometer entsprechen. Sonst gebrauchte man bei den Barometern nur den englischen oder den pariser Fuſs, und bei den Thermometern die fahrenheitsche, oder die réaumursche Skale; jetzt hat man noch das hunderttheilige Thermometer und ein Barometer, welches nach dem Mètre getheilt ist. Beim réaumurschen Thermometer ist der Zwischenraum zwischen dem Frost- und Siedepunkt des Wassers, in 80, beim hunderttheiligen in 100, und beim fahrenheitschen in 180 Theile getheilt, aber bei diesem Letztern ist der Nullpunkt nicht beim Punkte des schmelzenden Eises, sondern 32° unterhalb, und deshalb zählt es beim Siedepunkte 212°. Hiernach lassen sich leicht die in jedem Falle für das Thermometer nöthigen Redukzionen machen; für das Barometer kann man dieselben finden, wrnn man weiſs, daſs der englische Fuſs, der pariser und der Mètre in dem Verhältnisse der folgenden Zahlen 118097:125815:387318 stehen.

§. 52. Die mittlern Refrakzionen können sich verändern, wenn auch der Stand des Barometers sowohl als des Thermometers derselbe bleibt.

1) Wenn die Luft trocken ist dehnt sie sich anders aus, als wenn sie feucht ist, wenn auch die Temperatur in beiden Fällen dieselbe bleibt.

2) Die Winde führen fortwährend neue Luftströme herbei, deren augenblickliche Aenderungen weder am Barometer noch am Thermometer merklich werden können.

3) Das elektrische Fluidum, das sicherlich die Dichtigkeit der Luft weder vermehrt noch vermin-

dert, hat dennoch (wie aus einigen meiner Beobachtungen zu erhellen scheint) einige Einwirkung auf das Licht, und stört die Richtung der Strahlen desselben.

4) Man kann mit Grund vermuthen, dafs Manche von den Substanzen, die sich in luftförmiger Gestalt aus der Erde entwickeln und in die Atmosphäre übergehen, unabhängig von dem Stande des Barometers und des Thermometers, die Refrakzionen stören. Wir haben zwar zur Messung der Feuchtigkeit und Trockenheit das Hygrometer, aber dies Instrument ist sehr unvollkommen, und man hat noch keinen rechten Nutzen davon ziehen können.

Die übrigen störenden Ursachen sind zu ungewifs und unbeständig. Es erhellt aber hieraus, dafs wenn man auch, nach dem eingeführten Gebrauche, die Refrakzionen durch die Angaben des Barometers und Thermometers verbessert, sie doch immer einige Ungewifsheit übrig lassen, die um so grösser ist, je näher am Horizonte die Beobachtung angestellt ist.

§. 53. Bei der nachstehenden Refrakzionstafel ist Folgendes zu bemerken.

1) Die Angaben derselben sind ein wenig von denen anderer Astronomen verschieden, bald etwas grösser, bald etwas kleiner; es ist indessen schwer zu entscheiden, ob dieser Unterschied von der Verschiedenheit der Oerter, oder von der Unvollkommenheit der Beobachtungen herrührt, weil noch nicht ausgemacht ist, ob die mittlern Refrakzionen in allen Klimaten dieselben seyn müssen.

2) In der Tafel ist die Refrakzion für gleiche Zenithdistanzen dieselbe, man mag nach Süden hin, oder nach Norden beobachten; dies ist nicht allgemein angenommen, sondern mehrere Astronomen glauben das Gegentheil.

# Tafel
## der mittlern Refrakzionen.

| Scheinb Zenith-distanz. | Refrakz. | | Scheinb Zenith-distanz. | Refrakz. | | Scheinb Zenith-distanz. | Refrakz. | |
|---|---|---|---|---|---|---|---|---|
| Grade. | Min. | Sek. | Grade. | Min. | Sek. | Grade. | Min. | Sek. |
| 1 | 0 | 1,0 | 31 | 0 | 34,5 | 61 | 1 | 44,0 |
| 2 | 0 | 2,0 | 32 | 0 | 35,8 | 62 | 1 | 48,4 |
| 3 | 0 | 3,0 | 33 | 0 | 37,2 | 63 | 1 | 53,2 |
| 4 | 0 | 4,0 | 34 | 0 | 38,6 | 64 | 1 | 58,1 |
| 5 | 0 | 5,0 | 35 | 0 | 40,1 | 65 | 2 | 3,5 |
| 6 | 0 | 6,0 | 36 | 0 | 41,6 | 66 | 2 | 9,3 |
| 7 | 0 | 7,0 | 37 | 0 | 43,2 | 67 | 2 | 15,6 |
| 8 | 0 | 8,1 | 38 | 0 | 44,8 | 68 | 2 | 22,4 |
| 9 | 0 | 9,1 | 39 | 0 | 46,4 | 69 | 2 | 29,7 |
| 10 | 0 | 10,2 | 40 | 0 | 48,1 | 70 | 2 | 37,8 |
| 11 | 0 | 11,2 | 41 | 0 | 49,8 | 71 | 2 | 46,8 |
| 12 | 0 | 12,2 | 42 | 0 | 51,6 | 72 | 2 | 56,5 |
| 13 | 0 | 13,2 | 43 | 0 | 53,4 | 73 | 3 | 6,2 |
| 14 | 0 | 14,3 | 44 | 0 | 55,3 | 74 | 3 | 18,3 |
| 15 | 0 | 15,4 | 45 | 0 | 57,2 | 75 | 3 | 31,9 |
| 16 | 0 | 16,4 | 46 | 0 | 59,2 | 76 | 3 | 47,3 |
| 17 | 0 | 17,5 | 47 | 1 | 1,4 | 77 | 4 | 4,9 |
| 18 | 0 | 18,6 | 48 | 1 | 3,6 | 78 | 4 | 24,3 |
| 19 | 0 | 19,7 | 49 | 1 | 5,8 | 79 | 4 | 27,9 |
| 20 | 0 | 20,8 | 50 | 1 | 8,2 | 80 | 5 | 16,1 |
| 21 | 0 | 22,0 | 51 | 1 | 10,6 | 81 | 5 | 47,4 |
| 22 | 0 | 23,1 | 52 | 1 | 13,3 | 82 | 6 | 28,3 |
| 23 | 0 | 24,3 | 53 | 1 | 16,0 | 83 | 7 | 19,5 |
| 24 | 0 | 25,5 | 54 | 1 | 18,8 | 84 | 8 | 24,9 |
| 25 | 0 | 26,7 | 55 | 1 | 22,4 | 85 | 9 | 45,4 |
| 26 | 0 | 28,0 | 56 | 1 | 25,6 | 86 | 11 | 42,6 |
| 27 | 0 | 29,3 | 57 | 1 | 28,8 | 87 | 14 | 25,1 |
| 28 | 0 | 30,6 | 58 | 1 | 32,3 | 88 | 18 | 2,7 |
| 29 | 0 | 31,9 | 59 | 1 | 36,0 | 89 | 23 | 46,1 |
| 30 | 0 | 33,2 | 60 | 1 | 39,8 | 90 | 32 | 3,0 |

# *Tafel der Faktoren*

## *für die Verwandlung der mittlern Refrakzion in die wahre.*

| Thermometer. | Barometer. | | | |
|---|---|---|---|---|
| | 29z,0 | 29z,5 | 30z,0 | 30z,5 |
| 25° | + 0,045 | + 0,063 | + 0,081 | + 0,099 |
| 30 | + 0,031 | + 0,049 | + 0,067 | + 0,085 |
| 35 | + 0,018 | + 0,036 | + 0,053 | + 0,071 |
| 40 | + 0,005 | + 0,022 | + 0,040 | + 0,057 |
| 45 | − 0,008 | + 0,009 | + 0,026 | + 0,044 |
| 50 | − 0,020 | − 0,003 | + 0,014 | + 0,030 |
| 55 | − 0,032 | − 0,016 | + 0,001 | + 0,018 |
| 60 | − 0,044 | − 0,028 | − 0,011 | + 0,005 |
| 65 | − 0,056 | − 0,039 | − 0,023 | − 0,007 |
| 70 | − 0,067 | − 0,051 | − 0,035 | − 0,019 |
| 75 | − 0,076 | − 0,062 | − 0,046 | − 0,030 |
| 80 | − 0,089 | − 0,073 | − 0,057 | − 0,042 |
| 85 | − 0,099 | − 0,084 | − 0,068 | − 0,052 |
| 90 | − 0,109 | − 0,095 | − 0,079 | − 0,063 |

Der Gebrauch dieser Tafel besteht darin, daſs man den, dem beobachteten Barometer- und Thermometerstande entsprechenden Faktor aus derselben nimmt, mit ihm die mittlere Refrakzion multiplizirt, und das Produkt zu derselben addirt oder von ihr abzieht, jenachdem der Faktor mit dem Zeichen + oder − versehen war. Es sey z. B. ein Stern in der Zenithdistanz von 22° 19′ 17″ beobachtet, während das Barometer 29z, 9 und das Thermometer 37° *F.* zeigte. Die mittlere Refrakzion findet sich 23″, 5 und der Faktor + 0, 044; die Multiplikazion giebt + 1″, 0 und es ist also die wahre Refrakzion 24″, 5.

### *Parallaxe.*

§. 54. Es ist schon früher (§. 47. des ersten Buchs) bemerkt worden, dafs so wie ein Gegenstand auf der Erde, der von zwei verschiedenen Standpunkten ausgesehen wird, verschiedenen Punkten des Horizonts entspricht, ebenso auch ein Himmelskörper, der von verschiedenen Oertern der Erde aus betrachtet wird, an verschiedenen Stellen des Himmels erscheinen müsse. Defshalb dürfen unsere Beobachtungen nicht eher unter sich, noch mit andern verglichen werden, bevor sie nicht alle auf einen und denselben Punkt bezogen worden, der seiner Lage nach bestimmt, für alle gemeinschaftlich, und überdies bei den Bewegungen der Himmelskörper immer in derselben Beziehung zu ihnen bleibt. Alle diese Bedingungen treffen nur für den Mittelpunkt der Erde zu, auf welchen wir also nothwendigerweise die Beobachtungen zurückführen müssen; wir werden sie defshalb dahin verbessern, dafs sie ebenso werden, als wenn sie von uns, statt auf der Oberfläche der Erde, im Mittelpunkte derselben gemacht wären. Der Unterschied zwischen der Beobachtung auf der Oberfläche und der im Mittelpunkte ist das, was man die *astronomische Parallaxe* nennt, und die ganz allgemein erklärt werden kann als *der Unterschied zwischen den beiden Oertern eines Himmelskörpers, wenn derselben zu gleicher Zeit von einem Punkte in der Umlaufsaxe* (oder in der graden Linie welche die Mittelpunkte der Erde und des Himmelskörpers verbindet), *und von einem ausserhalb derselben gelegenen Punkte, beobachtet wird.* Bisher ist angenommen worden, dafs die Axe des täglichen Umlaufskreises der Fixsterne durch unser Auge ging, welches wir als den Mittelpunkt der Himmelskugel betrachtet haben; die Sache verhält sich aber ganz anders, und es findet sich vielleicht kein einziger Fall, in welchem das Auge nicht wirklich ausserhalb der Umlaufsaxe wäre: wenn auch in Beziehung auf die Fixsterne, wegen ihrer unendlichen Entfernung von uns, der äusserst kleine Unterschied sich nicht merklich macht.

§. 55. Es sey (Fig. 25.) $C$ der Mittelpunkt der Erde, $O$ der Ort des Beobachters auf der Erde, $R''$, $R'$, $R$ seyen drei Punkte, in welchen sich nach und nach ein Himmelskörper befindet, indem er sich vom Horizonte zum Zenith erhebt, $Zabcd$ aber die Grenze, wo die von der Oberfläche und vom Mittelpunkte der Erde zum Himmelskörper geführten Gesichtslinien sich endigen. Wir wollen den Ort des Körpers, in welchem man ihn von der Oberfläche der Erde sieht, den *scheinbaren*, den, in welchem er vom Mittelpunkte aus erscheint, den *wahren* nennen. Es wird also z. B. wenn der Himmelskörper in $R''$ ist, $d$ der scheinbare, $c$ der wahre Ort seyn.

Daher 1) Weil $cd$ der Unterschied zwischen dem scheinbaren und dem wahren Orte ist, und dieser Bogen den Winkel $cR''d$ mifst, den am Mittelpunkte des Himmelskörpers die beiden Gesichtslinien die von der Oberfläche und dem Mittelpunkte der Erde zum Körper geführt werden, bilden, so wird dieser Winkel das Mafs der Parallaxe seyn.

2) Wenn der Himmelskörper im Zenith ist, so sieht man ihn an demselben Orte von der Oberfläche und vom Mittelpunkte der Erde, weil in diesem Falle, der Himmelskörper, der Beobachter und der Mittelpunkt der Erde in derselben graden Linie sind; im Zenith findet also keine Parallaxe statt, oder dieselbe ist gleich Null.

3) In den beiden Dreiecken $COR''$ und $COR'$ ist $CO$ gemeinschaftlich, $CR'' = CR'$, und wenn der Winkel $COR''$ ein rechter, so ist $COR$ ein stumpfer, also immer $CR''O$ gröfser als $CR'O$, weil $\text{Sin}\, COR'' : \text{Sin}\, COR' = \text{Sin}\, CR''O : \text{Sin}\, CR'O$,

und Sin $COR''$ oder der Radius grösser als Sin $COR'$. Im Horizonte ist deshalb die Parallaxe am grösten, d. h. grösser als jede andere, der Himmelskörper mag *über* oder *unter* dem Horizonte seyn. Im Horizonte nennt man die Parallaxe, *Horizontalparallaxe*, oberhalb und unterhalb desselben, *Höhenparallaxe*.

4) Weil der Winkel am Mittelpunkte des Himmelskörpers immer in der Ebene liegt, die durch den Letztern und durch den Scheitel geht, so wirkt auch die Parallaxe nur auf die Höhe, oder die Erhebung des Himmelskörpers über dem Horizonte.

5) Da der Winkel $ZOd$, das Maſs des Abstands des scheinbaren Orts vom Zenith, immer gröſser als der Winkel $ZCc$, das Maſs des wahren Abstands ist, so ist deutlich, daſs die Parallaxe dahin wirkt, die Himmelskörper vom Scheitel zu entfernen. Wenn man also nach der Beobachtung des Zenithabstands eines Himmelskörpers denjenigen wissen wollte, der gefunden seyn würde, wenn der Beobachter im Mittelpunkte der Erde gewesen wäre, so ist nur nöthig, von dem beobachteten Abstande die Höhenparallaxe abzuziehen.

6) Im Dreiecke $COR''$ ist $CR'' : CO = \text{Sin}\ COR'' : \text{Sin}\ CR''O$; da aber Sin $COR'' = 1$, so ist

$$\text{Sin}\ CR''O = \frac{CO}{CR''},$$

oder der Sinus der Horizontalparallaxe gleich dem Halbmesser der Erde, dividirt durch die Entfernung des Himmelskörpers.

7) In den beiden Dreiecken $COR''$ und $COR$ ist $CR'' : CO = 1 : \text{Sin}\ CR''O$ und $CR' : CO = \text{Sin}\ COR' : \text{Sin}\ CR'O$, also $1 : \text{Sin}\ CR''O = \text{Sin}\ COR' : \text{Sin}\ CR'O$. Bezeichnet man nun die Horizontalparallaxe $CR''O$ mit $P$, die Höhenparallaxe $CR'O$ mit $p$, so ist $1 : \text{Sin}\ P = \text{Sin}\ COR' : \text{Sin}\ p$; weil aber $\text{Sin}\ COR' = \text{Sin}\ ZOb$, so ist $\text{Sin}\ p = \text{Sin}\ P.\ \text{Sin}\ ZOb$, oder der Sinus der Höhenparal-

laxe gleich dem Sinus der Horizontalparallaxe multiplizirt mit dem Sinus des scheinbaren Zenithabstandes. Also sind auch die Höhenparallaxen zweier in gleichen Zenithdistanzen aber in verschiedner Entfernung von der Erde sich befindender Himmelskörper, den Horizontalparallaxen proprozional, und diese im umgekehrten Verhältnisse der Entfernungen vom Mittelpunkte.

8) Man nenne $D$ die scheinbare Zenithdistanz des Himmelskörpers, so ist im Allgemeinen Sin $p$ = Sin $P$. Sin $D$, und weil $D = R'OZ = OCR' + OR'C$, auch, nachdem die wahre Zenithdistanz $OCR' = C$ gesetzt, Sin $p$ = Sin $P$. Sin $(C + p)$ = Sin $P$. Sin $C$. Cos $p$ + Sin $P$. Cos $C$. Sin p. Dividirt man also beide Glieder dieser Gleichung durch Cos $p$, so hat man Tang $p$ = Sin $P$ (Sin C + Tang p. Cos $C$) und folglich Tang $p$ = $\frac{\text{Sin } P. \text{ Sin } C}{1 - \text{Sin } P. \text{ Cos } C}$, ein Ausdruck, den man in folgende Reihe verwandelt

$$p = \frac{\text{Sin} P. \text{Sin} C}{\text{Sin } 1''} + \frac{\text{Sin} P^2. \text{Sin} 2C}{\text{Sin } 2''} + \frac{\text{Sin} P^3 \text{Sin} 3C}{\text{Sin } 3''} + \ldots$$

wo die Division durch Sin 1″, Sin 2″, u. s. w. dazu dient die Sinus von $P$ in Kreisbögen zu verwandeln. Wenn deſshalb die Horizontalparallaxe und die scheinbare Zenithdistanz gegeben sind, so findet man mit Hülfe der ersten Formel die Höhenparallaxe; wenn aber, und dies ist häufiger der Fall, die wahre Zenithdistanz gegeben wäre, so müſste man die zweite Formel, oder die Reihe, in welche sie entwickelt ist anwenden; von der Letztern ist es übrigens hinlänglich nur die beiden ersten Glieder zu nehmen, wenn man den Werth von $p$ nur bis auf Zehntheile der Sekunde genau haben will.

9) Da die Parallaxe den Himmelskörper vom Zenith entfernt, so muſs sie seine Rektascension

und Deklinazion ändern. Es sey (Fig. 26.) *ZM* der Vertikalkreis des Himmelskörpers, *A* sein wahrer, *B* sein scheinbarer Ort, und *Pa*, *Pb* zwei Deklinazionskreise die durch den wahren und scheinbaren Ort gelegt sind. Es ist deutlich, daſs die Rektaszension und Deklinazion in *B* von der in *A* verschieden sein und daſs ebendies bei den Stundenwinkeln statt finden muſs; aber man kann sehr leicht vom Dreiecke *ZAP* zum Dreiecke *ZPB* übergehen. In Beiden ändert die Parallaxe weder die Seite *ZP*, noch den Winkel bei *Z*, sondern blos die Seite *AZ* und die davon abhängenden Gröſsen. Man suche also mit Hülfe der obigen Formel die Höhenparallaxe, die zu *ZA* addirt, *ZB* geben wird, dann kann man im Dreiecke *BZP* die Seite *BP* und den Winkel *BPZ* trigonometrisch berechnen, wodurch man die Rektaszension und die Deklinazion des scheinbaren Orts erhält. Auf gleiche Weise kann man vom Dreiecke *ZBP* zum Dreiecke *ZAP* übergehen.

10) Sowie die Parallaxe die Rektaszension und die Deklinazion ändert, wird sie auch auf die Länge und Breite Einfluſs haben. Man hat also noch zwei andere Arten von Parallaxen, welche man durch die Namen, *Längenparallaxe* und *Breitenparallaxe*, zu unterscheiden pflegt. Diese Parallaxen werden häufig gebraucht; von ihnen hängt die Berechnung der Beobachtungen des Mondes und der Planeten, der Sonnenfinsternisse, der Sternbedeckungen, der Meereslängen und vieler anderer Aufgaben ab. Wir werden daher auch jedesmal, wenn wir diese Materien abhandeln werden, die passendsten Formeln für die zugehörigen Parallaxen geben; hier mag es genug seyn zu bemerken, daſs alle Parallaxen von der Höhenparallaxe, und diese von der Horizontalparallaxe abhängen, welche

Letztere also mit der gröfsten Genauigkeit bestimmt werden mufs.

11) In dem Dreiecke $CR''O$ (Fig. 25) nenne man $\delta$ die Entfernung des Himmelskörpers vom Mittelpunkte der Erde, und $\rho$ den Halbmesser $CO$ der Erde, so ist $\delta : \rho = 1 :$ Sin $CR''O$, also Sin $CR''O =$ Sin $P = \frac{\rho}{\delta}$, folglich Sin $p = \frac{\rho}{\delta}$. Sin $D$ ($n^{\circ}$. 8.). Für einen Himmelskörper der in der Entfernung $\delta'$ vom Mittelpunkte der Erde, aber in demselben Abstande $D$ vom Zenith sich befindet, ist ebenso Sin $p' = \frac{\rho}{\delta'}$. Sin $D$: mithin Sin $p$: Sin $p'$ $= \frac{\rho}{\delta}$. Sin $D : \frac{\rho}{\delta'}$. Sin $D =$ Sin $P$: Sin $P'$. In diesen Ausdrücken kann man statt der Sinus die Bögen setzen, weil keine Parallaxe gröfser als ein Grad ist: daher ist I. $p : p' = P : P'$: II. $p : p' = \delta' : \delta$.

12) Man nenne $\alpha$ und $\alpha'$ die Durchmesser eines Himmelskörpers in den Entfernungen $\delta$ und $\delta'$; da nun die scheinbaren Durchmesser eines Gegenstandes in verschiedenen Entfernungen, diesen umgekehrt proporzional sind, so hat man $\alpha : \alpha' = \delta' : \delta = P : P'$. Die Parallaxen eines Himmelskörpers, der in verschiedenen Entfernungen von der Erde aus gesehen wird, sind also den scheinbaren Durchmessern proporzional. Weil aber auch in gleichen Entfernungen die scheinbaren Durchmesser mehrerer Kugeln, wie die Himmelskörper sind, sich wie die wahren Durchmesser verhalten, so werden diese Letztern sich bei gleichen Entfernungen wie die Parallaxen verhalten: daher verhält sich das Doppelte der Parallaxe der Sonne, oder der Winkel unter welchem die Erde, von der Sonne aus gesehen, erscheint, zum Durchmesser der Erde, wie der

scheinbare Durchmesser eines Himmelskörpers in der Entfernung der Sonne von uns, zum wahren Durchmesser des Körpers in Theilen des wahren Durchmessers der Erde ausgedrückt. Auf solche Weise können also die wahren Durchmesser der Planeten in Erddurchmessern ausgedrückt werden, wenn man ihre scheinbaren Durchmesser auf die Entfernung der Erde von der Sonne reduzirt.

§. 56. Es ist noch übrig auseinanderzusetzen, auf welche Weise man die Horizontalparallaxe, von welcher alle übrigen abhängen, beobachten und bestimmen kann. Hiezu sind von den Astronomen viele Methoden erdacht worden; wir werden aber nur zwei derselben, die am leichtesten zu fassen sind, mittheilen.

*Erste Methode.* Man beobachte den Himmelskörper, dessen Parallaxe man sucht, so nah als möglich am Horizonte, und zu dem beobachteten Zenithabstand addire man noch die zugehörige Refrakzion; dann wird dieser Abstand vom wahren nur um die Gröſse der Parallaxe verschieden seyn. Deſshalb berechne man aus der Deklinazion des Himmelskörpers, aus dem beobachteten Azimuthe und dem Abstande des Zeniths vom Pole, den wahren Zenithabstand (§. 138.), so hat man, wenn (Fig. 26.) $ZA$ der berechnete, $ZB$ der beobachtete und wegen der Refrakzion verbesserte Zenithabstand ist, $ZB - ZA = p$ der Höhenparallaxe, und hieraus $\text{Sin } P = \frac{\text{Sin } p}{\text{Sin } ZB} = \frac{\text{Sin } (ZB - ZA)}{\text{Sin } ZB}$.
So leicht und bequem aber auch diese Methode ist, so gewährt sie doch gar zu wenig Genauigkeit, indem sie die Parallaxe kaum bis auf 2 bis 3 Minuten genau giebt. Die Mondparallaxe findet man durch sie zu 57′.

§. 57. Die zweite Methode verlangt zwei Beobachter, die sich unter demselben Meridiane und möglichst weit, am besten 180°, von einander entfernt befinden. Beim Durchgange des Himmelskörpers durch den Meridian beobachtet Jeder von ihnen den Zenithabstand desselben und verbessert ihn wegen der Refrakzion: die beiden so verbesserten Abstände sammt den beiderseitigen Polhöhen bieten alles Nöthige für die Berechnung der Horizontalparallaxe dar.

Es sey (Fig. 27.) $C$ der Mittelpunkt der Erde, $ZHZ'$ der Meridian, $EQ$ der Aequator, $M$ der Ort des Beobachters auf der nördlichen Halbkugel, $N$ der des Beobachters auf der südlichen, $S$ der Himmelskörper dessen Parallaxe man sucht. Für den Beobachter in $M$ wird $Za$ der Zenithabstand des Himmelskörpers, $ba$ dessen Höhenparallaxe seyn; eben so für den Beobachter in $N$ wird $Z'd$ der Zenithabstand und $bd$ die Höhenparallaxe seyn. Da nun statt des Sinus der Parallaxen die Bögen gesetzt werden können, so ist I. $ba = P. \text{ Sin } Za$; II. $bd = P. \text{ Sin } Z'd$; III. $ba + bd = ad = P. (\text{Sin } Za + \text{Sin } Z'd)$; aber $ad = (Za + Z'd) - (ZE + Z'E)$, also $P = \frac{(Za + Z'd) - (ZE + Z'E)}{\text{Sin } Za + \text{Sin } Z'd}$. Wenn man also von der Summe der Zenithabstände die Summe der beiden Polhöhen abzieht, und den Rest durch die Summe der Sinus der Zenithabstände dividirt, so erhält man die Horizontalparallaxe.

§. 58. Bei dieser Methode ist zu bemerken, 1) daſs wenn beide Beobachter auf derselben Halbkugel sich befinden, zwei Fälle statt finden können, nämlich daſs die Linie welche die Mittelpunkte der Erde und des Himmelskörpers verbindet, zwischen beide Scheitelpunkte der Beobachter hindurch geht, oder daſs sie oberhalb oder unterhalb bei beiden vorbeigeht. Im ersten Falle ziehe man von der Summe der beiden beobachteten Zenithabstände den Unterschied beider Polhöhen ab, und dividire den Rest wie vorhin; im zweiten ziehe man von der gröſsern Zenithdistanz die kleinere, nachdem sie um den Unterschied der Polhöhen vergröſsert worden, ab, und dividire den Unterschied durch den Unterschied der Sinus der Zenithabstände um die gesuchte Parallaxe zu erhalten.

2) Wenn beide Beobachter nicht unter demselben Meridian sind, so muſs man die Bewegung des Himmelskörpers in der Deklinazion für den Zeitraum zwischen beiden Beobachtungen in Rechnung bringen.

Um ein Beispiel von dem Falle zu geben, wo beide Beobachter unter demselben Meridian und auf verschiedenen Halbkugeln der Erde befindlich sind, so nehme man an, daſs bei 48° 50′ 14″ nördlicher Breite der Zenithabstand des Mittelpunkts der Sonne 45° 2′ 55″, und zu gleicher Zeit unter demselben Meridiane bei 30° südlicher Breite 33° 47′ 30″ gefunden worden, wo beide Abstände schon wegen der Refrakzion verbessert sind; dann hat man

| | |
|---|---|
| Summe beider Zenithdistanzen . . . | 78° 50′ 25″ |
| Summe beider Polhöhen . . . . . . . | 78° 50′ 14″ |
| Unterschied . . . . . . | 11″ |

Nun ist

| | |
|---|---|
| Sin 45° 2′ 55″ . . . . . | 0,70770 |
| Sin 33° 47′ 30″ . . . . | 0,55618 |
| | 1,26388 |

und

| | |
|---|---|
| log 11 . . . . . . . . . | 1,04139 |
| log 1,26388 . . . . . . | 0,10170 |
| also log der Parallaxe . . | 0,93969 |
| daher die Parallaxe der ☉ . . | 8″,7 |

§. 59. Weil diese Methode im Resultate noch eine Ungewifsheit von mehrern Sekunden übrig lassen kann, so ist sie eigentlich nicht anwendbar für die Auffindung der Sonnenparallaxe, welche, weil sie einerseits sehr klein, anderseits die Mafseinheit des ganzen Sonnensystems ist, die gröfste Schwierigkeit mit der gröfsten Wichtigkeit verbindet. Man ist auch wirklich nur erst nach den Bemühungen, Versuchen und Rechnungen während 20 Jahrhunderten dahin gekommen, sie zu kennen, und zwar auf keinem andern Wege, als durch die Beobachtung mehrerer Vorübergänge der Venus vor der Sonnenscheibe. Durch diese Methode, von welcher am gehörigen Orte die Rede seyn wird, ist sie von Einigen zu 8″,6, von Andern zu 8″,8 bestimmt worden, so dafs die Ungewifsheit gegenwärtig nur noch 0″, 2 beträgt. Wenn aber auch die zweite Methode für die Sonnenparallaxe nicht hinlänglich ist, so ist sie doch vom gröfsten Nutzen, vorzüglich für den Mond, und auch für die übrigen Planeten gewesen.

§. 60. Da die Parallaxe wesentlich von der Entfernung des Himmelskörpers sowohl vom Mittelpunkte der Erde als vom Orte des Beobachters abhängt, so wird, wenn Eine dieser Gröfsen, oder Beide zugleich sich ändern, auch die Parallaxe eine bestimmte Aenderung erleiden. Nun sind aber die Bahnen der Planeten weder kreisförmig, noch konzentrisch mit der Erde, und diese Letztere hat einen gröfsern Aequatorial- als Polardnrchmesser, wie schon früher bemerkt wurde; die Gröfse der Parallaxe wird also verschieden seyn, sowohl in Hinsicht auf den Punkt der Bahn in welchem der Planet sich befindet, als auch in Hinsicht auf den Standpunkt des Beobachters. Um dieser Unbequemlichkeit abzuhelfen haben die Astronomen für jeden Planeten diejenige Parallaxe gesucht und bestimmt, die ihm zukommt, wenn er in seiner mittlern Entfernung von der Erde, und der Beobachter unterm Aequator sich befindet; man kann dieselbe die *mittlere Aequatorialparallaxe* nennen. Bei ihr müssen dann zwei Verbesserungen angebracht werden, von denen die erste vom wahren Orte des Planeten, die zweite aber vom Standpunkte des Beobachters abhängt: indessen ist diese zweite nur beim Monde merklich, weil dieser uns so nahe ist, und wird also auch nur bei ihm angewendet.

§. 61. Die Parallaxen, deren Kenntnifs am nothwendigsten ist, sind die der Sonne und des Mondes. Die Erstere, wie schon oben bemerkt worden, hat man zu 8″,6 bis 8″,8 gefunden; dieser Werth ist der mittlere, von welchem sowohl der gröfste als der kleinste kaum um 0″,5 abweichen. Die Letztere steigt in der kleinsten Entfernung des Mondes von der Erde, und unterm Aequator auf 1° 1′ 29″; in der gröfsten Entfernung des Mondes beträgt sie nur 53′ 30″; die hiebei noch statt findende Ungewifsheit geht nicht über 4″. Die mittlere Aequatorialparallaxe ist also 57′39″,5, welche für Beobachtungsörter, die nicht unter dem Aequator liegen, im Verhältnisse des Abstands von demselben verbessert werden mufs. Dies ist auch nicht schwer, wenn man keine strenge Genauigkeit verlangt. Denn da der Aequatorialhalbmesser der Erde nach den genauesten Messungen, 3443,5 und der Polarhalbmesser 3432 italienische Miglien beträgt, so ist der Unterschied 11,5 Miglien, und ebensoviel Sekunden, nämlich 11″5 wird die Aenderung der Parallaxe vom Aequator bis zum Pole betragen, weil die mittlere Parallaxe sehr nahe so viele Sekunden beträgt, als der mittlere Halbmesser der Erde Miglien enthält.

*Aberrazion des Lichts.*

§. 62. Bis auf Bradley glaubten die Astronomen allgemein, daſs Refrakzion und Parallaxe allein Aenderungen bei den Beobachtungen hervorbringen könnten, und daſs diese, wenn sie nur in Hinsicht auf jene beiden verbessert wären, keine andere Unterschiede darbieten dürften, als diejenigen, welche von der Präzession und der eignen Bewegung der Himmelskörper herrühren, sie möchten übrigens angestellt seyn zu welcher Zeit und an welchem Orte es irgend wäre. In dieser Ueberzeugung hatte Bradley es unternommen verschiedene Sterne zu beobachten, um ihre Parallaxe zu bestimmen: aber er entdeckte statt deren eine andere, früher weder gekannte, noch auch nur vermuthete periodische Veränderung in dem Orte der Sterne. Drei Jahre hindurch beobachtete er diese Erscheinung auf das genaueste, sowohl um sich von ihrer Wirklichkeit zu überzeugen, als auch eine Erklärung derselben zu finden, welches ihm auch dadurch glückte, daſs er die allmählige Fortpflanzung des Lichts mit der jährlichen Bewegung der Erde in Verbindung brachte.

§. 63. Geschähe die Fortpflanzung des Lichts in einem Augenblicke, so könnte uns die Bewegung der Erde um die Sonne die Sterne nicht an einem Orte zeigen, der von dem, wo sie sich wirklich befinden, verschieden wäre, weil die ganze Bahn der Erde um die Sonne nur ein Punkt in Vergleichung mit unserer Entfernung von den Fixsternen ist, und deſshalb die Strahlen, welche von einem Stern zu uns gelangen, beständig als parallel angesehen werden können; sie werden uns immer in derselben Richtung treffen, an welchem Orte wir uns auch befinden. Wäre aber die Erde in Ruhe, so würde selbst wenn das Licht sich nur allmählig fortpflanzte, dies uns gar nicht hindern, die Sterne an ihrem wahren Orte zu sehen; weil in diesem Falle der Lichtstrahl immer dieselbe anfängliche Richtung beibehält, und der Gegenstand uns immer an dem Orte erscheinen wird, von welchem das Licht ausgegangen, wie grofs auch der Zeitraum seyn mag, den es bedarf, um zu uns zu gelangen. Aber wenn die Erde in Bewegung, und die Fortpflanzung des Lichts allmählig ist, dann wird der Strahl, welcher unser Auge trifft, zu gleicher Zeit von zwei Kräften getrieben, von der der Erde, die auch das Auge durch Mittheilung besitzt, und von der des Lichts. Defshalb mufs dem Satze von der Zusammensetzung der Kräfte gemäfs, der Lichtstrahl etwas von der ersten Richtung abweichen, und weil wir den Ort der Gegenstände nur nach der letzten Richtung des Lichtstrahls beurtheilen, so werden wir den Himmelskörper an einen Ort versetzen, der von dem verschieden, von welchem das Licht ausgegangen. Diese Abweichung nennt man *Aberrazion* oder Abirrung des Lichts.

Es sey *C* (Fig. 28.) ein Stern, von welchem die Lichtstrahlen in immer mit *CB* parallelen Richtungen auf die Erde treffen; es sey ferner *G* ein Lichtpunkt in dem Lichtstrahle *CB*, der in derselben Zeit von *G* nach *B* fortrückt, als das Auge von *A* nach *B* gelangt. Wenn das Lichttheilchen nach *B* gekommen ist, so empfängt es den Eindruck der Bewegung des Auges, welchem zufolge dasselbe, wenn es von keiner andern Kraft getrieben würde, in eben der Zeit in welcher es von *G* nach *B* gerückt ist, von *B* nach *P* in der Richtung *AB* fortrücken würde. Beide Kräfte vereinigt werden also bewirken, dafs der Lichtstrahl in der Richtung *DB* unser Auge wird zu treffen scheinen, als wenn er wirklich von *D* gekommen wäre. Der Punkt *G* heifst der *wahre*

Ort des Himmelskörpers, der Punkt *D* der *scheinbare*, und beide werden immer in derselben Ebene seyn, weil durch die drei Punkte *GDB* nur Eine Ebene gelegt werden kann *).

§. 64. Aus allem diesem können nachstehende Folgerungen gezogen werden.

1) Die Aberrazion hängt nur von dem Verhältnisse der beiderseitigen Geschwindigkeiten der Erde und des Lichts, oder von den Räumen *AB*, *GB*, welche in derselben Zeit von der Erde und dem

---

*) Es möchte nicht überflüssig seyn, die schöne Erklärung von der Aberrazion, welche der Ritter Gauss in seinem Werke: Theoria motus corporum coelestium giebt, hier mitzutheilen, da sie unstreitig die beste aller bis jetzt bekannten ist.

"Die Aberrazion der Fixsterne entsteht daher, dafs mit der ganzen Erde sich das Fernrohr bewegt, während der Lichtstrahl dessen optische Axe durchläuft. Der beobachtete oder scheinbare Ort eines Himmelskörpers wird aber durch die Lage der optischen Axe des Fernrohrs bestimmt, indem dieselbe so beschaffen, dafs der von Jenem herkommende Lichtstrahl auf seinem Wege beide Enden dieser Axe trifft: diese Lage ist jedoch von der wahren des Lichtstrahls im Raume verschieden. Wir wollen zwei Zeitmomente $t, t'$ unterscheiden, in welchen der Lichtstrahl das vordere Ende der Axe (den Mittelpunkt des Objektivglases), und das hintere Ende (den Brennpunkt des Objektivglases) trifft; es mögen die Oerter dieser Enden im Raume für den ersten Zeitpunkt $a, b$, für den letztern $a', b'$ seyn. Dann ist klar, dafs die grade Linie $ab'$ die wahre Lage des Lichtstrahls im Raume darstellt, dafs aber dem scheinbaren Orte die grade Linie $ab$ oder $a'b'$ (die für parallel gehalten werden können) entspreche, und es erhellt zugleich, dafs der scheinbare Ort nicht von der Länge des Fernrohr abhänge. Der Unterschied zwischen der Richtung der Linien $b'a$ und $ba$ ist das, was man die Aberrazion der Fixsterne nennt." d. Uebers.

Lichte beschrieben werden, ab. Die Entfernung des Himmelskörpers von der Erde hat keinen Einfluſs auf dieselbe.

2) Das Licht der Sonne braucht in der mittlern Entfernung derselben 8′ 13″ um zu uns zu gelangen; in dieser Zeit beschreibt die Erde in ihrer Bahn einen Bogen von 40 Bogensekunden, es wird sich also die Geschwindigkeit des Lichts zu der der Erde verhalten wie der Halbmesser eines Kreises oder 1 zu der Länge des Bogens von 40″ oder zu 0,00019393..., d. h. wie 10313: 1.

3) Wenn die Richtung des Lichtstrahls senkrecht zum Wege des Auges ist, wie dies bei der Sonne zutrifft, so beträgt die Aberrazion immer 20″, weil $GD : BG = 1 : \text{Tang } GBD$ oder $10313 : 1 = 1 : \text{Tg } GBD$, woraus $GBD = 20''$ gefunden wird.

4) Wenn der Himmelskörper ausserhalb der Ekliptik steht, so wird die Aberrazion, die in der Ekliptik blos die Länge um 20″ vermehrt, die Breite aber gar nicht ändert, sowohl die Länge als die Breite verändern.

5) Die Aenderung in der Länge nimmt in dem Verhältnisse zu, als der Himmelskörper eine grössere Breite erlangt, weil man den Bogen der Aberrazion auf dem Kreise nimmt, der durch den wahren und den scheinbaren Ort des Himmelskörpers geht. Daher wird dieser Bogen, wenn er in der Ekliptik auch nur 20″ beträgt, in die Gegend des Sterns übertragen, eine grössere Anzahl von Sekunden enthalten.

6) Wenn die jährliche Bewegung der Erde kleiner, oder die Geschwindigkeit des Lichts grösser wäre, so würde die Aberrazion abnehmen, und umgekehrt.

7) Da die tägliche Bewegung der Erde sehr klein gegen die Bewegung des Lichts ist, (das Ver-

hältnifs ist wie 1 : 668074) so pflegt man sie im Allgemeinen für die Aberrazion nicht in Rechnung zu bringen, weil die daraus hervorgehende Aberrazion von 0″,3 nur erst dann merklich wird, wenn die Breite des Himmelskörpers über 80° beträgt. Beim Polarstern steigt ihr Einflufs bis auf 8 Bogensekunden.

8) Wenn die Geschwindigkeit des Lichts eines Sterns nicht immer dieselbe bliebe (eine Hypothese, zu welcher uns aber keine Beobachtung nöthigt), so würde auch die Aberrazion desselben sich ändern.

9) Da die Aberrazion den Lichtstrahl nach der Seite hinlenkt, nach welcher sich die Erde bewegt, so wird der scheinbare Ort des Himmelskörpers immer in ebendieser Richtung, oder in Beziehung auf die Erde, vorwärts vom wahren liegen.

10) Die Wirkung der Aberrazion auf die Rektaszension ist so, dafs sie dieselbe bald vermehrt, bald vermindert, bald gar nicht affizirt. Wenn die Bewegung der Erde gegen den Stern geht, so vergröfsert sie dieselbe, in der entgegengesetzten Richtung verkleinert sie dieselbe, und ändert sie gar nicht während des Ueberganges aus der einen Richtung in die andere.

11) Die Wirkung der Aberrazion wird auf gleiche Weise bei den Deklinazionen merklich, indem sie den Himmelskörper in Beziehung auf die Ebene des Aequators bald erniedrigt, bald erhöht, jenachdem die Richtung der Erde ist.

Die Astronomen haben allgemeine und besondere Tafeln für die Aberrazion, sowohl in Rektaszension als in Deklinazion berechnet. Delambre hat die ersten geliefert: bei ihnen mufs man, um sich ihrer zu bedienen, die Rektaszension und die Deklinazion des Sterns und ausserdem noch den Ort der Sonne kennen. Mezger gab eine andere aus welcher man mit dem Orte der Sonne allein, die Aberrazion für die vornehmsten Sterne entnehmen kann; der Baron von ZACH hat ähnliche, aber viel weiter ausgedehnte Tafeln geliefert. Die bequemsten Tafeln sowohl für die Aberrazion als für die Nutazion liefert BESSEL in seinen Fundamentis Astronomiae pro Anno 1755.

Die weitere Auseinandersetzung der Aberrazion werden wir im folgenden Buche geben.

*Nutazion.*

Nachdem die Aberrazion des Lichts entdeckt, und das Gesetz bestimmt war, nach welchem man in den verschiedenen Zeiten des Jahrs die dieser Ursache zugehörige Abweichung des scheinbaren Orts vom wahren angeben konnte, erkannte man bald, daſs noch einige kleine Bewegungen zu erklären übrig waren, deren Periode sich nicht in den Kreis eines Jahrs, wie bei der Aberrazion, einschliessen lieſs.

Die Deklinazion der Sterne, die im Solstizialkolur lagen, nahm von 1727 bis 1736 immer mehr und mehr ab, dann fing sie an auf dieselbe Weise, wie sie abgenommen, wieder zuzunehmen, und war im Jahre 1745 dieselbe als im Jahre 1727. Die übrigen Sterne boten ähnliche Veränderungen dar, welche sich alle sehr gut erklären lieſsen, indem man voraussetzte, daſs in dieser Zwischenzeit der Pol des Aequators eine Ellipse beschrieben hätte, deren Mittelpunkt in der Mitte zwischen den beiden gröſsten Abweichungen nach beiden Seiten läge, deren groſse Axe 20″ parallel mit der Ekliptik, die kleine Axe 20″. Sin Breite betrüge.

Die Beobachtung und Erklärung dieser Erscheinung war das Werk des unsterblichen BRADLEY, und als die Theorie der Anziehung besser entwickelt war, fand man Alles mit ihr übereinstimmend. Der Mond, dessen aufsteigender Knoten in 18 Jahren und 224 Tagen in rückgängiger Bewegung durch die ganze Ekliptik geht, ist, wenn seine Deklinazion am gröfsten, nicht immer in demselben Abstande von dem Aequator, sondern entfernt und nähert sich ihm wechselsweise: er ist im gröfsten Abstande, wenn der ☊ im Durchschnittspunkte des ♈, und im kleinsten, wenn ebenderselbe in dem der ♎ ist. Weil nun die Erde unter dem Aequator fast 3 Meilen höher ist als unter den Polen, so wird diese Gegend, und also die ganze Erde, nicht immer auf gleiche Weise vom Monde angezogen, sondern zu einer Zeit mehr, zu einer andern weniger. Daraus entsteht eine Art von Schwankung für den Pol der Erde, durch welche es den Anschein erhält, als wenn er sich wechselsweise hebt und senkt, indem er sich den Sternen nähert die auf der einen Seite, und von denen sich entfernt, die auf der andern Seite befindlich sind. Im Jahre 1727 war der ☊ im ♈, 1736 kam er in die ♎ und 1745 gelangte er wieder in den ♈, immer mit rückgängiger Bewegung. Die Periode der beobachteten Aenderungen ist also dieselbe als die Periode des Mondknotens, von welcher die Ungleichheiten der gröfsten Werthe der Deklinazionen des Mondes abhängen.

Diese Schwankung, welche durch die ungleiche Wirkung des Mondes auf den höchsten Theil der Erde hervorgebracht wird, ist das, was man eigentlich *Nutazion der Erdaxe* nennt. Ihr Einfluſs ist gleich merklich bei den Rektaszensionen und bei den Deklinazionen, und hängt vom Orte des Mondes in der Ekliptik und von dem des Sterns ab. Ebenso wie für die Aberrazion hat man auch Tafeln für die Nutazion berechnet, die immer mit jenen verbunden sind, so daſs die aus diesen Ursachen bei den Beobachtungen anzubringenden Verbesserungen leicht und einfach zu machen sind.

Im folgenden Buche wird die ausführliche Auseinandersetzung der Nutazion gegeben werden.

## *Vierter Abschnitt.*

### *Zeitmessung.*

§. 66. Die Zeit ist nichts anders als der Eindruck, welchen der Zwischenraum, den wir zwischen vergangenen und gegenwärtigen Dingen finden, auf uns macht. Der Wechsel oder die Folge unserer Gedanken giebt hievon eine sehr klare Vorstellung: die Erinnerung an diejenigen, welche wir hatten, das volle Bewufstsein derer, welche wir haben, sind zwei sehr bestimmte Epochen, und was sie trennt ist die Zeit. Zur Messung dieses Zwischenraums ist nichts schicklicher als die Bewegung. Ein Körper kann nicht zu gleicher Zeit an mehrern Stellen seyn; er kommt nur von einer zur andern, indem er alle dazwischenliegenden berührt. Wenn wir gewifs sind, dafs er in jedem Punkte der Linie, welche er durchläuft, von derselben Kraft getrieben wird, so mufs seine Bewegung gleichförmig seyn, und die Theile der Linie können als Mafs für die Zeit, welche der Körper gebraucht sie zu beschreiben, angewendet werden, Im Allgemeinen kann jede Bewegung, wenn sie nur unveränderlich oder beständig ist, was als ein wesentliches Erfordernifs für jedes Mafs betrachtet werden mufs, zur Zeitmessung dienen. Die Astronomen gebrauchen drei Arten derselben, die scheinbare Bewegung der wahren Sonne, der mittlern Sonne und der Sterne; die erste giebt die *wahre Zeit*, die zweite die *mittlere Zeit*, die dritte die *Sternzeit*.

§. 67. Genau genommen kann die wahre Sonne nicht als Zeitmafs betrachtet werden, weil weder ihre Bewegung von Westen nach Osten gleichförmig ist, noch im Aequator vor sich geht, dessen Punkte allein unter denen aller gröfsten Kreise, bei der täglichen Bewegung gleichförmig fortrükken. Nichts destoweniger ist sie dennoch ganz allgemein als Zeitmafs angenommen, weil sie durch ihre Rückkehr zum Meridian den Tag, durch die Rückkehr zum Aequinokzium aber das Jahr bestimmt. Die Zwischenzeit zwischen zwei auf einander folgenden Mittagen giebt den astronomischen Tag, während der bürgerliche Tag den Zeitraum vom Aufgange der Sonne bis zum Untergange derselben umfafst. Man theilt den astronomischen Tag in 24 Stunden, welche von einem Mittage zum nächstfolgenden gezählt werden, und welche, wie sich deutlich aus dem Vorhergehenden zeigt, nicht gleich sein können. Dies bringt indessen im bürgerlichen Leben keine Unbequemlichkeit hervor und für den astronomischen Gebrauch gleicht man alles bequem und sicher durch die Einführung einer mittlern Sonne aus.

§. 68. Weil nämlich die wahre Sonne nicht dazu taugt die Zeit genau zu messen, so hat man daran gedacht, sich statt deren einer andern zu bedienen, die von jener abhängt, und deren Bewegung auf dem Aequator immer gleichförmig ist. Man nimmt defshalb 1) eine zweite Sonne an, welche die Ekliptik mit gleichförmiger Bewegung und in derselben Zeit als die wahre Sonne durchläuft, und überdies im Frühlingsaequinokzium mit ihr zusammentrifft; 2) eine dritte Sonne, die mit ebenfalls gleichförmiger Bewegung den Aequator durchläuft, und immer denselben Abstand vom Nullpunkte des ♈ hat, als die zweite Sonne in der Ekliptik. Die zweite Sonne hebt die durch die ungleiche Bewegung der wahren Sonne bewirkte Abweichung auf, und durch die dritte wird die Ungleichheit, welche aus der Neigung der Ekliptik gegen den Aequator entsteht, beseitigt.

§. 69. Es ist also deutlich, daſs diese dritte Sonne, welche die mittlere heiſst, die Zeit ganz so angeben wird als die wahre Sonne thun würde, wenn ihre eigne Bewegung von Westen gegen Osten gleichförmig und im Aequator vor sich ginge. Von einem Mittage zum andern wird die Zwischenzeit immer gleich groſs seyn, und eben dies wird also auch bei den Theilen, in welche dieselbe getheilt wird, statt finden. Man nennt diese Zeit *mittlere Zeit*, und es beginnt in derselben der Tag mit dem Durchgange der mittlern Sonne durch den Meridian und endigt mit dem nächstfolgenden, wo dann ein neuer anfängt.

§. 70. Das dritte Zeitmaſs wird von den Sternen genommen: da diese ihren Ort nicht verändern, und die Erde sich mit stets gleichförmiger Bewegung um ihre Axe dreht, so kommt jeder Punkt derselben bei einer neuen Umwälzung nach und nach wieder in die durch die Axe und die Sterne gehenden Ebenen, durch welche er schon bei den frühern Umwälzungen hindurchging. Darum miſst die Zwischenzeit zwischen zwei aufeinander folgenden Durchgängen eines Sterns durch denselben Meridian, genau die Dauer einer Umwälzung der Erde; und diese immer gleiche Dauer bietet ein unveränderliches Maſs der Zeit dar. Wenn wir also eine Uhr hätten, welche immer 24 Stunden zwischen zwei aufeinanderfolgenden Durchgängen desselben Sterns zeigte, und wenn wir überdies annehmen, daſs dieser Stern genau im Widderpunkte stände, von wo an die Rektaszensionen gezählt werden, und daſs die Uhr im Augenblicke des Durchganges $0^{st}$ zeigte, so wird sie $24^{st}$ oder wieder ort beim folgenden Durchgange zeigen; nach Verlauf einer Stunde wird der vierundzwanzigste Theil des Aequators oder 15° durch den Meridian gegangen seyn, u. s. w. Diese Zeit heifst Sternzeit.

§. 71. Um dies noch deutlicher zu machen, sey (Fig. 29.) *MSs♈NM* der Aequator, *MN* der Meridian, ♈ der Durchschnittspunkt des Widders, *M* ein Stern im Meridian, *S* die wahre Sonne, *s* die mittlere Sonne, so wird ♈*M* die Rektaszension des Sterns, ♈*S* die der wahren Sonne, ♈*s* die der mittlern Sonne seyn; ebenso stellt ♈*M* den Abstand des Durchschnittspunkts des Widders, *SM* den der wahren Sonne, *sM* den der mittlern Sonne vom Meridiane dar: deshalb werden die Bögen ♈*M* *SM*, *sM*, jeder durch 15 dividirt, die drei verschiedenen Zeiten, die Sternzeit, die wahre Sonnenzeit, und die mittlere Sonnenzeit darstellen.

§. 72. Weil nun diese drei Arten des Zeitmafses vom Durchgange der wahren Sonne, der mittlern Sonne, und des Widderpunkts durch den Meridian anfangen, und der wahre Ort der ersten Sonne auf den Aequator reduzirt, durch ihre wahre Rektaszension, der Ort der mittlern Sonne durch ihre mittlere Rektaszension gegeben wird, so werden diese Zeiten immer den zugehörigen westlichen Meridianabständen der wahren Sonne, der mittlern Sonne und des Widderpunkts gleich seyn. Man wird also 1 Uhr wahrer Zeit zählen, wenn die wahre Sonne nach Westen hin, auf dem Aequator gezählt, 15 Grade von demselben absteht; 1 Uhr mittlerer Zeit oder Sternzeit, wenn die mittlere Sonne oder der Widderpunkt sich in jenem Abstande befinden.

§. 73. Da die drei angegebenen Mafse verschieden sind, so müssen wir, ehe wir weiter gehen, ihre Beziehung zu einander angeben, und weil die Sternzeit am einfachsten und bequemsten ist, so wollen wir auf diese die übrigen zurückführen. Wenn die mittlere Sonne und ein Stern an irgend einem Tage zu gleicher Zeit durch den Meridian gehen, so werden sie, weil die Erstere, ihrer eignen Bewegung gemäſs, täglich um ein Gewisses nach Osten fortrückt, nicht eher wieder zusammen durch den Meridian gehen, als nachdem die mittlere Sonne den ganzen Umlauf im Aequator vollendet hat. In dieser Zeit macht also der Stern einen Umlauf mehr als die mittlere Sonne, welche $365^t$ $5^{st}$ $48'$ $50''$ braucht um den Aequator zu durchlaufen. Man hat deſshalb folgendes Verhältniſs: 366 Umdrehungen der Erde + $5^{st}$ $48'$ $50''$ Sternzeit zu einer Umdrehung der Erde oder zu $24^{st}$ Sternzeit, wie der Umfang des Aequators oder $360°$ zum vierten Satze, welcher die Bewegung der mittlern Sonne gegen Osten in 24 Stunden Sternzeit sein wird. Ist also der Stern wieder in M (Fig. 29). in den Meridian getreten, von wo aus er mit der mittlern Sonne ausgegangen war, so wird diese nur bis nach $s'$ gekommen seyn, oder vom Meridiane gegen Osten noch um den Bogen $s'M$ von $58'$ $58''$ $38'''$,6 abstehen, welcher in Sternzeit $3'$ $55''$ $54'''$,6 beträgt.

Weil aber die mittlere Sonne fortfährt sich nach Osten zu bewegen während sie diesen kleinen Bogen durchläuft, so wird sie den Meridian nur erst $3'$ $56''$ $33'''$,3 Sternzeit nach dem Durchgange des Sterns erreichen; daher sind $24^{st}$ mittlerer Zeit gleich $24^{st}$ $3'$ $56''$ $33'''$,3 Sternzeit. Wenn man also der Reihe nach für $24^{st}$ und für $3'$ $56''$ $33'''$,3 und ebenso für $24^{st}$ und für $3'$ $55''$ $54'''$,6 die den Stunden, Minuten und Sekunden entsprechenden Werthe sucht, und hieraus zwei Tafeln bildet, so wird man mit Hülfe der erstern durch Addizion die mittlere Zeit in Sternzeit, mit Hülfe der letztern durch Subtrakzion die Sternzeit in mittlere verwandeln können. Es wird z. B. $1^{st}$ mittl. Z. $1^{st}$ $0' 9'' 51''',4$ St. Z. und $1^{st}$ St. Z. $0^{st}$ $59' 50'' 10''',2$ mittl. Z. betragen. Dergleichen Tafeln, die sich übrigens jeder leicht selbst entwerfen kann, finden sich fast bei allen Sonnentafeln.

§. 74. Weil die wahre Zeit veränderlich ist, so kann man ihren Werth weder in mittlerer Zeit, noch in Sternzeit ausdrücken, sondern man kann nur den statt findenden Unterschied für einen gegebenen Zeitpunkt angeben. Dieser Unterschied pflegt aber nur in Beziehung auf die mittlere Zeit genommen zu werden, und heifst dann *Zeitgleichung.* Da nun die mittlere Zeit immer dem Theile der Rektaszension der mittlern Sonne gleich ist, der sich zwischen ihr und dem Meridiane, nach Westen gerechnet, befindet, und die wahre Zeit eben diesem Theile bei der wahren Rektaszension, so wird man nur nöthig haben von dem gröfsern dieser beiden Werthe den kleinern abzuziehen, da denn der Unterschied die Zeitgleichung in Sternzeit ausgedrückt seyn wird; welche wenn man sie bei der wahren oder mittlern Zeit anbringen will, erst in mittlere Zeit verwandelt werden mufs.

§. 74. Nachdem diese allgemeinen Bemerkunvorausgefchickt werden, wird es leicht seyn einzusehen, wie eine gegebene Sternzeit in mittlere, und umgekehrt verwandelt werden könne. Wenn die mittlere Sonne im Meridiane ist, so ist ♈*M* ihre Rektaszension, gleich dem Abstande des Widderpunkts vom Meridiane: ist die Sonne bis S fortgerückt, so wird auch der Widderpunkt nach *N* gelangt seyn. Wenn man also ♈*M* oder die Rektaszension der Sonne für den Mittag von dem neuen Abstande des Widderpunkts vom Meridiane abzieht, so wird der Ueberschufs *SM* der Weg seyn, den die Sonne vom Mittage bis zum Augenblicke der gegebenen Sternzeit gemacht hat: daher wird die

Rektaszension der Sonne zu Mittag, nach dem Verhältnisse von 15° für eine Stunde in Zeit verwandelt, und von der gegebenen Sternzeit abgezogen, den Abstand der mittlern Sonne vom Meridian in Sternzeit ausgedrückt geben, welche, in mittlere Zeit verwandelt, die der gegebenen Sternzeit zugehörige mittlere Zeit darstellen wird. Um also Sternzeit in mittlere zu verwandeln sind allgemeine Tafeln der mittlern Rektaszension der Sonne nöthig, aus welchen man dieselbe für jeden Mittag im Jahre herleiten kann. Und weil das wahre Aequinokzium immer der Punkt ist, von welchem man die Zeit anfängt zu zählen, und die Tafeln vom mittlern Aequinokzium an gerechnet sind, so muſs man noch eine Gleichung für die Rektaszension anbringen, die von der Nutazion abhängt, und die *Gleichung der Aequinokzialpunkte* genannt wird. Tafeln dieser Art finden sich in den vortrefflichen Sonnentafeln von Carlini; wo auch zugleich ihr Gebrauch deutlich gezeigt wird.

§. 76. Wenn man, um die mittlere Zeit aus der Sternzeit herzuleiten, von dieser Letztern die mittlere Rektaszension der Sonne für den mittlern Mittag abziehen muſs; so ist im Gegentheil um die Sternzeit aus der mittlern herzuleiten, nöthig zu dieser, in Sternzeit verwandelt, jene Rektaszension zu addiren.

§. 77. Wenn endlich die Sternzeit gegeben ist, und man die wahre sucht, so muſs man zuerst aus der gegebenen Sternzeit die mittlere herleiten, und dann die Zeitgleichung hinzufügen, die sich für den Mittag jedes Tages in allen Ephemeriden findet, und nur, jenachdem sie in den nächsten 24 Stunden zunimmt oder abnimmt, im Verhältnisse der gegebenen mittlern Zeit verbessert werden muſs. Wenn hiebei überdies der Meridian für welchen sie berechnet worden, verschieden von dem ist, in welchem man beobachtet, so wird es nöthig seyn eine andere Verbesserung anzubringen, um sie auf den Meridian des Beobachters zu reduziren. Diese Verbesserung ist ein ebenso großer Theil der täglichen Aenderung der Zeitgleichung, als der Unterschied beider Meridiane in Graden des Aequators gezählt von 360° ist, und wird addirt, wenn die Zeitgleichung abnimmt und der Meridian für welchen sie berechnet ist, nach Westen liegt, subtrahirt, wenn er gegen Osten liegt: nimmt aber die Gleichung zu, so wird sie im ersten Falle subtrahirt, im zweiten addirt. Besitzt man keine Ephemeriden, so beobachte oder berechne man die wahre Rektaszension der Sonne für die gegebene mittlere Zeit und suche den Unterschied derselben von der wahren, der in mittlere Zeit verwandelt, die Gleichung geben wird.

§. 78. Es ist noch übrig zu erklären, wie man die einem Momente entsprechende Zeit, gleichviel ob wahre, oder mittlere, oder Sternzeit findet. Hiezu werden von den Astronomen drei Methoden angewendet: 1) die absoluten Höhen der Sonne und der Sterne, 2) die korrespondirenden Höhen dieser Himmelskörper, 3) die Durchgänge derselben durch den Meridian. Der größern Deutlichkeit wegen, wollen wir jede dieser Methoden unter der Form einer Aufgabe betrachten.

### I. Aufgabe.

*Wenn die Höhe des einen Sonnenrandes über dem Horizonte beobachtet, und zugleich die von einer Uhr in diesem Augenblicke angegebene Zeit bemerkt ist, so soll man für diesen Zeitpunkt 1. die wahre Zeit, 2. ihren Unterschied mit der Uhr finden.*

§. 79. Nachdem die Höhe des einen Sonnenrandes beobachtet worden, 1) verbessere man dieselbe durch die Refrakzion und die Parallaxe, 2) reduzire sie auf den Mittelpunkt der Sonne, indem man den Halbmesser derselben addirt oder subtrahirt, jenachdem der untere oder obere Rand beobachtet worden; 3) nehme man aus den Ephemeriden die Deklinazion der Sonne für den Augenblick der Beobachtung; 4) hieraus und aus der Polhöhe suche man den Abstand der Sonne vom Meridian, oder den Winkel *ZPS* (Fig. 11), welcher der Stundenwinkel heiſst. In dem sphärischen Dreiecke *ZPS* sind alle drei Seiten gegeben, indem *ZP* das Komplement der Polhöhe, *ZS* das Komplement der Höhe, *PS* das Komplement der Deklinazion ist; man hat also

$$\text{Cos}\, ZPS = \frac{\text{Cos}\, ZS - \text{Cos}\, PZ\,.\,\text{Cos}\, PS}{\text{Sin}\, PZ\,.\,\text{Sin}\, PS}$$

oder

$$\text{Cos}\, ZPS = \frac{\text{Cos}\, ZS}{\text{Sin}\, PZ\,.\,\text{Sin}\, PS} - \text{Cotg}\, PZ\,.\,\text{Cotg}\, PS$$

und genauer

$$\text{Sin}\tfrac{1}{2} ZPS = \sqrt{\frac{\text{Sin}\tfrac{1}{2}(ZS + PZ - PS)\,.\,\text{Sin}\tfrac{1}{2}(ZS - PZ + PS)}{\text{Sin}\, PZ\,.\,\text{Sin}\, PS}}$$

Der Stundenwinkel in Zeit verwandelt ($15^\circ$ auf eine Stunde gerechnet), und von $12^{st}$ subtrahirt, oder dazu addirt, jenachdem die Beobachtung vor Mittage oder nach demselben geschehen, giebt die gesuchte Zeit.

§. 80. *Beispiel.* Es sei den 27. Mai um $8^u\, 39'\, 56''$ Morgens die Höhe des untern Sonnenrandes $43^\circ\, 4'\, 39''$ beobachtet, man sucht die wahre Zeit der Beobachtung. Die Deklinazion ist für diesen Moment $21^\circ\, 10'\, 20''$ nördl. und die Polhöhe wird zu $38^\circ\, 6'\, 44''$ angenommen. Man hat

| | |
|---|---|
| Beobachtete Höhe . . . . . . | 43° 4′ 39″ |
| Refrakzion . . . . . . | − 1 1 |
| Parallaxe . . . . . . . . . | + 0 6 |
| Halbmesser der Sonne . . | + 15 50 |
| Höhe des Mittelpunkts der ☉ . . | 43° 19′ 34″ |

also ist

$ZS = 90° -$ Höhe der ☉ $= 46° 40' 26''$
$PZ = 90° -$ Polhöhe $= 51° 53' 16''$
$PS = 90° -$ Deklinazion $= 68° 49' 40''$

und folglich

$\log \text{Sin} \frac{1}{2}(ZS + PZ - PS) = \log \text{Sin}\, 14° 52' 1'' = 9{,}40921$
$\log \text{Sin} \frac{1}{2}(ZS - PZ + PS) = \log \text{Sin}\, 31° 48' 25'' = 9{,}72186$
Compl. $\log \text{Sin}\, PZ = \text{C.} \log \text{Sin}\, 51° 53' 16'' = 0{,}10414$
Compl. $\log \text{Sin}\, PS = \text{C.} \log \text{Sin}\, 68° 49' 40'' = 0{,}03035$
$\log \text{Sin} \frac{1}{2} ZPS^2 = 9{,}26556$

mithin $\log \text{Sin} \frac{1}{2} ZPS = 9{,}63278$

und $\frac{1}{2} ZPS = 25° 25' 28''$
$ZPS = 50° 50' 56''$

Diesem Stundenwinkel entsprechen 3st 23′ 24″ welche von 12st abgezogen, für die Zeit der Beobachtung 8st 36′ 36″ w. Z. geben; die Uhr eilte also der wahren Zeit um 3′ 20″ vor.

§. 81. Wenn die Beobachtung mit einer Uhr gemacht wäre, welche Sternzeit zeigt, und es wäre die dem Momente der Beobachtung entsprechende Zeit 0st 49′ 56″ gewesen, so würde man, um die Sternzeit und den Fehler der Uhr zu erhalten, folgendermassen verfahren.

| | |
|---|---|
| Beobachteter Stundenwinkel . . . . . | 3st 23′ 24″ |
| Bewegung der Sonne in 3st 23′ 24″ . . . . . | 34″ |
| Stundenwinkel in Sternzeit . . . . | 3st 23′ 58″ |
| Uhrzeit im Momente der Beobachtung . . | 0 49 56 |
| Sternzeit der Uhr im Mittage . . . . . . | 4st 13 54″ |
| Wahre AR. der Sonne im Mittage . . . | 4 12 50 |
| Voreilung der Uhr vor Sternzeit . . . | + 1′ 4″ |
| Sternzeit welche die Uhr bei der Beobachtung hätte zeigen sollen . . | 0st 48′ 52″ |

§. 82. Von $0^u\ 48'\ 52''$ St. Z. kann man auf mittlere Zeit übergehen nach den Vorschriften des §. 75; man kann dieselbe aber auch unmittelbar aus dem beobachteten Stundenwinkel erhalten, indem man die Zeitgleichung anwendet. Man erhält nämlich aus dem beobachteten Stundenwinkel $3^u\ 23'\ 24''$ wie oben

| | | |
|---|---|---|
| die wahre Zeit der Beobachtung .... | $8^u$ | $36'\ 36''$ |
| Zeitgleichung . . . . . . . . . | — | $3\ \ 16$ |
| Mittlere Zeit der Beobachtung . . . | $8^u$ | $33'\ 20''$ |
| Die Uhr zeigte . . . . . . . . | $8^u$ | $39'\ 56''$ |
| Voreilung der Uhr vor mittlerer Zeit . . . | | $6'\ 36''$ |

§. 83. Von einer einzigen Beobachtung kann man nicht viele Genauigkeit für die Zeit erwarten, welche man aus ihr herleitet: es wird immer eine Ungewißheit von 6″ bis 7″ dabei sein. Deßhalb wird es gut sein, mehrere Höhen nacheinander zu nehmen, jede besonders zu berechnen, und das Mittel der Differenzen zur Verbesserung der Uhr anzuwenden. Dieselben Beobachtungen am Morgen des nächstfolgenden Tages wiederholt, und wie die erstern berechnet, werden sowohl die Zeit der verschiedenen Beobachtungen, als auch die tägliche Aenderung der Uhr geben.

§. 84. Die oben gegebene Formel für den Stundenwinkel kann auch in dem Falle gebraucht werden, wenn statt der Höhe der Sonne die eines Sterns beobachtet wäre, dessen Rektaszension und Deklinazion bekannt sind. Dann zieht man den gefundenen Stundenwinkel von der Rektaszension des Sterns ab, wenn die Beobachtung vor Mittage, und addirt ihn, wenn sie nach Mittage geschehen, und erhält auf diese Weise die Sternzeit für den Moment der Beobachtung, mit deren Hülfe man die mittlere Zeit finden kann.

§. 86. *Beispiel.* Es sei bei 38° 6′ 44″ Polhöhe die Höhe des Prokyon oder α Canis minoris 42° 28′ 30″ gefunden worden; seine Rektaszension sei zu dieser Zeit 112° 7′ 14″ die Deklinazion 5° 44′ 11″ nördl. gewesen. Dann ist

$$\log \mathrm{Sin}\, \tfrac{1}{2}(ZS+PZ-PS) = \log \mathrm{Sin}\; 7° 34' 28'',5 = 9{,}11997$$
$$\log \mathrm{Sin}\, \tfrac{1}{2}(ZS-PZ+PS) = \log \mathrm{Sin}\; 39° 57' 1'',5 = 9{,}80762$$
$$\text{Compl.} \log \mathrm{Sin}\; PZ = \text{C.} \log \mathrm{Sin}\; 51° 53' 16'' = 0{,}10413$$
$$\text{Compl.} \log \mathrm{Sin}\; PS = \text{C.} \log \mathrm{Sin}\; 84° 15' 49'' = 0{,}00218$$
$$\log \mathrm{Sin}\, \tfrac{1}{2}\, ZPS^2 = 9{,}03390$$
$$\text{und} \log \mathrm{Sin}\, \tfrac{1}{2}\, ZPS = 9{,}51695$$

also

$$\tfrac{1}{2}\, ZPS = 19° 11' 48'',3$$
$$ZPS = 38° 23' 37''$$

Dieser Stundenwinkel wird von der Rektaszension 112° 7′ 14′ abgezogen, dann giebt der Ueberschufs 73° 43′ 37″ in Zeit verwandelt, den Moment der Beobachtung in Sternzeit. Man findet für diesen Fall 4′ 54 54″

§. 86. Auf gleiche Weise kann die Formel dienen, um die halben Tagebogen der Sonne und der Sterne zu finden, wenn man nur statt der Höhe des Himmelskörpers die Wirkung der Refrakzion im Horizonte, oder 32′ 3″ substituirt.

§ 87. Weil die Deklinazion der Sonne beim Untergange verschieden von der beim Aufgange ist, so thut man am besten die für den Mittag anzuwenden, wenn man den halben Tagebogen sucht, indem man hiedurch mit grösserer Genauigkeit die Hälfte der Tageslänge erhält.

§. 88. Wenn die halben Tagebögen sowohl mit Rücksicht auf die Refrakzion, als auch ohne dieselbe, indem man den Himmelskörper im Horizonte annimmt, berechnet sind, so wird der Unterschied beider Werthe anzeigen, um wieviel die Refrakzion den Aufgang beschleunigt, oder den Untergang verzögert. Hiebei ist jedoch zu bemerken, dafs wenn die Wirkung der Refrakzion für einen Himmelskörper mit nördlicher Deklinazion gefunden worden, dieselbe nicht für einen andern mit gleicher, aber südlicher Deklinazion gilt; der Grund hievon ist leicht einzusehen. Uebrigens ist die Formel für den Stundenwinkel, im Falle, dafs der Himmelskörper im Horizonte sei,

$$\text{Cos Stundenwink.} = \text{Tang Dekl.} \times \text{Tang. Breite}$$

wo ebenso, wie bei allen frühern Formeln, eine südliche Deklinazion immer als negativ anzusehen ist.

§. 89. Wenn man in den Formeln (§. 79.) statt der Zenithdistanz des Himmelskörpers zuerst 90° + Durchmesser der Sonne, und dann blos 90° setzt, wo man die im vorigen §. gegebene Formel erhält, so ergiebt sich durch die Subtrakzion des einen Stundenwinkels vom andern, die Zeit, welche die Sonne zum Aufgange oder Untergange braucht.

§. 90. Man kann auf gleiche Weise die Dauer der Dämmerungen finden. Weil nämlich beobachtet worden, dafs diese anfangen und endigen, wenn die Sonne 18° tief unter dem Horizonte steht, so hat man nur nöthig die Zenithdistanz = 108° zu setzen. Dann wird es aber bisweilen der Fall sein, dafs in der Formel

$$\text{Cos } ZPS = \frac{\text{Cos } ZS}{\text{Sin } PZ \,.\, \text{Sin } PS} \mp \text{Tg } PZ \,.\, \text{Tg } PS$$

beide Sätze negativ und ihre Summe grösser als 1 wird, sodafs daraus unmittelbar kein Resultat hervorgeht; dies ereignet sich, wenn der Unterschied zwischen dem Zenithabstande des Pols und der Deklinazion der Sonne kleiner als 18° ist, in welchem Falle die Abenddämmerurg unmittelbar in die Morgendämmerung übergeht, wie sich dies um die Zeit des Sommersolstiziums in den entfernt vom Aequator liegenden Oertern ereignet.

§. 91. Die Methode der *absoluten Höhen*, welche, wie wir schon oben bemerkt haben, nicht besonders genau ist, pflegt nur auf dem Meere, und wenn man nicht im Stande ist dieselben Beobachtungen vor und nach Mittage zu wiederholen, angewendet zu werden. Wenn aber dies Letztere möglich ist, so erhält man die Zeit mit der gröfsten Schärfe; man nennt die hierauf begründete Methode, die der *korrespondirenden Höhen*, die jetzt, ihrer Wichtigkeit wegen, ausführlich erklärt werden soll.

## II. Aufgabe.

*Aus den an zwei auf einander folgenden Tagen beobachteten vor- und nachmittäglichen Höhen der Sonne und den zugehörigen Zeitmomenten, welche nach einer Uhr bestimmt sind, die nahe die mittlere Zeit angiebt, für den Moment des Durchganges der Sonne durch den Meridian die Uhrzeit und ihre tägliche Veränderung zu finden.*

§. 92. Es sei wie in der vorigen Aufgabe (Fig. 11.) $PZH$ der Meridian, $P$ der Pol, $Z$ das Zenith und $S$ die Sonne bei der vormittägigen Beobachtung; bei der nachmittägigen wird die Höhe dieselbe sein, und die beiden Stundenwinkel werden nur durch die Aenderung der Deklinazion der Sonne in der Zwischenzeit von der ersten zur zweiten Beobachtung verschieden sein. Die Aufgabe kommt also darauf zurück den Unterschied der Stundenwinkel zu finden, der durch die Aenderung der Deklinazion hervorgebracht worden; denn die Hälfte desselben zu der halben Summe der beiden Beobachtungszeiten hinzugefügt oder davon abgezogen, wird die Uhrzeit des Durchgangs der Sonne durch den Meridian geben. Indem man also die Höhe mit $h$, die beiden Stundenwinkel mit $P, P'$, die beiden Deklinazionen mit $d, d'$, ihre Differenz mit $\delta$, und die Polhöhe mit $\varphi$ bezeichnet, so ist

1. $\text{Sin}\, h = \text{Sin}\, \varphi . \text{Sin}\, d + \text{Cos}\, \varphi . \text{Cos}\, d . \text{Cos}\, P$

2. $\text{Sin}\, h = \text{Sin}\, \varphi . \text{Sin}\, d' + \text{Cos}\, \varphi . \text{Cos}\, d' . \text{Cos}\, P'$

also

$$\text{Cos}\, P = \frac{\text{Sin}\, h - \text{Sin}\, \varphi . \text{Sin}\, d}{\text{Cos}\, \varphi . \text{Cos}\, d}$$

$$\text{Cos}\, P' = \frac{\text{Sin}\, h - \text{Sin}\, \varphi . \text{Sin}\, d'}{\text{Cos}\, \varphi . \text{Cos}\, d'}$$

folglich

$$\text{Cos}\, P - \text{Cos}\, P' = \frac{\text{Sin}\, h\, (\text{Cos}\, d' - \text{C}.\, d) + \text{S}.\, \varphi\, (\text{S}.\, d' . \text{C}.\, d - \text{C}.\, d' . \text{S}.\, d)}{\text{Cos}\, \varphi . \text{Cos}\, d . \text{Cos}\, d'}$$

oder

$$\text{Sin}\, \tfrac{1}{2} (P - P) . \text{Sin}\, \tfrac{1}{2} (P' + P) = \frac{(\text{S}.\, \varphi - \text{S}.\, h . \text{S}.\, d)\, \text{S}.(d' - d) - 2\text{S}.\, h . \text{C}.\, d . \text{S}.\, \tfrac{1}{2} (d' - d)^2}{\text{Cos}\, \varphi . \text{Cos}\, d . \text{Cos}\, d'}$$

Weil aber $d' - d$ immer sehr klein ist, und nicht über 12 Minuten beträgt, so kann man ohne allen merklichen Fehler setzen

$$2\, \text{Sin}\, \tfrac{1}{2} (P' - P) . \text{Sin}\, \tfrac{1}{2} (P' + P) = \frac{(\text{Sin}\, \varphi - \text{Sin}\, h . \text{Sin}\, d) . (d' - d)}{\text{Cos}\, \varphi . \text{Cos}\, d . \text{Cos}\, d'}$$

und weil ebenso $\tfrac{1}{2} (P' - P)$ sehr klein ist

$$(P' - P) . \text{S}.\, \tfrac{1}{2} (P' + P) = \frac{d' - d}{\text{C}.\, \varphi . \text{C}.\, d^2} (\text{Sin}\, \varphi - \text{Sin}\, h . \text{Sin}\, d).$$

Nun ist aus 1.

$$\text{Sin}\, h . \text{Sin}\, d = \text{Sin}\, \varphi . \text{Sin}\, d^2 + \text{Cos}\, \varphi . \text{Sin}\, d . \text{Cos}\, d . \text{Cos}\, P,$$

also

$$(P' - P) . \text{Sin}\, \tfrac{1}{2} (P' + P) = \frac{\delta}{\text{Cos}\, \varphi . \text{Cos}\, d^2} (\text{Sin}\, \varphi . \text{Cos}\, d^2 - \text{Cos}\, \varphi . \text{Sin}\, d . \text{C}.\, d . \text{C}.\, P)$$

$$= \delta\, (\text{Tang}\, \varphi - \text{Tang}\, d . \text{Cos}\, P)$$

also endlich

$$P'-P=\frac{\delta(\text{Tang}\,\varphi-\text{Tang}\,d.\text{Cos}\,P)}{\text{Sin}\,\frac{1}{2}(P'+P)}$$

§. 93. Es seien nun $H$, $H'$ die Momente der Beobachtungszeiten der beiden gleichen Höhen, und $\mu$ die Aenderung der Deklinazion in einer Stunde so ist $\frac{1}{2}(P'+P)=\frac{15}{2}(H'-H)$, und $\frac{\mu}{2}(H'-H)=$ der Aenderung der Deklinazion in der Mitte der Zwischenzeit zwischen beiden Beobachtungen. Deſshalb ist

$$\frac{1}{2}(P'-P)=$$
$$\frac{\mu\,(H'-H)}{2\text{Sin}\,\frac{15}{2}(H'-H)}.\left\{\text{Tg}\,\varphi-\text{Cos}\,\frac{15}{2}(H'-H)\,\text{Tg}\,d\right\}$$

und wenn man diesen Ausdruck durch 15 dividirt um ihn in Zeit zu verwandeln, so ist die Uhrzeit zu Mittage

$$\frac{1}{2}(H'+H)=$$
$$\frac{\frac{\mu}{2}(H'-H)}{15\text{Sin}\,\frac{15}{2}(H'-H)}\left\{\text{Tg}\,\varphi-\text{Cos}\,\frac{15}{2}(H'-H)\,\text{Tg}\,d\right\}$$

Das Zeichen — gilt für die aufsteigenden, das Zeichen + für die niedersteigenden Zeichen und Tg $d$ ist negativ, wenn die Deklinazion südlich ist.

§. 94. *Beispiel.* Es sei am 2. April um $9^{u}\,57'\,38''$ Morgens die Zenithdistanz des untern Sonnenrandes $48°\,43'\,44''$ gefunden worden, und die Sonne Nachmittags um $15^{u}\,9'\,52''$ zu derselben Distanz gelangt. Man sucht die Uhrzeit um Mittag.

Die Deklinazion der Sonne um Mittag ist $5°\,0'\,17''$ nördl., ihre stündliche Aenderung $57'',7$ und die Polhöhe $38°\,6'\,44''$. Dann hat man

$\frac{\mu}{2}(H'-H) = 57'',7\ (2^{st}\ 36'\ 7'') = 150'',0$

log 150″,0 ....... 2,17609

$15\ \mathrm{Sin}\ {}^{15}\!/_{2}(H'-H) = 15.\ \mathrm{Sin}\ 39^\circ\ 1'\ 45''$

Compl. log 15. Sin 39° 1′ 45″ .... 9,02476

$\text{also log}\ \dfrac{\frac{\mu}{2}(H'-H)}{15.\mathrm{Sin}\ {}^{15}\!/_{2}(H'-H)} = \ldots\ldots\ldots\ 1,20085$

ferner

$\log\mathrm{Cos}\ {}^{15}\!/_{2}(H'-H) = \log\mathrm{Cos}\ 59^\circ 1' 45'' = 9,89032$

$\log\mathrm{Tang}\, d \ = \ \log\ \mathrm{Tang}\ 5^\circ 0' 17'' = 8,94032$

Summe ..... 8,83064

$\log\mathrm{Tang}\,\varphi = \log\ \mathrm{Tang}\ 38^\circ 6' 44'' = 9,89457$

also log (Tang $\varphi$ — Cos ${}^{15}\!/_{2}(H'-H)$ Tang $d$) ... 9,85516

Summe ... 1,05601

mithin der Werth der Gleichung .. 11″,4.

Es ist aber $\frac{1}{2}(H'+H) = 12^{st}\ 33'\ 45'',0$, also zeigte die Uhr beim Durchgange der Sonne durch den Meridian ..... $12^{st}\ 33'\ 45'' - 11'',4$ ..... $12^{st}\ 33'\ 33'',6$

Mittlere Zeit zu Mittage ......... 12 3 37,1

Die Uhr eilte also am 2ten vor m. Z. vor .. 29′ 56″,5

Auf gleiche Weise fand sich für den 3ten die Voreilung .......... 32′ 40″,3

also beschleunigte die Uhr ihren Gang in $24^{st}$ um .............. 2′ 43″,8

Wenn man das Voreilen oder Zurückbleiben der Uhr gegen mittlere Zeit kennt, so kann man die mittlere Zeit angeben, welche einer beliebigen Uhrzeit entspricht.

§. 95. Die vorhergehende Formel kann man in Tafeln bringen, indem man in den beiden Sätzen, aus denen sie besteht, die halbe Zwischenzeit der beobachteten Höhen, nach und nach 1, 2, 3 .... 6 Stunden, und die Länge der Sonne von

6° zu 6°, oder von 10° zu 10° annimmt. Wenn die Breite gegeben ist, so lassen sich beide Sätze in einen zusammenziehen, den man in einer einzigen Tafel darstellen kann, welche als Argumente die vorausgesetzten Zwischenräume und die Länge der Sonne hat. Will man aber allgemeine Tafeln haben, so muſs man zuerst den einen Ausdruck $\frac{\mu (H' - H)}{30 \,.\, \text{Sin}\, \frac{15}{2} (H' - H)}$, und dann den andern $\frac{\mu (H' - H) \,\text{Tang}\, d}{30 \,.\, \text{Tang}\, \frac{15}{2} (H' - H)}$ berechnen, und in zwei Tafeln mit doppelten Eingängen vertheilen, wobei noch zu bemerken, daſs die Resultate aus der erstern Tafel mit der Tangente der Breite des Beobachtungsortes multiplizirt werden müssen. Fast bei allen Sonnentafeln, z. B. bei denen von Lalande, Delambre, von Zach, finden sich solche Tafeln für die korrespondirenden Höhen.

§. 96. Die Korrekzion der korrespondirenden Höhen läſst sich auch ohne alle Rechnung bloſs durch die Beobachtung derselben Höhe der Sonne, an zwei auf einander folgenden Tagen, finden, wie Ritterhouse im ersten Bande der Philosophical Transactions of the American Society gezeigt hat. Da indessen bei dieser Methode der ganze Fehler der Beobachtungen auf das Resultat fällt, und da Wolken und andere Hindernisse oft schon nicht einmal erlauben, die des Vormittags beobachteten Höhen, Nachmittags, also noch vielweniger am Vormittage und Nachmittage des folgenden Tages von neuen zu nehmen, so läſst sich leicht einsehen, daſs diese Methode ohne allen praktischen Werth ist.

§. 97. Wenn statt der Sonne die Höhen eines Sterns beobachtet wären, so hätte man keine Verbesserung nöthig; aber man müſste dann die wahre

Rektaszension des Sterns wissen, um aus der Beobachtung die Sternzeit herleiten zu können.

---

Zu der dritten Art der Zeitbestimmung ist es nothwendig die Art und Weise zu kennen, wie 1) die verschiedenen Fäden eines Fernrohrs auf den mittlern, welcher den Meridian vorstellt, reduzirt werden, und wie 2) für den Fall, dafs der mittlere Faden nicht mit dem Meridian zusammentrifft, die Abweichung desselben bestimmt und die daher kommende Unrichtigkeit verbessert wird.

## III. Aufgabe.

*Die Fäden des Fernrohrs auf den mittlern zu reduziren.*

§. 98. Wenn die vier Fäden 1, 2, 4, 5 des Fadennetzes *Rr* (Fig. 30.) in gleichen Abständen von einander und von dem mittlern wären, und man hätte die Zeiten des Durchgangs eines Sterns durch jeden Faden beobachtet, so ist deutlich, dafs die halbe Summe des ersten und fünften, sowie die des zweiten und vierten Fadens, die Zeit des Durchgangs durch den mittlern Faden geben müfste. Die vorausgesetzten gleichen Abstände finden aber fast nie statt, und wenn es auch wäre, so würde man doch nur dann die Redukzion machen können, wenn alle Fäden beobachtet, nicht aber wenn zu einem der korrespondirende fehlte. Man mufs defshalb die Zeit bestimmen, welche die Sterne gebrauchen um von jedem der vier Fäden zum mittlern zu kommen.

Wenn die Sterne an jedem Orte des Himmels dieselbe Zeit gebrauchten von einem Faden zum andern zu kommen, so würde man nur nöthig haben, das Fernrohr auf den Aequator zu richten, und nun durch wiederholte Beobachtungen jene Zeiten mit der gröfsten Genauigkeit bestimmen.

Dies ist aber nicht der Fall, wie die folgende Betrachtung zeigt.

Es sey $P$ der Pol des Aequators, $PL$ der Meridian, $ELQ$ ein Bogen des Aequators, $EvQ$ seine Sehne, $MyN$ der ähnliche Bogen eines Parallelkreises, $MoN$ die Sehne dieses Bogens, und man nehme auf der Sehne $EvQ$ den Theil $vx$ gleich dem Zwischenraume der Fäden $ae = No$. Weil alle Sterne ihren täglichen Umlauf in 24 Sternstunden vollenden, so werden die ähnlichen Bögen $LQ$, $yN$ in gleichen Zeiten beschrieben. Aber der Zwischenraum $ae$ der Fäden ist auf dem Parallelkreise $NyM$ dem Sinus des Bogens $Ny$ gleich, auf dem Aequator aber nur ein Bruch des Sinus des ähnlichen Bogens $LQ$; deſshalb wird der Stern eine gröſsere Zeit gebrauchen, den Raum $ae$ zu beschreiben, wenn das Fernrohr nach dem Parallelkreise $MyN$, eine kleinere, wenn es auf den Aequator gerichtet ist. Wenn aber einmal dieser Zeitraum für den Aequator bestimmt worden, so ist es sehr leicht, ihn für jeden beliebigen Abstand $Py$ vom Pol zu finden. In den beiden ähnlichen Dreiecken $PvQ$, $PoN$ ist $Po$ der Sinus des Bogens $Py$, der den Abstand des Himmelskörpers vom Pol ausdrückt, $Pv$ ist der Sinus des Bogens von $90^\circ$ oder $= 1$, $vQ$ ist der Sinus des Bogens $LQ$, des Maſses des Winkels $LPQ$, endlich ist $No = vx =$ Sin $LS =$ Sin $15t$, wo $t$ die Zeit ausdrückt, die ein Stern im Aequator gebraucht, den Zwischenraum $ae$ zu beschreiben. Daher ist

$$\text{Sin Polardist.} : \text{Sin } 15t = 1 : \text{Sin } LPQ$$

und also $\text{Sin } LPQ = \dfrac{\text{Sin } 15t}{\text{Sin Polardist.}}$, woraus der Winkel $LPQ$ oder $yPN$ erhalten wird, welcher in Zeit ausgedrückt die Zwischenzeit der Fäden bei der Polardistanz $Py$ geben wird.

§. 99. Daher 1) Wenn der Zwischenraum $ae$ der Fäden bei einem Polarabstande $Py$ beobachtet worden, und auf den Aequator reduzirt werden soll, so nenne man $T$ die Zeit, welche der Stern gebraucht $No = ae$ zu beschreiben, und man wird haben

$$\text{Sin } PL : \text{Sin } Py = \text{Sin } 15\, T : \text{Sin } Ny$$

$$\text{also Sin } Ny = \frac{\text{Sin } Py \,.\, \text{Sin } 15\, T}{\text{Sin } PL} = \text{Sin } Py \,.\, \text{Sin } 15\, T$$

(weil $\text{Sin } PL = 1$); folglich auch

$$\text{Sin } LS = ae = \text{Sin } Py \,.\, \text{Sin } 15\, T.$$

2) Da die Bögen, die kleiner als ein Grad sind, mit ihren Sinus zusammenfallen, so kann man, wenn der Abstand vom Pol nicht kleiner als 12° ist, statt des Sinus $15\, T$ den Bogen substituiren. Um also die Intervalle der Fäden im Aequator auf einen Parallelkreis zu reduziren, dessen Polardistanz nicht kleiner als 12° ist, hat man nur nöthig die Zwischenzeit für den Aequator durch den Cosinus der Deklinazion zu dividiren.

3) Man kann für verschiedene Fadenabstände im Aequator eine Tafel berechnen, aus welcher man auf den ersten Blick die Redukzion der Fäden für jeden Polarabstand erhalten kann. Derselben kann man noch eine Kolumne beifügen, welche die von der Ungleichheit der Intervalle herrührende Korrekzion enthält.

## IV. Aufgabe.

*Die Abweichung des Passageninstruments und die Korrekzion der beobachteten Durchgänge zu finden.*

§. 100. Damit ein Passageninstrument bei der Drehung immer in demselben Vertikalkreise bleibe, ist es nothwendig, daſs die optische Axe des Fernrohrs oder die Visirlinie senkrecht zur Axe des Instruments, und diese vollkommen horizontal sey. Beides läfst sich leicht durch die Umkehrung des Instruments und durch das Niveau oder Bleiloth erhalten. Vorausgesetzt also, dafs das Instrument einen Vertikalkreis beschreibt, so werden, wenn derselbe mit dem Meridian zusammenfällt, die Unterschiede der beobachteten Durchgänge zweier oder mehrerer Sterne den Differenzen der zugehörigen Rektaszensionen der Sterne gleich seyn. Man berechne defshalb diese Unterschiede aus einem Sternverzeichnisse, und vergleiche sie mit denen welche an einer Uhr, die genau Sternzeit angiebt, beobachtet sind; dann müssen die beobachteten Unterschiede den berechneten gleich seyn. Wenn dies nicht zutrifft, so ist es ein Zeichen, dafs der vom Fernrohre beschriebene Vertikalkreis nicht der Meridian ist; man mufs defshalb die Abweichung und die daher entspringende Verbesserung suchen.

§. 101. Es sey $ZO$ (Fig. 31.) der Vertikalkreis, den das Instrument beschreibt, $PZH$ der wahre Meridian, $HO$ ein Bogen des Horizonts von Süden gegen Osten genommen. Die Sterne $M$, $N$ werden durch den Vertikalkreis gehen, ehe sie den Meridian treffen, und defshalb mufs man zu den beobachteten Durchgängen die Winkel $ZPM$, $ZPN$, in Zeit ausgedrückt, addiren, um den Zeitpunkt des Durchganges durch den Meridian zu erhalten. Im Dreiecke $ZPM$ ist aber $\sin MZP = \frac{\sin PM . \sin M}{\sin ZP}$,

im Dreiecke $MPN$ ebenso $\sin M = \frac{\sin PN . \sin MPN}{\sin MN}$,

also $\sin MZP = \frac{\sin PM . \sin PN . \sin MPN}{\sin ZP . \sin MN}$. Es

sind aber $PM$ und $PN$ die Polardistanzen der beiden Sterne, $ZP$ der Abstand des Pols vom Zenith,

Sin $MZP$ = Sin $HZO$ = Sin $x$, und $MPN$ der Unterschied zwischen den Differenzen der berechneten und beobachteten Durchgänge; dieser Letztere ist durch die Beobachtung bekannt und werde = $E$ gesetzt. Man nenne $D$, $d$, die Deklinazionen der beiden Sterne und $\varphi$ die Polhöhe, so ist $\text{Sin } x = \frac{\text{Sin } E \cdot \text{Cos } D \cdot \text{Cos } d}{\text{Cos } \varphi \cdot \text{Sin } (D - d)}$; und weil $x$ und $E$ sehr kleine Winkel sind, so kann man ohne merklichen Fehler setzen $x = \frac{E \cdot \text{Cos } D \cdot \text{Cos } d}{\text{Cos } \varphi \cdot \text{Sin } (D - d)}$.

§. 102. Deſshalb 1) Wenn für irgend einen Stern $G$, dessen Deklinazion $\delta$ sey, $ZPG$ der Winkel ist welcher in Zeit verwandelt zum Durchgange durch den Vertikalkreis $ZO$ addirt werden muſs, um ihn auf den Meridian $ZH$ zu reduziren, so wird $\text{Sin } ZPG = \frac{x \cdot \text{Sin } (\varphi \mp \delta)}{\text{Cos } \delta} = x \; (\text{Sin } \varphi \mp \text{Cos } \varphi \cdot \text{Tang } \delta)$. Das Zeichen — gilt für die nördlichen, + für die südlichen Deklinazionen. Berechnet man also eine Tafel der Werthe des Faktors Sin $\varphi$ — Cos $\varphi$. Tang $\delta$ von $\delta = 0°$ bis $\delta = 90°$ für die nördlichen, und eine ähnliche des Faktors Sin $\varphi$ + Cos $\varphi$. Tang $\delta$ für die südlichen, so hat man sogleich, wenn $x$ gegeben, die gesuchte Verbesserung.

§. 103. 2) Wenn die Durchgänge zweier gut bestimmter Sterne durch den Vertikalkreis $ZO$ beobachtet sind, so kann man mit Hülfe der obigen Tafel aus dem Unterschiede zwischen der Beobachtung und der Rechnung, sehr leicht die Abweichung $x$, und die bei den beobachteten Durchgängen nöthige Korrekzion finden. Es sey $A$, $B$, die Differenzen zwischen den berechneten und beobachteten Durchgängen beider Sterne, $m$ der Faktor für den der am weitesten vom Zenith steht, $n$

der Faktor für den andern. Dann ist $mx = ZPN$, $nx = ZPM$ und $mx - nx = MPN = A - B = E$, also $x = \frac{E}{m - n} = C$ und $mC$, $nC$ die beiden Verbesserungen.

§. 104. Wenn der vom Zenith entferntere Stern zuerst durch den Scheitelkreis geht, und der Unterschied der beobachteten Durchgänge grösser ist, als der der berechneten, so wird die Abweichung nach Osten seyn; wenn er kleiner ist, nach Westen. Das Entgegengesetzte findet statt, wenn der dem Zenith am nächsten stehende Stern den Scheitelkreis zuerst trifft. Genauer zeigen dies folgende Formeln, in welchen $P$, $p$ die beiden berechneten, $P'$, $p'$ die beiden beobachteten Durchgänge, $m$ der Faktor für den am weitesten vom Zenith entfernten Stern, $n$ der für den andern, und $x$ die Abweichung, also $P - P' = mx$ und $p - p' = nx$. Wenn $P$ oder der Durchgang des vom Zenith entfernteren der frühere ist, so hat man $x = \frac{(p - P) - (p' - P')}{n - m}$; ist er der spätere, $x = \frac{(P - p) - (P' - p)}{m - n}$. Wenn $x$ positiv ist, so ist die Abweichung gegen Osten, wenn es negativ ist, gegen Westen.

*Beispiel.* Es seien den 9. Jun. 1804 am Passageninstrument die Durchgänge von $\alpha$ der nördlichen Krone und $\alpha$ des Skorpions beobachtet, man sucht die Abweichung.

Beob. Durchg. von

$\left.\begin{array}{l}\alpha \text{ nördl. Krone} \ldots 15^u\, 26'\, 24'',74 \\ \alpha \text{ Skorpion} \ldots\ldots 16^u\, 17'\, 26'',85\end{array}\right\}$ beob. Diff. ... $51'\, 2'',11$

Berechn. Durchg. von

$\left.\begin{array}{l}\alpha \text{ nördl. Krone} \ldots 15^u\, 26'\, 26'',52 \\ \alpha \text{ Skorpion} \ldots\ldots 16^u\, 17'\, 28'',71\end{array}\right\}$ ber. Diff. ... $51'\, 2'',19$

Die Deklinazion von $\alpha$ nördl. Krone ist 27° 22′ nördl., die von $\alpha$ Skorpion 26° 0′ südl. Hieraus findet man durch Rechnung, oder aus den Tafeln $m = + 1{,}005$ und $n = + 0{,}205$; es ist aber $P - p = 51' \, 2'',19$ und $P' - p' = 51' \, 2'',11$ also

$$\frac{(P-p)-(P'-p')}{m-n} = \frac{E}{m-n} = \frac{+0{,}08}{+0{,}80} =$$

$+ 0'',10 = x$, der Abweichung gegen Osten. Also ist die Korrekzion für den höchsten Stern $+ 0'',02$, für den niedrigsten $+ 0'',10$.

§. 105. 4) Da die Sterne in der Nähe des Pols, über und unter demselben beobachtet werden können, so kann jeder derselben statt zwei anderer gelten; dies macht die Kenntnifs der Rektaszension überflüssig, da der Unterschied der berechneten Durchgänge immer $12^{st}$ Sternzeit ist. Die Rechnung für die Abweichung wird defshalb kürzer, und sicherer als die vorhergehende. Man ziehe vom beobachteten untern Durchgange, den beobachteten obern ab, subtrahire den Unterschied vom Unterschied der berechneten Durchgänge, oder von $12^{st}$, und dividire den Rest durch die Differenz der Faktoren, die man erhält, wenn man den Stern bei seinem obern und bei seinem untern Durchgange betrachtet; der Quotient ist die gesuchte Abweichung. Und weil jene beiden Faktoren $\text{Sin}\,\varphi + \text{Tang}\,D \,.\, \text{Cos}\,\varphi$ und $\text{Sin}\,\varphi - \text{Tang}\,D \,.\, \text{Cos}\,\varphi$ sind, so ist $m - n = 2\,\text{Tang}\,D \,.\, \text{Cos}\,\varphi$; wenn man also die Differenz zwischen den Unterschieden der berechneten und beobachteten Durchgänge, oder $(P - p) - (P' - p') = E$ setzt, so ist $x = \frac{\mp E}{2\,\text{Tang}\,D \,.\, \text{Cos}\,\varphi}$, wo das obere Zeichen westliche das untere östliche Abweichung andeutet.

*Beispiel.* Es sei am 30. Nov. 1802 der Durchgang des Polarsterns über und unter dem Pole beobachtet.

| | |
|---|---|
| Oberer Durchgang . . . . . . . . . | $0^u\ 52'\ 55'',34$ |
| Unterer Durchgang . . . . . . . . | $12^u\ 52'\ 34'',66$ |
| Differenz der beob. Durchgänge . . | $11^u\ 59'\ 39'',32$ |
| — — — berechn. — — . . | $12^u\ 0'\ 0'',00$ |
| also $(P - p) - (P' - p') =$ . . . . . . . | $20'',68$ |

Deklinazion des Polarsterns . . . . . . . . $88°\ 15''$, also $n = -25'',13$ und $m = +26'',37$, daher $m - n = +51'',5$. Defshalb ist $\frac{(P-p)-(P'-p')}{m-n}$

$= \frac{+20'',7}{+51'',5} = +0'',40 = x$ der Abweichung nach Osten vom Süden an gerechnet, wie man es zu thun pflegt; würde aber von Norden gerechnet, so würde die Abweichung westlich seyn.

Dieselbe Abweichung erhält man aus der Formel $\frac{E}{2 \text{ Tang } D . \text{Cos } \varphi}$, weil

| | |
|---|---|
| log Tang 88° 15' . . . . . . . | 1,51495 |
| log Cos 38° 7' . . . . . . . . | 9,89587 |
| log 2 . . . . . . . . . . . . . . | 0,30103 |
| log 2 Tang $D$ . Cos $\varphi$ . . . . | 1,71185 |
| also 2 Tang $D$ . Cos $\varphi$ . . . . . | $51'',5$ |

und also $\frac{E}{2 \text{ Tang } D . \text{Cos } L} = \frac{20'',6}{51'',5} = 0'',40$

## V. Aufgabe.

*Es sey eine Uhr gegeben, die sehr nahe Sternzeit zeigt; man soll durch die Beobachtung des Durchgangs der Sterne durch den Meridian, ihr Voreilen oder Zurückbleiben, und die tägliche Aenderung ihres Ganges bestimmen.*

§. 106. 1) Aus einem sehr genauen Sternverzeichnisse wähle man einen oder mehrere Sterne aus, und bemerke die Zeit, welche die Uhr bei ihrem Durchgange durch den Meridian zeigt. 2) Man reduzire die Rektaszension des beobachteten Sterns mit Hülfe der Präzession auf den Tag der Beobachtung, und bringe zugleich die Verbesserungen wegen der Nutazion, Aberrazion und der Abweichung des Instruments von der Ebene des Meridians an. 3) Alles dies verwandele man in Zeit, und vergleiche es mit dem beobachteten Durchgange: der Unterschied wird das Voreilen oder Zurückbleiben der Uhr gegen Sternzeit anzeigen.

Am folgenden Tage mache man dieselbe Beobachtung; wenn der Unterschied genau $24^{st}$ ist, so wird die Abweichung der Uhr 0 seyn; beträgt er mehr oder weniger, so wird der Ueberschufs über $24^{st}$, oder das an denselben fehlende, die gesuchte tägliche Aenderung des Ganges geben.

§. 107. *Beispiel.* Es sey am 12. und 13. Mai 1804 der Durchgang von α der Jungfrau durch den an allen 5 Fäden des Fernrohrs, mit einer Meridian nach Sternzeit gehenden Uhr beobachtet.

Durchg. am 12ten

| 1. Fad. | 2. Fad. | Meridian | 4. Fad. | 5 Fad. |
|---|---|---|---|---|
| 15′ 38″,3 ... | 4″,2 .... | $13^u$ 16′ 29″,8 .... | 55″,7 .... | 17′ 21″,2 |

Durchg. am 13ten

| | | | | |
|---|---|---|---|---|
| 15′ 38″,7 ... | 4″,3 .... | 16′ 30″,0 .... | 56″,1 .... | 17′ 21″,3 |

| | 1. Beob. | 2. Beob. |
|---|---|---|
| Meridianfaden ..... | $13^u$ 16′ 29″,80 .... | $13^u$ 16′ 30″,00 |
| Mittel aus dem 2. und 4 Fad.... | 29″,95 | 30″,20 |
| — — — 1. — 3. — .... | 29″,75 | 30″,00 |
| Mittel der 5 Fäden oder beob. Durchg. ...... | $13^u$ 16′ 29″,83 .... | $13^u$ 16′ 30″,37 |
| Oestl. Abw. 0″,4; Faktor 0,76, also ...... | + 0″,30 .... | + 0″,30 |
| Verbesserter Durchg. | $13^u$ 16′ 30″,13 .... | $13^u$ 16′ 30″,37 |

| | | |
|---|---|---|
| Mittl. Ort für α Jungfrau 1805 ....... | | $13^u\ 14'\ 56'',15$ |
| Präzess. in Bogen 47″,19; in Zeit 3″,146 | | |
| daher Redukz. auf d. Tag d. Beob. ......... | — | $2'',01$ |
| Mittl. Rektaszension am 12. Mai 1804 ... | | $13^u\ 14'\ 54'',14$ |
| Aberrazion und Nutazion .......... | + | $1'',83$ |
| Wahre Rektaszension am 12. Mai 1804 .. | | $13^u\ 14'\ 55'',97$ |
| Verbesserter Durchgang am 12ten ...... | | $13^u\ 16'\ 30'',13$ |
| Voreilung der Uhr vor Sternzeit ....... | + | $1'\ 34'',16$ |
| Voreilung am 13ten . . . . . . . . . | + | $1'\ 34'',41$ |
| Tägliche Beschleunigung des Ganges ...... | + | $0'',25$ |

IV. Aufgabe.

*Aus dem gegebenen Durchmesser und der Deklinazion der Sonne, die Zeit zu finden, welche sie braucht durch den Meridian zu gehen.*

§. 108. Es sei $P$ (Fig. 30) der Weltpol, $EQ$ ein Bogen des Aequators, $PE$, $PQ$ zwei Deklinazionskreise, $MN$ der Durchmesser der Sonne, welche während der Zeit, die ihr Mittelpunkt braucht von $N$ nach $M$ zu kommen, ihre Deklinazion nicht merklich verändert. Da nun $MN : EQ = \text{Sin}\, PM : 1$, so erhält man, wenn man den Durchmesser der Sonne, in Zeit verwandelt, durch den Cosinus der gegebenen Deklinazion dividirt, den Bogen $EQ$ in Sternzeit ausgedrückt, zu welchem man noch die Bewegung der Sonne in Zeit während des Durchganges, die nicht über 0″,37 betragen kann, addirt, um genau die Zeit zu haben, welche die Sonne braucht durch den Meridian zu gehen. Wenn die Uhr mittlere Zeit angiebt, so braucht man den Bruch 0″,37 nicht in Rechnung zu bringen.

Auf dieselbe Art, wie man den Bogen $MN$ auf $EQ$ reduzirt hat, kann man auch diesen auf jenen reduziren; man hat hiezu nur nöthig $EQ$ mit dem

Cosinns der Deklinazion zu multipliziren. Diese Verwandlung wird in der Astronomie häufig angewendet, um den Einflufs eines Bogens des Aequators in der Gegend eines Sterns zu kennen; sie ist schon §. 98 vorgekommen.

## *Vierter Abschnitt.*

### *Beobachtungen und Aufgaben welche der astronomischen Rechnung zum Grunde liegen.*

§. 109. Einen Stern beobachten heifst nichts anders, als für einen bestimmten Moment, seine Lage in Beziehung auf einen Kreis oder einen Punkt der Himmelskugel, oder auf Beide zugleich, bestimmen. Die Kreise auf welche man unmittelbar die Himmelskörper bezieht, sind der Meridian oder ein beliebiger Vertikalkreis, und die beiden Punkte, das Zenith und der Durchschnittspunkt des Widders. Aus solchen Beobachtungen folgert man durch Rechnung die Lage des Himmelskörpers gegen den Aequator, d. h. seine Rektaszension und Deklinazion. Dazu ist aber nöthig, sowohl die Polhöhe als die Rektaszension eines oder mehrerer Sterne zu kennen, mit welchen der zu beobachtende verglichen werden kann.

Aus der Höhe im Meridian, und aus der Polhöhe erhält man die Deklinazion, und mit Hülfe einer Uhr aus den Durchgängen des Himmelskörpers und des Vergleichungssterns, die Rektaszension; aus welchen, verbunden mit der Schiefe der Ekliptik, die Länge und die Breite folgt. Zuerst mufs also die Polhöhe bestimmt werden, dann die Schiefe der Ekliptik und die Rektaszension eines oder mehrerer Sterne; und zwar nicht nach der unvollkommenen im ersten Buche gegebenen Methode, sondern mit der gröfsten Genauigkeit und mit Anwendung aller bisher erklärten Korrekzionen für die Beobachtungen. Hiedurch kann man immer jeden Himmelskörper mit der gröfsten Genauigkeit sowohl auf den Aequator als auf die Ekliptik beziehen, und zugleich alle davon abhängende Aufgaben auflösen.

### VII. Aufgabe.

*Die Zenithdistanz eines in der Nähe des Pols befindlichen Sterns ist im Meridiane, sowohl über als unter dem Pole beobachtet; man soll die Polhöhe finden.*

§. 110. Es sei *P* der Pol (Fig. 32), *QE* der Aequator, *RO* der Horizont, *Z* das Zenith, *OZR* der Meridian und *S* ein Stern in der Nähe des Pols, der den Kreis *Ss* um den Pol beschreibt. Dann sind *ZS*, *Zs* die beobachteten Zenithdistanzen des Sterns über und unter dem Pole, und es ist klar, dafs die halbe Summe dieser beiden Grössen, durch die Refrakzion verbessert, gleich *ZP*, und das Komplement derselben zu 90° oder *PO*, gleich der gesuchten Polhöhe sein mufs.

§. 111. *Beispiel.* Am 30. November und am 2. December 1791 wurde der Zenithabstand von *α* des kleinen Bären oberhalb des Pols in Palermo beobachtet zu 50° 4′ 11″,8; das Barometer zeigte 29,75; das Thermometer 56,5. Am 30. Nov. und 1. Dez. war der Zenithabstand desselben Sterns unter dem Pole 53° 39′ 55″,0; Barom. 29,95; Therm. 58. Folglich ist

1791. Nov. 30 und Dez. 2.

| | |
|---|---|
| Zenithdist. von *α* kl. Bär über dem Pol .... | 50° 4′ 11″,8 |
| Refrakzion . . . . . . . . . . . | + 1′ 8″,2 |
| Verbesserte Zenithdistanz .... | 50° 5′ 20″,0 |

1791. Nov. 30. und Dez. 1.

| | |
|---|---|
| Zenithdist. von $\alpha$ kl. Bär unter dem Pol . . . | 53° 39′ 55″,0 |
| Refrakzion . . . . . . . . . . . . . | + 1′ 15″,7 |
| Verbesserte Zenithdistanz . . . . . | 53° 41′ 10″,7 |
| Halbe Summe der beiden verb. Zenithdist. | 51° 53′ 15″,4 |
| Komplement, oder Polhöhe . . . . . . . . | 38° 6′ 44″,6 |

Diese Beobachtungen muſs man mehrere Male, und zu verschiedenen Zeiten des Jahrs wiederholen; auf solche Weise habe ich die Polhöhe der Sternwarte zu 38° 6′ 44″,0 bestimmt.

## VIII. Aufgabe.

*Aus dem im Meridiane beobachteten Abstande des Mittelpunkts der Sonne vom Zenith, ihre Deklinazion und Rektaszension zu finden.*

§. 112. 1) Da man den Zenithabstand des Mittelpunkts der Sonne nicht beobachten kann, so beobachte man die Abstände beider Ränder, deren halbe Summe der Zenithabstand des Mittelpunkts sein wird. 2) Der so gefundene Abstand ist noch durch die Refrakzion, und der wahre Ort der Sonne in der Ekliptik durch die Parallaxe und Nutazion affizirt; man muſs also den Abstand wegen der Refrakzion und Parallaxe verbessern, die Nutazion aber läſst man bis ans Ende der Rechnung zurück. 3) Man nehme den Unterschied des durch Refrakzion und Parallaxe verbesserten Abstandes mit der Polhöhe, so erhält man die *wahre* Deklinazion der Sonne. Ist die Polhöhe gröſser als der Abstand, so ist die Deklinazion nördlich, ist sie kleiner, südlich. 4) Um die Rektaszension zu finden, sey im Dreiecke *EDC* (Fig. 33.) *E* der Widderpunkt, *ED* ein Stück der Ekliptik, *EC* ein Stück des Aequators, so ist *DC* die Deklinazion, *EC* die Rektaszension. Da dies Dreieck bei *C* rechtwinklig ist und die Schiefe der Ekliptik, oder der Winkel *E* und die Seite *DC*, oder die beobachtete Deklinazion bekannt sind, so hat man Sin *EC* = Tang *DC* Cotg *CED*.

Wenn sich die Sonne im zweiten Quadranten befindet, nehme man vom gefundenen Bogen das Supplement zu 180°; befindet sie sich im dritten, so addire man 180°, und ist sie im vierten, so nehme man das Komplement zu 360°. In allen diesen Fällen erhält man den Abstand vom Widderpunkte, auf dem Aequator von Westen gegen Osten gezählt, oder die gesuchte Rektaszension.

*Beispiel.* Am 19. Oktober 1805 ist die Zenithdistanz des Mittelpunkts der Sonne, oder das Mittel zwischen den Abständen beider Ränder beobachtet . . . . . . . . . . . . . 48° 0′ 38″,5

| | |
|---|---|
| Barom. 29,83; Therm. 72,2; Refrakz. ... | + 1′ 0″,7 |
| Parallaxe . . . . . . . . . . . . | − 6″,2 |
| Verbesserter Abstand . . . . . | 48° 1′ 33″,0 |
| Polhöhe . . . . . . . . | 38° 6′ 44″,0 |
| Wahre Deklinazion der Sonne ... | 9° 54′ 49″,0 |
| log Tang 9° 54′ 49″,0 . . . . . . . . . . . | 9,24247 |
| log Cotg 23° 27′ 57″,5 (scheinb. Schiefe) . . | 0,36241 |
| log Sin AR☉ vom wahren Aequ. . . . . . . . | 9,60488 |

AR☉ = 23° 44′ 28″ + 180° = 203° 44′ 28″

§. 113. Will man die Deklinazion haben, wie sie aus den Tafeln folgt, so muſs man sie auf das mittlere Aequinokzium beziehen, oder den Fall betrachten, wenn der Widderpunkt keine Aenderung durch die Nutazion erlitte. In Beziehung auf die Aberrazion bedarf es aber keiner Verbesserung, weil dieselbe gleichen Einfluſs auf alle Längen, und also auch auf alle aus ihnen hergeleiteten Deklinazionen hat, und die Tafeln diesen Einfluſs schon enthalten.

## IX. Aufgabe.

*Aus dem Zenithabstande der Sonne im Meridian, im Solstizium beobachtet, die Schiefe der Ekliptik zu finden.*

§. 114. Im Augenblicke des Solstiziums hat der Bogen des Meridians zwischen der Sonne und dem Aequator seinen Pol in dem Durchschnittspunkte des Widders, und mifst also die Neigung der Ekliptik gegen den Aequator. Wenn man daher von der beobachteten, und gehörig, wie in der vorigen Aufgabe, verbesserten Zenithdistanz der Sonne im Momente des Solstiziums, die Polhöhe, oder jene von dieser abzieht, jenachdem nämlich die Sonne sich im Winter- oder Sommersolstizium befindet, so wird der Rest die Schiefe der Ekliptik geben.

*Beispiel.* Den 22. Junius 1806, als die Sonne sehr nahe im Solstizium war, fand ich ihre Zenithdistanz im Meridiane . . . . . . . 14° 38′ 42″,0

| | |
|---|---|
| Barom. 29,9; Therm. 75,8; Refrakz. . . . | + 14″,2 |
| Parallaxe . . . . . . . . . . . . | — 2″,1 |
| Verbesserter Abstand . . . . | 14° 38′ 54″,1 |
| Polhöhe . . . . . . . . . . | 38° 6′ 44″,0 |
| Scheinbare Schiefe . . . . . . . . . . | 23° 27′ 49″,9 |
| Nutazion . . . . . . . . . . | + 0″,4 |
| Mittlere Schiefe . . . . . . . | 23° 27′ 50″,3 |

§. 115. Die Schiefe, in welcher noch der Einflufs der Nutazion steckt, nennt man *scheinbare*, die verbesserte, *mittlere*.

Wenn man ganz genau rechnen will, so pflegt man bei der scheinbaren Schiefe noch zwei andere Verbesserungen anzubringen, von denen die eine von der Sonnennutazion, die andere von der Breite der Sonne abhangt. Hier sind sie weggelassen, weil sich noch keine Gelegenheit gefunden hat, von den Ursachen dieser sehr kleinen Ungleichheiten zu reden, welche in ihrem Maximum zusammen nicht 1″,4 betragen. Sie werden in der Folge aus einander gesetzt werden.

Es trifft sich nicht leicht, daſs man die Sonne im Meridian grade im Momente des Solstiziums beobachten könne; deſshalb macht man mehrere Beobachtungen vorher und nachher, indem man bei den einzelnen Resultaten eine, sogleich auseinander zu setzende Redukzion auf das Solstizium anbringt.

## X. Aufgabe.

*Aus der nahe beim Solstizium beobachteten Deklinazion der Sonne, die Schiefe der Ekliptik zu finden.*

§. 116. Im rechtwinkligen Dreiecke *ESL* (Fig. 33.) sey *SL* die beobachtete Deklinazion: wäre nun noch die Länge *ES* der Sonne bekannt, so würde man aus der Formel $\text{Sin } E = \frac{\text{Sin } SL}{\text{Sin } ES}$ sogleich den Winkel *E* oder die Schiefe erhalten. Die Berechnung der Länge der Sonne ist nun zwar noch nicht auseinandergesetzt, doch kann man diese Länge bequem aus den astronomischen Ephemeriden nehmen, in welchen sie für jeden Tag des Jahrs, für den wahren Mittag berechnet, enthalten ist. Ausser derselben bemerke man aber auch ihre tägliche Aenderung, mit welcher man sie auf den Meridian des Beobachtungsortes reduzirt, indem man setzt: wie sich 24st zur täglichen Veränderung verhalten, so verhält sich der Unterschied der Meridiane zum vierten Satze, den man zu den aus den Ephemeriden gefundenen Längen addiren, oder von ihnen subtrahiren muſs, jenachdem der Meridian der

Ephemeriden östlich oder westlich vom Meridian des Beobachters liegt. Mit der so reduzirten Länge berechne man den Winkel $E$, und es wird die erhaltene Schiefe sehr nahe dieselbe seyn, die im Momente des Solstiziums beobachtet wäre, wenn nur die Beobachtung nicht mehr als höchstens 15 bis 16 Tage vom Solstizium entfernt ist. Denn wenn die Fehler in den Ephemeriden auch 4″ bis 5″ betragen sollten, so werden sie doch nur einen Einfluſs von höchstens einigen Zehnteln der Sekunde auf die Schiefe haben.

Wenn auf solche Weise die Beobachtungen mehrerer Tage vor und nach dem Solstizium berechnet werden, so giebt das Mittel aus denselben mit um so gröſserer Genauigkeit die scheinbare Schiefe für den Augenblick des Solstiziums, an welche man die oben erwähnten Korrekzionen anbringen muſs, um sie auf die mittlere zu reduziren. Durch eine ähnliche Methode habe ich die mittlere Schiefe für den Anfang des Jahrs 1800 zu 23° 27′ 56″,0 bestimmt.

§. 117. Wenn wir die Rechnung für jeden Tag vermeiden wollen, so können wir eine Tafel berechnen, aus welcher, wenn die Länge der Sonne gegeben ist, sich durch eine einfache Proporzion die Redukzion auf das Solstizium finden läſst. Man nenne $d$ die beobachtete Deklinazion, $\omega$ die Schiefe, $v$ den Längenabstand der Sonne vom Solstizium, welcher entweder = long ⊙ — 90° oder = long ⊙ — 270° ist, jenachdem man das Sommer- oder Wintersolstizium beobachtet; ferner sey $x$ die Redukzion aufs Solstizium, so ist $\text{Cos}\, v \,.\, \text{Sin}\, \omega = \text{Sin}\, d = \text{Sin}\, (\omega - x) = \text{Sin}\, \omega \,.\, \text{Cos}\, x - \text{Sin}\, x \,.\, \text{Cos}\, \omega$, oder wenn man $1 - 2\, \text{Sin}\, \frac{1}{2} v^2$ statt $\text{Cos}\, v$, und $1 - 2\, \text{Sin}\, \frac{1}{2} x^2$ statt $\text{Cos}\, x$ setzt, $2\, \text{Sin}\, \frac{1}{2} v^2 \,.\, \text{Sin}\, \omega = 2\, \text{Sin}\, \frac{1}{2} x^2 \,.\, \text{Sin}\, \omega - \text{Sin}\, x \,.\, \text{Cos}\, \omega$, und indem man durch Cos $\omega$ dividirt, Sin $x = 2$ Tang $\omega$. Sin $\frac{1}{2} v^2 - 2$ Tang $\omega$. Sin $\frac{1}{2} x^2$ ...... $A$.

Weil nun aber 2 Tang $\omega$. Sin $\frac{1}{2} x^2$ eine sehr kleine Gröſse gegen den andern Satz ist, so hat man sehr nahe Sin $x = 2$ Tang $\omega$. Sin $\frac{1}{2} v^2$: es ist aber Sin $x$ für 15 oder 16 Tage vor oder nach dem Solstizium immer kleiner als 30′, folglich kann man ohne merklichen Irrthum Sin $\frac{1}{2} x =$ Tang $\omega$. Sin $\frac{1}{2} v^2$ setzen, und erhält also aus der Gleichung $A$.

$$\text{Sin}\, x = 2\, \text{Tang}\, \omega . \text{Sin} \tfrac{1}{2} v^2 - 2\, \text{Tang}\, \omega^3 . \text{Sin} \tfrac{1}{2} v^4.$$

§. 118. *Beispiel.* Es sey $\omega = 23° 27' 50''$, der beiläufige Werth der Schiefe für den Anfang des Jahrs 1810; dann ist Sin $x = 0{,}86813$. Sin $\frac{1}{2} v^2 -$ 0,16356. Sin $\frac{1}{2} v^4$. Man verlangt nun die Reduk-zion für eine beobachtete Deklinazion in dem Abstande von 10° 24′ 50″ vom Solstizium.

1. Satz { log 0,86813 ...... 9,93858
{ log Sin $\frac{1}{2} v^2$ ..... 7,91572

7,85430 = log $B$

2. Satz { log 0,16356 ...... 9,21369
{ log Sin $\frac{1}{2} v^4$ ..... 5,83145

5,04514 = log $C$

daraus log $(B - C) = 7{,}85364 =$ log Sin $x$, also $x = 24' 32'',5$, die gesuchte Redukzion.

Wenn man die vorige Rechnung für alle Werthe von $v = 0°$ bis $v = 18°$ ausführt, so kann man eine Tafel entwerfen, in welcher sogleich aus dem Längenabstand der Sonne vom Solstizium die Redukzion der zugehörigen Beobachtungen gefunden werden kann. Eine solche Tafel kann innerhalb des Zeitraums von 10 Jahren kaum einem Irrthume von einigen Hunderttheilen der Sekunde unterworfen seyn, indem die Aenderung der Schiefe der Ekliptik in einem solchen Zeitraume fast gar nicht einwirkt.

Bis zu $v = 8^\circ$ kann man die Rechnung dadurch etwas vereinfachen, daſs man zu den Logarithmen von *B* und von *C* den Logarithmen des Bogens, der dem Halbmesser gleich ist, in Sekunden ausgedrückt, oder 5,31443 addirt, und die den Summen entsprechenden Zahlen sucht, deren Differenz die Redukzion, in Sekunden ausgedrückt, sein wird.

### XI. Aufgabe.

*Es sind zwei Zenithdistanzen der Sonne im Meridiane beobachtet, die eine vor ihrem Durchgange durch den Aequator, die andre nach demselben; man sucht die wahre und die mittlere Zeit des Aequinokziums.*

§. 119. 1) Aus den Distanzen berechne man die wahren Deklinazionen (VII. Aufg.) von denen eine nördlich, die andere südlich sein wird; *SL*, *NM* (Fig. 33.) mögen dieselben vorstellen.

2) Mit *SL* berechne man den Bogen *LE*, mit *MN* den andern *ME*, indem man bei der Rechnung die scheinbare Schiefe anwendet. Ihre Summe wird die Bewegung der Sonne in Rektaszension von der ersten zur zweiten Beobachtung sein.

3) Man setze: wie sich $ME + EL$ oder *ML* zur wahren Sonnenzeit zwischen beiden Beobachtungen verhält, so verhält sich *EM* zu der Zeit, welche man zum Momente der Beobachtung in *M* addiren muſs, um die Zeit zu erhalten, in welcher die Sonne im Aequator war, d. h. die wahre Zeit des scheinbaren Aequinokziums. Man nehme dieselbe Proporzion für *LE*, und ziehe den vierten Satz von dem Zeitpunkte der Beobachtung in *L* ab; der Rest wird ebenfalls die wahre Zeit des Aequinokziums sein. Das Mittel zwischen beiden Werthen giebt mit grösserer Genauigkeit die *wahre*

Zeit, welche man sucht, und wenn man bei derselben die gehörige Zeitgleichung anbringt, so erhält man die *mittlere* Zeit.

Man hat geglaubt, dafs es hinlänglich wäre, die Summe der beiden Deklinazionen *SL, MN* als ersten Satz der Proporzion zu nehmen, und dafs also die Berechnung der Bögen *ME, LE* unnöthig wäre. Dies kann aber nur richtig sein, wenn $SL = MN$, da die Zunahme der Deklinazion nicht der Zeit proporzional ist.

§. 120. Das so bestimmte Aequinokzium wird um so genauer sein, als die Beobachtungen demselben näher sind, weil gegen die Aequinokzien die tägliche Aenderung der Deklinazionen am gröfsten ist, und ein Fehler von einer Sekunde bei denselben, nur einen von einer Minute bei der Zeit des Aequinokziums hervorbringen kann. Man darf sich aber nie ganz auf zwei einzelne Beobachtungen, die eine vor, die andere nach dem Aequinokzium, verlassen, sondern mufs mehrere derselben machen, und alle auf die beiden nächsten am Aequinokzium reduziren.

§. 121. Der Zeitpunkt des Aequinokziums kann auch noch gefunden werden, indem die den beiden Deklinazionen *SL, MN* entsprechenden Rektaszensionen auf eine andere Weise berechnet werden; und zwar geschieht dies, indem man aus den Ephemeriden die Bewegung der Sonne in Rektaszension von der ersten zur zweiten Beobachtung nimmt. In den beiden rechtwinklichen Dreiecken *ESL, EMN*, mache man $SL = D$, $MN = D'$, $EL = A$, $EM = A'$, $DEC = \omega$ so hat man $\text{Tang } D = \text{Tang } \omega \,.\, \text{Sin } A$, und $\text{Tang } D' = \text{Tang } \omega \,.\, \text{Sin } A'$, also $\text{Tang } D : \text{Tang } D' = \text{Sin } A : \text{Sin } A'$ und $\text{Tang } D + \text{Tang } D' : \text{Tang } D - \text{Tang } D' = \text{Sin } A + \text{Sin } A' : \text{Sin } A - \text{Sin } A'$; es ist aber

$$\frac{\text{Tang } D + \text{Tang } D'}{\text{Tang } D - \text{Tang } D'} = \frac{\text{Sin }(D + D')}{\text{Sin }(D - D')}$$ und

$$\frac{\text{Sin } A + \text{Sin } A'}{\text{Sin } A - \text{Sin } A'} = \frac{\text{Tang } \frac{1}{2}(A + A')}{\text{Tang } \frac{1}{2}(A - A')}$$; indem man diese Ausdrücke substituirt, hat man $\text{Sin }(D + D') : \text{Sin }(D - D') = \text{Tang } \frac{1}{2}(A + A') : \text{Tang } \frac{1}{2}(A - A')$, also

$$\text{Tang } \frac{1}{2}(A - A') = \frac{\text{Sin }(D - D')}{\text{Sin }(D + D')} . \text{Tang } \frac{1}{2}(A + A'),$$

und weil man aus den Ephemeriden $A + A'$ oder die Bewegung der Sonne in Rektaszension von der ersten zur zweiten Beobachtung als bekannt voraussetzt, so erhält man aus der halben Summe $\frac{1}{2}(A + A')$ und aus der halben Differenz $\frac{1}{2}(A - A')$ die Rektaszensionen und führt nun die Rechnung wie vorhin aus.

*Beispiel.* Am 19. und 20. März 1792 wurden die Zenithabstände der Sonne im Meridiane beobachtet, und daraus die Deklinazionen 10′ 7″,3 nördl. und 13′ 34″,0 südl. hergeleitet; die Bewegung der Sonne in Rektaszension vom wahren Mittage des 19. bis zu dem des 20. beträgt aber 54′ 34″,5 nach dem Nautical Almanac. Nun ist

$\log\text{Tang } \frac{1}{2}(A + A') = \log\text{Tang } 27' 17'',25 \ldots\ldots 7,89970$
$\log \text{Sin } \frac{1}{2}(D - D') = \log \text{Sin } 3' 26'',7 \ldots\ldots 7,00091$
$\text{C.}\log\text{Sin } \frac{1}{2}(D + D') = \text{C.}\log\text{Sin } 23' 41'',3 \ldots\ldots 2,16174$

$\log \text{Tang } \frac{1}{2}(A - A') \ldots\ldots 7,06235$
also $\frac{1}{2}(A - A') = 3' 58'',11$
es ist aber $\frac{1}{2}(A + A') = 27' 17'',25$

daher $A$ . . . . . . $31' 15'',36$
$A'$ . . . . . . $23' 19'',14$

$\text{C.}\log(A + A') = \text{C.}\log 54' 34'',5 \ldots 6,48486$
$\log 24^{st} = \log 86400'' \ldots\ldots 4,93651$
$\log A = \log 31' 15'',36 \ldots\ldots 3,27307$
$\log A' = \log 23' 19'',14 \ldots\ldots 3,14585$

$$\log \frac{24^{st} . A}{A + A'} \ldots\ldots 4,69444$$

$$\log \frac{24^{st} . A}{A + A'} \ldots 4{,}56722$$

also $\frac{24^{st} . A}{A + A'} = 49481'',3 = 13^{st}\, 44'\, 41'',3$ und

$$\frac{24^{st} . A'}{A + A'} = 36916''4 = 10^{st}\, 15'\, 16'',4$$

In der obigen Formel wurde vorausgesetzt, daſs die Deklinazion, und also auch die Rektaszension vor dem Aequinokzium grösser als diejenige nach demselben sei; in dem Beispiele ist dies aber nicht der Fall. Es muſs also in demselben $A'$ als die Rektaszension vor, und $A$ als die nach dem Aequinokzium betrachtet werden, wodurch man für das Aequinokzium die beiden Werthe

1792. März 19. $10^u\, 15'\, 18'',7$
und — — — $10^u\, 15'\, 16'',4$

erhält, sodaſs die wahre Zeit des Aequinokziums

1792. März 19. $10^u\, 15'\, 17'',5$
ist. Hiezu die Zeitgleichung..... $+7'\, 36'',0$
hat man mittl. Zeit d. Aequ... $10^u\, 22'\, 53'',5$

## XII. Aufgabe.

*Wenn in gleichen Abständen von beiden Aequinokzien, die Zenithdistanzen der Sonne im Meridian, und zugleich die Unterschiede der Durchgänge der Sonne und irgend eines Sterns durch den Meridian beobachtet sind, die Rektaszension des Sterns für die Zeit des Solstiziums, welches zwischen beiden Beobachtungen liegt, zu finden.*

§. 122. 1) Mit der ersten Zenithdistanz der Sonne berechne man die Rektaszension wie in der VIII. Aufgabe.

2) Nachdem der Unterschied zwischen den Durchgängen der Sonne und des Sterns, wegen

Aberrazion und Nutazion verbessert, und in Graden ausgedrückt worden, addire man ihn zu der Rektaszension der Sonne, oder ziehe ihn von derselben ab, jenachdem ihr der Stern folgt, oder vorhergeht, und man erhält die Rektaszension des Sterns, welche dem Zeitpunkte der ersten Beobachtung entspricht.

3) Man berechne ebenso aus der zweiten Distanz und aus dem zweiten Unterschiede zwischen den Durchgängen, die Rektaszension der Sonne und des Sterns.

4) Aus beiden Rektaszensionen des Sterns nehme man das Mittel, welches die mittlere Rektaszension des Sterns für die Zeit zwischen beiden Beobachtungen, oder für das in der Mitte liegende Solstizium sein wird.

§. 123. *Beispiel.* Am 28. März und am 16. Sept. 1805 wurden nachstehende Zenithdistanzen der Sonne, und Durchgänge derselben und des Athair oder α des Adler durch den Meridian beobachtet.

Zenithd. des Mittelp. d. ⊙ am 28. März ... 35° 11′ 0″,0
— — — — — — 16. Sept.... 35° 21′ 18″,0

Hieraus erhält man

Rektaszension der ⊙ am 28. März . . . 6° 41′ 47″,1
— — — — 16. Sept. . . . 173° 39′ 8″,7

Ferner wurden beobachtet

| | 28. März | 16. Sept. |
|---|---|---|
| Durchg. d. Atair.... | 19ᵘ 41′ 50″,50 .... | 19ᵘ 40′ 49″,08 |
| — der Sonne... | 0ᵘ 27′ 32″,72 .... | 11ᵘ 34′ 6″,00 |
| Beob. Unterschied... | 4ˢᵗ 45′ 42″,22 .... | 8ˢᵗ 6′ 43″,08 |
| Variazion der Uhr... | — 0″,15 .... | — 0″,14 |
| Abweichung des Instr... | — 0″,00 .... | + 0″,02 |
| Aberrazion für Athair.. | — 0″,37 .... | — 0″,69 |
| Nutazion — — ... | + 0″,89 .... | — 0″,93 |
| Mittl. Untersch. zwisch. ⊙ und * .... | 4ˢᵗ 45′ 42″,59 .... | 8ˢᵗ 6′ 41″,34 |

| | | | |
|---|---|---|---|
| In Grade verwandelt | 71° 25′ 38″,8 | . . . | 121° 40′ 20″,1 |
| AR der Sonne . . . | 6° 44′ 47″,1 | . . . | 173° 39′ 8″,7 |
| Mittl. AR des Athair | 295° 19′ 8″,3 | . . . . | 295° 19′ 28″,8 |
| Mittl. AR d. Ath. für den 21. Jun. 1805 | | . . | 295° 19′ 18″,6 |

§. 124. Diese Methode ist die genaueste und sicherste für die Bestimmung der Rektaszension der Sterne, aber es sind zwei Beobachtungen nicht hinlänglich; man muſs wenigstens zehn in der Nähe eines jeden Aequinokziums haben. Je näher sie diesen Punkten liegen, desto besser sind sie, weil in der Nähe derselben die Aenderung in der Deklinazion sehr stark ist, und also die Beobachtungsfehler wenigen Einfluſs auf die Zenithdistanzen der Sonne haben.

## XIII. Aufgabe.

*Aus der beobachteten Zenithdistanz eines Sterns im Meridian, und dem Unterschiede zwischen seinem Durchgange durch den Meridian und dem eines andern Sterns, dessen Rektaszension bekannt ist, die mittlere Rektaszension und Deklinazion des ersten Sterns zu finden.*

§. 125. 1) Nachdem der beobachtete Zenithabstand wegen der Refrakzion verbessert worden, ziehe man, wenn der Stern nach Süden hin steht, und die Zenithdistanz kleiner ist als die Polhöhe, die Erstere von der Letztern ab; ist die Distanz aber grösser als die Polhöhe, so ziehe man die Letztere von der Erstern ab: wenn der Stern auf der Nordseite durch den Meridian geht, so addire man zu der Polhöhe die Zenithdistanz. In allen drei Fällen erhält man die wahre Deklinazion des Sterns, die im ersten und dritten Falle nördlich, im zweiten südlich ist.

2) Für den Zeitpunkt der Beobachtung berechne man die wahre Rektaszension des Vergleichungssterns, und addire zu derselben den Unterschied der beobachteten Durchgänge, in Graden ausgedrückt, oder subtrahire ihn von derselben, jenachdem der Vergleichungsstern vor dem andern vorhergeht oder ihm folgt; die Summe oder Differenz wird die wahre Rektaszension des beobachteten Sterns sein.

3) Man verbessere sowohl die Rektaszension als die Deklinazion wegen der Aberrazion und der Nutazion, so erhält man die mittlere Rektaszension und Deklinazion für den Zeitpunkt der Beobachtung, welche man mit der jährlichen Präzession auf den Anfang des Jahrs, oder auf irgend eine andere Epoche reduziren kann.

§. 126. *Beispiel.* Am 15. Nov. 1806 wurde die Zenithdistanz von *θ* der Bildhauerwerkstatt und der Durchgang dieses Sterns und der von *α* des Phönix durch den Meridian beobachtet.

| | |
|---|---|
| Beobacht. Zenithabst. v. *α* Bildh. Werkst. | 74° 16′ 16″,5 |
| Bar. 30,0 ... Therm. 59,8 ... Refrakz. .... | + 3′ 19″,5 |
| Verbesserter Abstand ... | 74° 19′ 36″,0 |
| Polhöhe ....... | 38 6 44,0 |
| Wahre südl. Dekl. ... | 36° 12′ 52″,6 |
| Aberrazion ....... | − 5″,5 |
| Nutazion ........ | + 6″,6 |
| Mittl. Dekl. für 15. Nov. 1806 .... | 36° 12′ 53″,1 |
| Jährliche Präzession — 20″,6, also vom 15. Nov. bis zum Anfange des Jahrs ... | + 17″,5 |
| Mittl. Dekl. für den Anf. d. J. 1806 ... | 36° 13′ 10″,6 |

| | |
|---|---|
| Mittl. AR von *α* Phönix für 1805 ... | 0st 16′ 36″,95 |
| Jährliche Präzession in Zeit + 2,978, also bis zum 15. Nov. 1806 ..... | + 5,59 |
| Mittl. AR von *α* Phönix f. d. 15. Nov. 1806 | 0st 16′ 42″,54 |

Beobachteter Durchgang
v. $\theta$ B. Werkst. $0^u$ 1′28″,70 . . . v. $\alpha$ Phön. . . $0^u$ 16′17″,70
Aberrazion . . . — 0,91 . . . . . . . . . . — 1,11
Nutazion . . . — 0,03 . . . . . . . . . . — 0,80

Verb. Durchg. $0^u$ 1′26″,86 . . . . . . $0^u$ 16′15″,70

Differenz zwischen beiden Durchg. . . . . $0^{st}$ 14′48″,84
Variazion der Uhr . . . . . . . . . . 0″,00
Abweichung des Instruments . . . . . . — 0″,01

Mittlere Differenz . . . . . . . . $0^{st}$ 14′48″,83
AR von $\alpha$ Phönix . . . . . . . . . 0 16 42 ,54

Mittl. AR v. $\theta$ Bildh. Werkst. 15. Nov. 1806 $0^{st}$ 1′53″,71
Jährl. Präz. in Zeit + 3″,062 also vom
15. Nov. bis zum Anf. des Jahrs . . . . . . — 2, 68

Mittl. AR von $\theta$ Bildh. Werkst. 1806 . . $0^{st}$ 1′51″,03

## XIV. Aufgabe.

*Wenn die Rektaszension und die Deklinazion eines Sterns sammt der Schiefe der Ekliptik gegeben sind, seine Länge und Breite zu finden.*

§. 127. Es sey *E* (Fig. 37. und 38.) der Widderpunkt, *CE* ein Stück der Ekliptik, *NE* ein Stück des Aequators, und *S* ein Stern; dann ist *SA* seine Deklinazion und *AE* seine Rektaszension. Wenn man nun 1) durch die Punkte *E* und *S* einen Bogen eines gröfsten Kreises legt, so erhält man dadurch das bei *A* rechtwinklige Dreieck *SAE*, in welchem *SA* und *AE* bekannt sind, also der Winkel *SEA* und die Hypotenuse *SE* gefunden werden können. Es ist nämlich
Cotg *SEA* = Cotg *SA* . Sin *AE* = Cotg Dekl. Sin *AR*.
Cos *SE* = Cos *SA* . Cos *AE* = Cos Dekl. Cos *AR*.
2) Indem man durch den Pol der Ekliptik und den Stern *S*, den Bogen eines gröfsten Kreises legt,

wird *EB* die Länge und *BS* die Breite seyn. Weil nun im Dreiecke *SBE* die Seite *SE* und der Winkel *BES* (die Summe oder die Differenz der Schiefe und des Winkels *SEA*) bekannt sind, so findet man die Seiten *BE* und *SB*, oder die Länge und die Breite: es wird nämlich

Tang *BE* = Tang *SE*. Cos (*SEA* ± *NEB*) und
Sin *SB* = Sin *SE*. Sin (*SEA* ± *NEB*) seyn.

§. 128. *Anmerkung.* 1) Wenn die Rektaszension gröſser als 90° ist, so nehme man statt derselben ihr Supplement zu 180°; fällt sie zwischen 180° und 270°, so vermindere man sie um 180°, und wenn sie gröſser als 270° ist, so nehme man ihre Ergänzung zu 360°; mit einem Worte, man muſs immer den Abstand des Sterns vom nächsten Aequinokzium anwenden, dabei aber bemerken, statt der gefundenen Länge, im zweiten Quadranten ihr Supplement zu 180° zu rechnen, im dritten 180° zu addiren, und im vierten die Ergänzung zu 360° zu nehmen. 2) Der Winkel *SEB* ist immer, wenn der Himmelskörper in den nördlichen Zeichen und seine Deklinazion südlich ist, und ebenso wenn das Zeichen südlich, die Deklinazion nördlich ist, der Summe *SEA* + *NEB* gleich; in allen andern Fällen ist jener Winkel immer einerlei mit der Differenz zwischen *SEA* und *NEB*.

3) Die Breite, welche man durch die vierte Gleichung erhält, wird immer dieselbe Benennung haben als die Deklinazion, den Fall ausgenommen, wo *SEA* $\prec$ *NEB*, wo sich also der Himmelskörper zwischen Ekliptik und Aequator befindet, und seine Breite und Deklinazion entgegengesetzte Benennungen haben.

4) Wenn die Summe der beiden Winkel *SEA*, *NEB* gröſser als 90° ist, so zeigt dies an, daſs die senkrechte Linie *SB* auf die andere Seite des näch-

sten Aequinokzialpuukts fällt. Dann wird im ersten Quadranten die Länge der Ergänzung zu 360° von dem Winkel, den man durch die dritte Gleichung erhält, gleich seyn; im zweiten muſs man 180° addiren, im dritten das Supplement zu 180° nehmen, und im vierten den gefundenen Winkel ungeändert beibehalten.

Diese Regeln sind dann überflüſsig, wenn man sich für jeden Fall die Figur entwirft.

### XV. Aufgabe.

*Aus der Länge und Breite eines Sterns und der Schiefe der Ekliptik, seine Rektaszension und Deklinazion zu finden.*

§. 129. Aus den Gleichungen bei der vorigen Aufgabe, erhält man die für die Auflösung der gegenwärtigen erforderlichen, wenn man in derselben statt der Rektaszension die Länge, und statt der Deklinazion die Breite substituirt. Es ist also

1.... Cotg. $SEB$ = Cotg. $SB$ . Sin $BE$ = Cot. Breite. Sin Länge.

2.... Cos $SE$ = Cos $SB$ . Cos $BE$ = Cos Breite . Cos Länge.

3.... Tang $EA$ = Tang $SE$ . Cos ($SEB \pm NEB$).

4.... Sin $SA$ = Sin $SE$ . Sin ($SEB \pm NEB$).

Die Bemerkungen bei der vorigen Aufgabe gelten fast ganz auch hier, und jeden etwa zweifelhaften Fall wird eine, nur roh hingeworfene Figur entscheiden.

### XVI. Aufgabe.

*Aus der Rektaszension und Deklinazion der Sonne ihre Länge, und umgekehrt aus dieser jene zu finden.*

§. 130. Es sei $LE$ (Fig. 35.) ein Stück des Aequators, $SE$ eins der Ekliptik, $E$ die Schiefe und $SL$ die Deklinazion des Punkts $S$ der Ekliptik, welchem die Rektaszension $LE$ entspricht.

1) Im Dreiecke $SEL$ ist der Winkel $E$ = der Schiefe bekannt, und ausserdem $LS$ und $LE$ gegeben; also findet man die Länge $SE$, indem man setzt Sin $E$ : Sin $SL = R$ : Sin $SE$ oder Sin Länge $= \frac{\text{Sin Dekl.}}{\text{Sin Schiefe}}$.

§. 131. 2) Wenn in demselben Dreiecke $SE$ gegeben, so erhält man $SL$ und $LE$ durch die Formeln

$$\text{Sin } SL = \text{Sin } E \,.\, \text{Sin } SE$$
$$\text{Tang } LE = \text{Tang } SE \,.\, \text{Cos } E$$

§. 132. Den Winkel $S$, oder den Winkel der Ekliptik mit dem Deklinazionskreise, welcher häufig gebraucht wird, findet man durch die Formel

$$\text{Cotg } S = \text{Tang } E \,.\, \text{Cos } SE.$$

§. 133. Halley, Lahire und Lacaille haben die Werthe der drei vorhergehenden Formeln in Tafeln gebracht, mit deren Hülfe man die Längen der Sonne auf den Aequator reduziren kann, und welche also die Rechnung sehr abkürzen. Man pflegt gewöhnlich diesen Tafeln andere beizufügen, deren man sich bedient, um die Länge und Breite eines Planeten, der nicht in der Ekliptik ist, in Rektaszension und Deklinazion zu verwandeln.

## XVII. Aufgabe.

*Aus dem Abstande eines Himmelskörpers vom Meridian, oder dem Stundenwinkel, aus der Deklinazion und aus der Polhöhe, das Azimuth des Körpers und seine Zenithdistanz zu finden.*

§. 134. Es sei $HO$ (Fig. 11.) der Horizont, $HZP$ der Meridian, $EQ$ der Aequator, $Z$ das Zenith, $P$ der Pol, und $S$ der Himmelskörper. Im

Dreiecke $ZPS$ ist $SP$ das Komplement der gegebenen Deklinazion $SA$, $ZP$ das Komplement der Polhöhe $PO$, und $SPZ$ der ebenfalls gegebene Stundenwinkel; man sucht das Azimuth $VO$, das Maſs des Winkels $SZP$, und die Zenithdistanz $ZS$ des Himmelskörpers. Man hat also

$$\text{Tang}\,\tfrac{1}{2}(SZP - ZSP) = \frac{\text{Sin}\,\frac{1}{2}(PS - PZ)}{\text{Sin}\,\frac{1}{2}(PS + ZP)} \cdot \text{Cotg}\,\tfrac{1}{2}ZPS$$

$$\text{Tang}\,\tfrac{1}{2}(SZP + ZSP) = \frac{\text{Cos}\,\frac{1}{2}(PS - PZ)}{\text{Cos}\,\frac{1}{2}(PS + PZ)} \cdot \text{Cotg}\,\tfrac{1}{2}ZPS$$

§. 135. Aus diesen beiden Formeln erhält man die Winkel $Z$ und $S$, oder das Azimuth und den Winkel am Himmelskörper, den Einige den *Variazionswinkel*, Andere den parallaktischen Winkel nennen. Aus diesem Winkel und dem Azimuth $P$ hat man durch eine einfache Proporzion die Seite $ZS$, indem

$$\text{Sin}\,S : \text{Sin}\,ZP = \text{Sin}\,P : \text{Sin}\,ZS.$$

§. 136. Wenn die Seite $PS$ grösser ist als $ZP$, wie es oft der Fall ist, so giebt die Summe der Winkel des Azimuth, die Differenz den Variazionswinkel; wenn aber $ZP$ die grössere Seite ist, so entspricht die Differenz dem Azimuth, die Summe dem Variazionswinkel.

§. 137. *Beispiel.* Man verlangt für den 21. März 1793 um $4^h\ 55'$ Sternzeit das Azimuth und die Zenithdistanz des Prokyon.

| | |
|---|---|
| AR des Prokyon 21. März 1793 . . . . . | $112^\circ\ 7'\ 3''$ |
| Sternzeit in Bogen verwandelt . . . . . . | $73^\circ\ 45'\ 0''$ |
| Stundenwinkel des Prokyon . . . . . | $38^\circ\ 22'\ 3''$ |
| Hälfte . . . . . . | $19^\circ\ 11'\ 1'',5$ |
| Deklinazion des Sterns . . . . . . . . . . | $+\ 5^\circ\ 44'\ 11''$ |
| Komplement derselben . . . . . . . . . . | $84^\circ\ 15'\ 49''$ |
| Komplem. der Polhöhe von Palermo . . . | $51^\circ\ 53'\ 16''$ |
| Summe . . . . . | $136^\circ\ 9'\ 5''$ |
| Differenz . . . . | $32^\circ\ 22'\ 33$ |

Hälfte der Summe . . . 68° 4′ 32″,5
Hälfte der Diff. . . . . . 16° 11′ 16″,5

| | |
|---|---|
| log Cotg 19° 11′ 1″,5 . . 0,45852 | log Cotg. . . . . . . 0,45852 |
| log Sin 16° 11′ 16″,5 . . 9,44527 | log Cos . . . . . . . 9,98243 |
| C. log Sin 68° 4′ 32″,5 . . 0,03260 | C. log Cos . . . . 0,42785 |
| log Tg 40° 49′ 8″ . . . . 9,93639 | l. Tg 82° 17′ 47 . 0,86880 |

Halbe Differenz der Winkel . . . 40° 49′ 8″
Halbe Summe . . . . . . . . . 82° 17′ 47″

Summe oder Azimuth . . . 123° 6′ 55″
Differenz oder Winkel *S* . . . . 41° 28′ 39″

Um aus dem Winkel *S* die Seite *SP* zu finden, nehme man

Compl. log Sin 41° 28′ 39″ . . . . 0,17893
log Sin 51° 53′ 16″ . . . . . 9,89587
log Sin 38° 22′ 3″ . . . . 9,79289

log Sin 47° 30′ 30″ . . . . 9,86769

## XVIII. Aufgabe.

*Aus der Polhöhe, aus dem Azimuthe und der Deklinazion eines Himmelskörpers, seine Zenithdistanz zu finden.*

§. 138. Im Dreiecke *ZPS* (Fig. 11.) sind die Seiten *ZP* und *SZ*, sowie der Winkel *SZP* bekannt; man sucht die Seite *ZS* oder die Zenithdistanz. Es ist aber $\text{Sin}\, ZSP = \frac{\text{Sin}\, ZP \,.\, \text{Sin}\, SZP}{\text{Sin}\, SP}$, und alsdann

$$\text{Tang}\, \tfrac{1}{2} ZS = \frac{\text{Cos}\, \frac{1}{2}(SZP + ZSP)}{\text{Cos}\, \frac{1}{2}(SZP - ZSP)} \,.\, \text{Tg}\, \tfrac{1}{2}(SP + ZP).$$

§. 139. *Beispiel.* Am 21. März 1793 wurde zu Palermo ein Azimuth des Prokyon zu 142° 51′ 39″ beobachtet; die Polhöhe ist 38° 6′ 44″, die Deklinazion + 5° 44′ 11″; man sucht die Höhe des Sterns über dem Horizonte.

Sin 51° 53′ 16″ . . . . . 9,89587
Sin 142° 51′ 39″ . . . . . . 9,78086
C. Sin 84° 15′ 49″ . . . . . . . 0,00218

Sin ZSP . . . 9,67891

ZSP . . . 28° 31′ 3″
½ ZSP . . . 14° 15′ 31″,5
½ SZP . . . 71° 25′ 49″,5

Summe . . . 85° 41′ 21″,0
Differenz . . . 57° 10′ 18″,0

SP + ZP . . . . . . 136° 9′ 5″
½ (SP + ZP) . . . . 68° 4′ 32″,5

Cos 85° 41′ 21″ . . . . . . . . 8,87603
Tang 68° 4′ 32″,5 . . . . . . 0,39524
C. Cos 57° 10′ 18″ . . . . . . . . 0,26590

log Tang ½ ZS . . . 9,53717

½ ZS . . . 19° 0′ 28″,5
Zenithdistanz . . . 38° 0′ 57″
Höhe . . . . . . . 51° 59′ 3″

## XIX. Aufgabe.

*Die Rektaszension und Deklinazion, oder die Länge und Breite eines Himmelskörpers sind zugleich mit der Schiefe der Ekliptik gegeben; man soll den Winkel finden, welchen am Himmelskörper der Breitenkreis und der Deklinazionskreis bilden.*

§. 140. Es sei *P* (Fig. 36.) der Pol des Aequators *LQ*, und *E* der Pol der Ekliptik *TL*; *PM* ein Deklinazionskreis, *EN* ein Breitenkreis, welche sich im Mittelpunkte des Himmelskörpers *S* treffen, und dorten den *Posizionswinkel* *PSE* bilden. Durch *P* und *E* und den Widderpunkt *L*, lege man die beiden gröſsten Kreise *PL*, *EL*, so werden die Winkel *LPE*, *LEP*, rechte Winkel sein; daher ist im Dreiecke *SPE*, der Winkel $P = 90° + AR.$ und $E = 90° -$ Länge, *SE* das Komplement der Breite, *PS* das Komplement der Deklinazion, und *PE* die Schiefe. Man hat also

$$\text{Sin Posiz. Winkel} = \frac{\text{Cos AR . Sin Schiefe}}{\text{Cos Breite}}$$

$$= \frac{\text{Cos Länge . Sin Schiefe}}{\text{Cos Dekl.}}$$

# Drittes Buch.

## Von den Sternen.

§. 1. Nachdem wir im ersten Buche eine allgemeine Vorstellung vom Himmel gegeben, und im zweiten Alles auseinander gesetzt haben, was sowohl in Beziehung auf Beobachtung und Rechnung, als auch auf die oft vorkommenden Operazionen und Aufgaben, zu wissen nöthig ist, sind wir jetzt im Stande, nach nnd nach die Untersuchung aller Himmelskörper vorzunehmen, indem wir Alles bei ihnen erklären und beweisen, was bis jetzt entdeckt und begründet ist. Wir werden deſshalb mit den Sternen den Anfang machen, weil sie die festen Punkte sind, auf welche wir unsere Beobachtungen beziehen, und nach deren Lage wir einzig über die Bewegung der übrigen Himmelskörper urtheilen können. Was wir aber in Betreff ihrer untersuchen können und müssen ist 1) die Präzession; 2) die Wirkung der Aberrazion und der Nutazion, in Beziehung auf die verschiedenen Kreise der Himmelskugel; 3) ihre Oerter in verschiedenen Epochen; 4) ihre Parallaxe; 5) die Gröſse und Richtung der eigenen Bewegung bei einigen derselben; 6) das Licht, die Gröſse, das äussere Ansehen, und andere Erscheinungen und Muthmassungen von geringerer Erheblichkeit. Alles dies wird den Inhalt des gegenwärtigen Buchs ausmachen.

## *Erster Abschnitt.*

### *Ursachen der scheinbaren Bewegung der Sterne.*

§. 2. Obgleich es sehr wahrscheinlich zu sein scheint, daſs alle Sterne sich ebenso wie die übrigen Himmelskörper bewegen, so ist doch die Entfernung, welche sie von unserer Erde trennt, so groſs, daſs im Allgemeinen diese ihre Bewegungen uns nicht merklich werden können. Die Sterne an sich können und müssen also als ebensoviele feste, im unendlichen Himmelsraume zerstreut liegende Punkte betrachtet werden; und dies beweisen auch die Beobachtungen aller Zeiten. Anders aber ist der Fall, wenn ihre Oerter auf die verschiedenen Kreise und Punkte der Sphäre bezogen werden: denn diese können ihre Lage verändern, und alsdann müssen auch die Sterne ihre Beziehung zu ihnen ändern, und uns scheinbare Bewegungen zeigen. Nun zeigt aber die Betrachtung der allgemeinen Gravitazion, daſs durch sie die verschiedenen Körper unseres Systems, Einer auf den Andern wirken. Die Ebenen der Ekliptik und des Aequators und ihr gemeinschaftlicher Durchschnittspunkt leiden fortwährend sehr kleine Aenderungen in ihrer Lage, welche, indem sie sich nach und nach anhäufen, die Längen, die Rektaszensionen, die Deklinazionen und die Breiten so verändern, als wenn wirklich die Sterne ihre Oerter im Himmelsraume verandert hätten.

§. 3. Es ist nicht möglich hier in die Berechnung der Kräfte einzugehn, mit welchen die Planeten sich unter einander und die Sonne anziehen, und von dieser wieder angezogen werden; doch wird ganz füglich hier eine Idee gegeben werden können von der Art wie dies geschieht, und von den hauptsächlichsten Wirkungen welche dadurch bei den Kreisen der Sphäre hervorgebracht werden. Wenn die Erde vollkommen rund wäre, so würde die Wirkung der Sonne dieselbe sein für alle Theile ihrer Oberfläche, und nichts anders hervorbringen, als dafs die Erde ungeftört in ihrer Bahn gehalten würde. Wenn sie aber, wie wirklich der Fall, unter dem Aequator höher ist, als unter den Polen, so wird die Aequatorialzone, weil sie näher bei der Sonne ist, stärker von derselben angezogen, und defshalb der Ebene der Ekliptik, in welcher sich die Sonne befindet, genähert. Weil aber diese Zone fest mit den übrigen Theilen der Erde verbunden ist, so kann sie dem Zuge der Sonne nicht anders nachgeben, als indem die übrigen Theile sämmtlich mit bewegt werden, und also die ganze Erde aus ihrer anfänglichen Lage gerückt wird.

§. 4. Um genau die Art dieser Verrückung kennen zu lernen, zerlege man die Kraft der Sonne in zwei andere, von denen die eine in der Ebene des Aequators, die andere senkrecht zu demselben ist; und zwar geschehe dies sowohl in Beziehung auf die Hälfte des Aequators, welche oberhalb der Ekliptik, als in Beziehung auf die andere, welche unterhalb derselben bleibt. Die beiden Kräfte, welche in der Ebene des Aequators liegen, heben sich, weil sie gleich und entgegengesetzt sind, gegenseitig auf; es werden also nur die beiden zu der Ebene des Aequators senkrechten übrig bleiben, welche folglich dahin streben werden, bei dieser Ebene eine Rotazionsbewegung um die Linie der Knoten oder der Aequinokzien hervorzubringen. Und in der That, wenn beide Kräfte kein Hindernifs träfen, so würde die Knotenlinie immer dieselbe Lage auf der Ekliptik behalten, die Schiefe würde fortwährend abnehmen, und endlich der Aequator mit der Erdbahn zusammenfallen. Zu derselben Zeit aber, als der Aequator durch die Kraft der Sonne gegen die Ekliptik hingezogen wird, ist er durch die tägliche Bewegung der Erde genöthigt um seine eigne Axe zu schwingen. Jedes Theilchen der Aequatorialzone, und also der ganze Aequator, muſs deſshalb zu gleicher Zeit der Wirkung der Sonne, welche ihn gegen die Ekliptik treibt, und der Wirkung der Rotazion, durch welche er sich von Westen gegen Osten bewegt, gehorchen. Hiedurch verwandelt sich die Rotazionsbewegung um die Knoten, welche aus der Wirkung der Sonne entsteht, in ein Zurückweichen der Knoten selbst, ohne daſs die Schiefe geändert werde. Um dies gehörig aufzufassen, sey (Fig. 37.) ♈*E* die Ekliptik, ♈*Q* der Aequator, *ES* der Solstizialkolur, *QQ'* die Kraft der Sonne, welche den Aequator gegen die Ekliptik treibt, *SQ* die andere, durch welche er sich von Westen gegen Osten bewegt; dann wird *SQ'* die Resultante dieser beiden Kräfte seyn, nach deren Richtung sich der Widderpunkt und der ganze Aequator bewegen muſs. Die Knotenlinie bekommt also die Lage *Q'*♈'. der Solstizialkolur geht in die Lage *E'S*, der Punkt ♈ in ♈' über, und der Winkel *QSQ'* wird dem Winkel *E'SE* gleich. Die Rotazion der Erde vernichtet also die Wirkung der Sonne auf den Aequator, und giebt nur, indem die Schiefe unverändert bleibt, den Knoten eine rückgängige Bewegung.

Nicht blos die Sonne wirkt auf die Aequatorialzone, sondern auch der Mond, der also ebenfalls ein Zurückweichen des Widderpunkts hervorbringt.

§. 5. Wenn die Wirkung dieser beiden Körper, der Sonne und des Mondes, immer dieselbe wäre, so würde das Zurückweichen des Widderpunkts stets gleichförmig, und die Schiefe immer dieselbe seyn. Beide Kräfte aber sind veränderlich vorzüglich die des Mondes, wie wir schon oben (§. 65.) bemerkt haben; hier wollen wir die Ursache angeben. Die Mondbahn neigt sich gegen die Ekliptik um ungefähr 5 Grade, und ihre Knoten machen in 19 Jahren den ganzen Umlauf durch den Thierkreis: beide Ursachen vereinigt, bewirken, daſs wenn der aufsteigende Mondsknoten in ♈ ist, die Neigung der Mondsbahn gegen den Aequator $28\frac{2}{3}°$ beträgt, wenn aber jener in die ♎ gekommen, diese bis auf $18\frac{1}{3}°$ herabgesunken ist; in den Solstizialkoluren beträgt sie $23\frac{1}{2}°$. Die anziehende Kraft an diesen drei Punkten ist also sehr merklich verschieden, und um so mehr, da die Kraft des Mondes sehr nahe das Dreifache von der der Sonne ist; die gröſste durch dieselbe hervorgebrachte Störung findet statt, wenn der ☊ im ♈, die kleinste, wenn er in der ♎, und die mittlere, wenn er im Solstizialkolur sich befindet. Wie groſs nun aber auch der Unterschied sein mag, so wird die Wirkung nach ungefähr 19 Jahren dieselbe sein, als wenn die Kraft immer der mittlern gleich gewesen wäre; weil sie um ebensoviel als sie zu einer Zeit gröſser ist als die mittlere, zu einer andern Zeit kleiner sein muſs.

Auch die Kraft der Sonne ist nicht immer dieselbe in allen Punkten ihrer Bahn; in den Aequinokzien ist sie am kleinsten, dann nimmt sie zu, und wird am gröſsten in den Solstizien. Hieraus entſteht eine andere Störung für die mittlere Präzession und die Schiefe, deren Periode ein Jahr betragen wird, nach welchem Alles in den vorigen Zustand zurückkehrt. Um die mittlere Präzession und die beiden periodischen, durch Mond und Sonne hervorgebrachten Ungleichheiten darzustellen, können wir annehmen, daſs der Pol des Aequators drei Bewegungen habe: eine durch die mittlere Kraft des Mondes und der Sonne hervorgebrachte und sich immer gleichbleibende, nach welcher die Aequinokzialpunkte, gleichförmig zurückweichend, die *mittlere Präzession* von 50″ des Jahrs bewirken; eine zweite, veränderliche, vom Monde verursachte, deren Periode 19 Jahre beträgt, und eine dritte, ebenfalls veränderliche, und durch die Sonne hervorgebrachte, deren Periode 6 Monate ist. Die Mondsstörungen sind die merklichsten, indem sie auf 9 bis 10 Sekunden über, oder unter den mittlern Werth steigen; sie können unmittelbar durch die Beobachtung erhalten werden; nicht ebenso ist es mit denen der Sonne, welche Euler zuerst in Betracht zog, da man früher an dieselben, ihrer Kleinheit wegen, gar nicht gedacht hatte: sie vermindern die Schiefe in den beiden Solstizien um ungefähr eine halbe Sekunde, und haben im Laufe des Jahrs auf die Längen nur einen Einfluſs von höchstens einer Sekunde, um welche sie dieselben vergrössern, oder verkleinern. Diese Störungen unterscheidet man durch die Namen, *Mondnutazion* und *Sonnennutazion*.

§. 6. Wenn wir den Einfluſs der mittlern Präzession und beider Nutazionen auf die Längen, Breiten, Rektaszensionen und Deklinazionen der Sterne genau untersuchen, so können wir folgende Regeln aufstellen.

1) Die mittlere Präzession und die Mondnutazion haben nur Einfluſs auf den Pol des Aequators, und lassen den der Ekliptik ungestört, weſshalb durch die Wirkung der Sonne und des Mondes die Breiten nicht geändert werden.

2) Die mittlere Präzession bringt bei allen Längen gleiche, bei den Rektaszensionen aber ungleiche Aenderungen hervor.

3) Durch die Mondnutazion ändern sich auf ungleiche Weise sowohl die Längen als die Rektaszensionen.

4) Beide Ursachen, die mittlere Präzession und die Mondnutazion, ändern die Deklinazionen.

5) Alles dies findet auch für die Sonnennutazion statt; und weil in Beziehung auf diese der Pol des Aequators seinen Umlauf in 6 Monaten vollendet, so wird sie immer der doppelten Länge der Sonne proporzional sein, und ihre Wirkung darin bestehen, die Deklinazionen im Laufe eines Jahrs um 0″,5 über oder unter den mittlern Werth zu ändern; einen ähnlichen Einfluſs von 1″ wird sie auch bei den Längen haben.

§. 7. Auſser Sonne und Mond haben auch noch die übrigen Planeten einen Einfluſs auf die Kreise der Himmelskugel, ihre Wirkung hängt aber nicht von der sphärischen Gestalt der Erde, sondern von der ganzen Maſse derselben ab. Deſshalb ist klar, daſs die Störungen, welche sie verursachen, nur in Beziehung auf die Ekliptik merklich werden, welcher sie eine Schwankung, und eine fortrückende Bewegung nach der Ordnung der Zeichen mittheilen.

§. 8. Präzession also, Schiefe, Längen und Breiten, Alles ändert sich: wird die Präzession gröſser oder kleiner, so werden alle Längen um ebensoviel gröſser oder kleiner; ändert sich die Schiefe der Ekliptik, so ändern sich alle Breiten, und auch die Längen, dem Orte gemäſs, welchen die Sterne an der Himmelskugel einnehmen. Es ist wahr, daſs diese Aenderungen sehr klein sind, und nur erst nach einer langen Reihe von Jahren merklich werden; doch dürfen sie deſshalb nicht vernachlässigt werden. Sie lassen sich aus dem Grundgesetze von der allgemeinen Schwere herleiten. Für 1800 sind die Sekularbewegungen folgende:

1) Rechtgängige Beweg. des ♈ auf d. Ekliptik 18″,506
2) — — — — — d. Aequator 20″,174
3) Abnahme der Schiefe der Ekliptik ..... 52″,100

4) Zunahme der Sterne in der
Breite $+ 8'',0333 . \text{Cos long.} * + 52'',0 . \text{Sin long.} *$

5) Abnahme der Sterne in der
Länge $18'',506 + (52'',0 . \text{Cos long.} * - 8'',0333 . \text{Sin long} *).\text{Tang lat.} *$

§. 9. Die rechtgängige Bewegung des Nullpunkts des Widders kann man auch aus der Beobachtung erhalten, wie wir im folgenden Abschnitte sehen werden. Auf jeden Fall wird aber die Rechnung immer sicherer sein als die Beobachtung, wegen der grofsen Ungewifsheit, welche die Letztere bei so kleinen Gröfsen übrig läfst, die man zum Theil kaum wahrnehmen kann. Wenn es aber darum zu thun ist, die Präzession selbst zu finden, so verläfst uns die Theorie fast ganz. Dalembert und Andere nach ihm, haben zwar versucht diese Aufgabe aufzulösen; allein ihre Untersuchung hat weiter nichts gelehrt, als dafs die Theorie keinen Zweifel gegen das Resultat der Beobachtung erregt hat.

§. 10. Die Abnahme der Schiefe ist etwas gröfser als die beobachtete, welche in diesem Jahrhunderte nur ungefähr 44″ beträgt. Wir kennen aber hiebei noch nicht ganz genau die Elemente der Rechnung, vorzüglich nicht die Massen der Planeten. Alle diese Bewegungen, wie man leicht einsieht, können und dürfen nicht konstant seyn; sie müssen sich nicht blos von Jahrhundert zu Jahrhundert, sondern von Augenblick zu Augenblick ändern, obgleich sie nach einer langen Reihe von Jahren kaum erst merklich werden.

Die Abnahme der Schiefe hat eine Gränze, die nicht über $1\frac{1}{3}°$ beträgt; wenn sie dieselbe erreicht hat, was der Fall sein wird, wenn die Knoten, welche in beständiger Bewegung sind, einen halben Umlauf vollendet haben, dann wird die Abnahme sich in Zunahme verwandeln. Ueber den

Zeitpunkt aber, in welchem dies geschehen wird, hat die Analysis noch nichts ausgemacht.

## *Zweiter Abschnitt.*

### *Präzession der Sterne in Länge, in Rektaszension und in Deklinazion.*

### I. Aufgabe.

*Aus den Längen einiger Sterne, die zu verschiedenen Epochen beobachtet sind, die allen gemeinschaftliche Präzession in der Länge zu finden.*

§. 11. Die Präzession der Sterne in der Länge, rührt, wie wir im vorigen Abschnitte gezeigt haben, von der vereinten Wirkung der Sonne und des Mondes, welche ein Zurückweichen der Aequinokzialpunkte, und von der Wirkung der Planeten, welche ein Vorrücken jener Punkte hervorbringt, her. Die allen Sternen gemeinschaftliche Differenz dieser beiden Bewegungen ist es, was wir beobachten können. Man kann sie *absolute* oder auch *totale* Präzession nennen.

§. 12. Um diese Bewegung zu bestimmen, ist nichts weiter nöthig, als die, zu zwei verschiedenen Epochen beobachteten Längen der Sterne mit einander zu vergleichen, ihre Differenz zu nehmen, und diese durch die Anzahl der zwischen den Epochen enthaltenen Jahre zu dividiren. Hiebei sind aber noch einige Bemerkungen und Verbesserungen anzubringen.

1) Nicht jede Zwischenzeit zwischen den Beobachtungen ist hinlänglich, und ebenso wenig ist es hinlänglich, daſs die Letztern blos ein- oder zweimal wiederholt worden. Die Anzahl der Beobachtungen und die Zwischenzeit müſsen so groſs

seyn, daſs man mit Grund hoffen kann, daſs ein Theil der von den Beobachtungen unzertrennlichen Fehler sich in der Menge derselben ausgleichen, und das Uebrige, auf die Jahre der Zwischenzeit vertheilt, fast unmerklich werde. Die Beobachtungen vor der Entdeckung der Fernröhre kommen hiebei nicht viel in Betracht, da ihr Alter nicht ihre Fehler ausgleicht, sondern Alles wohl erwägt, sind die besten, welche man jetzt anwenden kann, diejenigen aus der Mitte des vorigen Jahrhunderts von Bradley, Mayer und einige von Lacaille: dieser groſse Mann, dem die Astronomie so viel verdankt, arbeitete fast immer mit den schlechtesten Instrumenten.

2) Die ausgewählten Beobachtungen müssen wegen der Aberrazion und Nutazion verbessert werden, damit die Rektaszensionen und Deklinazionen, und folglich die daraus hergeleiteten Längen, keine andere Unterschiede darbieten, als die von der Sonne- und Mondpräzession und von der Wirkung der Planeten hervorgebrachten.

3) Weil die Wirkung der Planeten auf die Längen sich in zwei besondere zertheilt, von denen die eine allen Sternen gemeinschaftlich, die andere aber für jeden Stern eine besondere ist, so muſs man bei jeder Länge die Korrekzion n° 5. §. 8. anbringen. Wenn die Sterne nicht sehr weit vom Aequator abstehen, so wird diese Verbesserung fast unmerklich, weſshalb sie auch von Vielen übergangen ist.

4) Bei einigen Sternen hat man besondere Bewegungen erkannt, welche man, wenn man auch ihre Ursache nicht kennt, dennoch in Rechnung zu bringen wünschen möchte. Dies läſst sich aber nicht thun, weil jene Bewegungen erst nachdem die Präzession bestimmt worden, bemerkt werden können; es bleibt also nichts übrig, als diese Letztere unmit-

telbar aus den, nach n° 2. und n° 3. verbesserten Beobachtungen herzuleiten, und dann bei einer neuen Bestimmung, diejenigen Sterne auszuschliefsen, welche starke Abweichungen oder eigne Bewegungen zeigen. Uebrigens sind diese Ortsveränderungen bei den meisten Sternen fast ganz unmerklich.

§. 13. Als Beispiel, um das angegebene Verfahren zu erläutern, wollen wir einige der vornehmsten Sterne wählen, welche zu verschiedenen Zeiten und mit dem gröfsten Fleifse von Bradley beobachtet und auf den Anfang des Jahrs 1755, welches nahe in ihrer Mitte liegt, reduzirt sind; diese wollen wir mit denselben nach unserm Verzeichnifse für 1805 vergleichen.

| *Namen der Sterne.* | *Längen.* | | *Beobachtete Präzession.* | *Korrektion wegen der Wirkung der Planeten auf jeden Stern.* |
|---|---|---|---|---|
| | *Bradley.* 1755. | *Piazzi.* 1805. | | |
| Algenib | 5°44′37″,44 | 6°26′21″,34 | 50″,0780 | +0″,0958 |
| Aldebaran | 66 21 52 ,92 | 67 3 47 ,90 | 50 ,2996 | −0 ,0106 |
| Rigel | 73 24 22 ,31 | 74 6 15 ,85 | 50 ,2708 | −0 ,0344 |
| α Orion | 85 20 0 ,34 | 86 1 51 ,31 | 50 ,2194 | +0 ,0132 |
| ε Zwillinge | 96 31 8 ,05 | 97 12 56 ,23 | 50 ,1636 | −0 ,0043 |
| ε Löwe | 137 16 59 ,95 | 137 58 47 ,92 | 50 ,1594 | −0 ,0635 |
| Regulus | 146 25 26 ,58 | 147 7 7 ,53 | 50 ,0190 | −0 ,0032 |
| Spica | 200 25 27 ,86 | 201 7 15 ,11 | 50 ,1449 | +0 ,0136 |
| α Schlange | 228 38 21 ,00 | 229 20 17 ,48 | 50 ,3296 | −0 ,1132 |
| β Skorpion | 239 46 11 ,04 | 240 28 2 ,71 | 50 ,2334 | −0 ,0027 |
| Antares | 246 20 33 ,57 | 247 2 27 ,55 | 50 ,2796 | +0 ,0084 |
| γ Adler | 297 31 46 ,42 | 298 13 27 ,90 | 50 ,0296 | +0 ,1640 |
| Deneb | 331 57 35 ,93 | 332 38 52 ,58 | 49 ,5346 | +0 ,6698 |
| γ Wasserm. | 333 17 25 ,21 | 333 59 17 ,21 | 50 ,2400 | +0 ,0618 |
| Markab | 350 4 25 ,27 | 350 46 11 ,24 | 50 ,1194 | +0 ,1435 |
| | Mittel . . . . . | | 50 ,1414 | +0 ,0625 |

Hieraus folgt als die *beobachtete Präzession* 50″,1414
Korrekzion . . . . . . . + 0 ,0625

1) . . . . . *Absolute* Präzession . . . . . . . 50″,2039
2) Dieselbe aus den 34 Maskelyneschen Sternen von 1770 mit meinen von 1805 verglichen . . . . . . . . . . . . . . 50 ,2110
3) Dieselbe von Delambre aus seinen Beobachtungen und denen von Bradley, Lacaille und Mayer . . . . . . . 50 ,1009
4) Zach aus seinen Rektaszensionen und Henry's Deklinazionen, mit denen von Bradley und Mayer verglichen . . . . 50 ,0540

Mittel . . . . . 50 ,142

Die Verschiedenheit dieser Resultate zeigt deutlich und hinlänglich, dafs über die genaue Gröfse der Präzession noch eine Ungewifsheit von wenigstens ein Zehntheil einer Sekunde statt findet; defshalb werde ich bei dem von mir (Libro VI. del Real Osservatorio, pag. 44) gegebenen Werthe von 50″,2110 bleiben.

§. 14. Wenn man also die Länge eines Sterns von einer Epoche auf eine andere reduziren will, so bedient man sich dazu dieser absoluten Präzession, oder einer andern der oben bemerkten, die man etwa für genauer halten möchte. Ausserdem mufs man die reduzirten Längen nach der Formel n° 5. §. 8. verbessern.

Wenn man zu der *absoluten Präzession*, die man gewählt hat, z. B. zu der von 50″,2110 die rechtgängige Bewegung von 0°♈ auf der Ekliptik oder 0″,1851 addirt, so erhält man die *Lunisolarpräzession* von 50″,396.

§. 15. Die Präzession läfst sich auch noch aus den Deklinazionen allein herleiten, und weil auf diese die Aenderung der Lage der Ekliptik gar nicht einwirkt, so erhält man die ganze Lunisolarpräzession, oder die von der Bewegung des Widderpunkts unabhängige Präzession. Aus vielen Vergleichungen der Mayerschen Deklinazionen für 1756 mit den Meinigen für 1800, habe ich gefunden 50",255 und ebenso aus den Rektaszensionen . . . . 50",064

Also rechtgängige Bewegung des Widderpunkts . . . . . . . . . . . . . . 0",191 aus der Beobachtung allein.

## II. Aufgabe.

*Aus der Lunisolarpräzession, der Schiefe der Ekliptik, und der Länge und Breite eines Sterns, seine Präzession in der Deklinazion zu finden.*

§ 16. Es sei (Fig. 38.) *AA'* die Ekliptik, *E* ihr Pol, *BB'* der Aequator, *P* sein Pol, ♈ der Durchschnittspunkt des Widders, *S* ein Stern; wenn man von den beiden Polen *E* und *P* nach ♈ und *S* die Bögen gröſster Kreise *P*♈, *E*♈, *PS*, *ES* zieht, so ist 1) *E*♈*P* gleich der Neigung der Kreise *AA'*, *BB'*, oder der Schiefe der Ekliptik, und der Bogen *EP* das Maſs des Winkels *E*♈*P*; 2) *ES* = dem Komplement der Breite, *PS* = dem Komplement der Deklinazion, ♈*ES* = der Länge, ♈*PS* = der Rektaszension des Sterns S. Nennt man nun *L* die Länge, *l* die Breite, *D* die Deklinazion, *A* die Rektaszension, und $\omega$ die Schiefe, so hat man Sin *ES* = Cos *l*, Cos *ES* = Sin *l*, Sin ♈*ES* = Sin *L*, Cos ♈*ES* = Cos *L*, Sin *PS* = Cos *D*, Cos *PS* = Sin *D*, Sin ♈*PS* = Sin *A*.

Durch die jährliche Präzession rücke nun ♈ nach ♈', so wird der Pol *P*, welcher zu gleicher Zeit einen Kreisbogen um den Pol *E* beschreibt, nach *p* rücken. Werden also, wie vorhin, von den Polen *E*, *p* die Bögen gröſster Kreise *E*♈', *epS* gezogen, so bleibt blos das Komplement der Breite

$ES$ ungeändert, alles Uebrige aber wechselt; es ist $\gamma' ES = \gamma ES + \gamma' E \gamma = \gamma\gamma' + \gamma S'$, und wenn man die jährliche Präzession $\gamma\gamma' = \mathrm{d}L$ setzt, Sin $\gamma' ES = \text{Sin}\,(L + \mathrm{d}L) = \text{Cos}\,SEP$, $pS = PS - Pq$ und $Pq$ die durch die Präzession in der Deklinazion verursachte Veränderung, folglich Cos $pS = \text{Sin}\,(D + \mathrm{d}D)$.

Nun ist, um $Pq$ zu finden nur nöthig die beiden Dreiecke $SEP$, $SEp$ zu betrachten: man hat aus ihnen

$$\text{Cos}\,PS = \text{Cos}\,EP\,.\,\text{Cos}\,ES + \text{Cos}\,PES\,.\,\text{Sin}\,PE\,.\,\text{Sin}\,ES$$

$$\text{Cos}\,pS = \text{Cos}\,Ep\,.\,\text{Cos}\,ES + \text{Cos}\,pES\,.\,\text{Sin}\,PE\,.\,\text{Sin}\,ES$$

und also, indem man die erste Gleichung von der zweiten abzieht, und bemerkt, dafs $EP = Ep$,

$$\text{Cos}\,pS - \text{Cos}\,PS = \text{Sin}\,ES\,.\,\text{Sin}\,PE\,(\text{C}.pES - \text{C}.\,PES),$$

oder

$$\text{Sin}(D + \mathrm{d}D) - \text{Sin}\,D = \text{Sin}\,\omega\,.\,\text{Cos}\,l\,[\text{Sin}(L + \mathrm{d}L) - \text{S}.L]$$

folglich

$$\text{Sin}\,\tfrac{1}{2}\mathrm{d}D\,.\,\text{C}.(D + \tfrac{1}{2}\mathrm{d}D) = \text{S}.\,\omega\,.\,\text{C}.\,l\,.\,\text{S}.\,\tfrac{1}{2}\mathrm{d}L\,.\,\text{C}.(L + \tfrac{1}{2}\mathrm{d}L)$$

und endlich $\text{Sin}\,\tfrac{1}{2}\,\mathrm{d}D =$

$$\frac{\text{Sin}\,\omega\,.\,\text{Cos}\,l\,.\,\text{Sin}\,\tfrac{1}{2}\,\mathrm{d}L\,.\,\text{Cos}\,(L + \tfrac{1}{2}\,\mathrm{d}L)}{\text{Cos}(D + \tfrac{1}{2}\,\mathrm{d}D)} \;\ldots\ldots (P.D.)$$

### III. Aufgabe.

*Aus denselben gegebenen Grössen, wie in der vorigen Aufgabe, die Präzession in der Rektaszension zu finden.*

§. 17. Im Dreiecke $EPS$ ist

$$\text{Tang}\,P = \frac{\text{Sin}\;E}{\text{Sin}\,PE\,.\,\text{Cotg.}\,ES - \text{Cos}\,PE\,.\,\text{Cos}\,E}$$

Weil aber $\text{Tang}\,P = -\,\text{Cotg}\,A$, $\text{Sin}\,E = \text{Cos}\,L$, $\text{Cotg}\,ES = \text{Tang}\,l$, $\text{Cos}\,E = \text{Sin}\,L$, $\text{Sin}\,PE = \text{Sin}\,\omega$, so ist

$$\text{Tang}\,A = \text{Cos}\,\omega\,.\,\text{Tang}\,L - \frac{\text{Sin}\,\omega\,.\,\text{Tang}\,l}{\text{Cos}\,L},$$

und indem man $A'$ die zweite Rektaszension des

Sterns oder den Winkel $\gamma' p S$ nennt, erhält man aus dem Dreiecke $EpS$ auf gleiche Weise

$$\text{Tang}\, A' = \text{Cos}\,\omega\,.\,\text{Tang}(L + dL) - \frac{\text{Sin}\,\omega\,.\,\text{Tang}\,l}{\text{Cos}\,(L + dL)}$$

folglich

$$\text{Tg}A' - \text{Tg}A = \left\{ \begin{array}{l} + \text{Cos}\,\omega\,[\text{Tang}\,(L + dL) - \text{Tang}\,L] \\ - \text{Sin}\,\omega\,.\,\text{Tg}\,l\,.\,[\frac{1}{\text{Cos}\,(L + dL)} - \frac{1}{\text{Cos}\,L}] \end{array} \right\}$$

mithin

$$\frac{\text{Sin}\,(A' - A)}{\text{Cos}\,A'\,.\,\text{Cos}\,A} =$$

$$\frac{\text{Cos}\omega\,.\,\text{Sin}\,dL - 2\,\text{Sin}\omega\,.\,\text{Tg}\,l\,.\,\text{Sin}\,(L + \tfrac{1}{2}dL)\,.\,\text{Sin}\,\tfrac{1}{2}dL}{\text{Cos}\,L\,.\,\text{Cos}\,(L + dL)}$$

und weil $\text{Sin}\,dL = 2\,\text{Sin}\,\tfrac{1}{2}dL\,.\,\text{Cos}\,\tfrac{1}{2}dL$ ist, so hat man $\text{Sin}\,(A' - A) = dA =$

$$\frac{2\,\text{Sin}\,\tfrac{1}{2}dL\,.\,\text{Cos}\,A'\,.\,\text{Cos}\,A}{\text{Cos}\,L\,.\,\text{Cos}\,(L + dL)}\,.$$

$$[\text{Cos}\,\tfrac{1}{2}dL\,.\,\text{Cos}\,\omega - \text{Sin}\,\omega\,.\,\text{Tang}\,l\,.\,\text{Sin}(L + \tfrac{1}{2}dL).]$$

Im Dreiecke $EPS$ hat man aber

$$\text{Sin}\,EPS : \text{Sin}\,ES = \text{Sin}\,SEP : \text{Sin}\,PS$$

oder $\text{Cos}\,A : \text{Cos}\,l = \text{Cos}\,L : \text{Cos}\,D$,

und ebenso im Dreiecke $EpS$

$$\text{Cos}\,A' : \text{Cos}\,l = \text{Cos}\,(L + dL) : \text{Cos}\,(D + dD)$$

folglich

$$\frac{\text{Cos}\,A\,.\,\text{Cos}\,A'}{\text{Cos}\,L\,.\,\text{Cos}\,(L + dL)} = \frac{\text{Cos}\,l^2}{\text{Cos}\,D\,.\,\text{Cos}(D + dD)}$$

welcher Werth in die obige Gleichung substituirt, $\text{Sin}\,(A' - A) = dA =$

$$\frac{2\text{Sin}\tfrac{1}{2}dL\,.\,\text{Cos}\,l^2}{\text{Cos}\,D\,.\,\text{Cos}(D + dD)}.[\text{Cos}\omega.\text{Cos}\tfrac{1}{2}dL - \text{Sin}\omega\;\text{Sin}(L + \tfrac{1}{2}dL)].$$

($P.A.$) giebt.

§. 18. Die beiden Formeln ($P.D.$) und ($P.A.$) sind durchaus genau; um sich ihrer aber mit Vortheil zu bedienen, ist noch Einiges bei ihnen zu beobachten.

1) Da die Bewegung des Nullpunkts des $\gamma$ keinen Einfluſs weder auf die Präzession in der De-

klinazion, noch auf den zweiten Theil derjenigen der Rektaszension hat, so wendet man bei den Formeln immer die Lunisolarpräzession und nicht die absolute an.

2) Von der Präzession in Rektaszension mufs man immer die Bewegung des 0° ♈ auf dem Aequator abziehen.

3) Weil nach der Formel (*P. D.*) die Präzession in der Deklinazion von eben der Präzession, welche man sucht, abhängt; so rechne man, wenn man diese noch nicht beiläufig kennt, zuerst blos mit der unverbesserten Deklinazion, und wiederhole dann die Rechnung mit der so gefundenen Präzession: das Resultat wird hinlängliche Genauigkeit haben.

4) In beiden Formeln zeigt $dL$ die Lunisolarpräzession während eines Jahrs an; wenn man also die Präzessionen für eine Anzahl $n$ von Jahren sucht, so sei $m = \frac{1}{2}\, n$ und man hat $\frac{1}{2}\, n \,.\, dL = m \,.\, 50'',39$; $\frac{1}{2}\, n \,.\, dD = m \,.\, dD$, und die Bewegung des 0° ♈ auf dem Aequator $= n \,.\, 0'',2017$: daher ist $\text{Sin}\, m \,.\, dD =$

$$\frac{\text{Sin}\; m \,.\, 50'',39 \,.\, \text{Sin}\; \omega \,.\, \text{Cos}\; l \;\; \text{Cos}\; (L + m \,.\, 50'',39)}{\text{Cos}\; (D + m \,.\, dD)};$$

$$\text{und Sin}\; (dA + n \,.\, 0'',2017) = \frac{2\, \text{Sin}\; m \,.\, 50'',39 \,.\, \text{Cos}\; 2\; l}{\text{Cos}\; D \,.\, \text{Cos}\,(D + n \,.\, dD)}.$$

$$[\text{Cos}\,\omega \,.\, \text{Cos}\, m \,.\, 50'',39 - \text{Sin}\,\omega \,.\, \text{Tang}\, l \,.\, \text{Sin}(L + m \,.\, 50'',39)]$$

5) Die Schiefe, welche man anwendet, mufs immer die mittlere sein, welche der Zahl $m$ entspricht.

6) Um die Fälle zu unterscheiden, in welchen die Präzession positiv oder negativ ist, hat man nur nöthig auf die Zeichen der Sinus, Cosinus und Tangenten in den verschiedenen Quadranten, in welchen sich jedesmal der Stern befindet, und auf das Zeichen der Deklinazion und

der Breite zu achten. Die nördliche Deklinazion und Breite ist immer positiv, die südliche negativ.

*Beispiel*

Man sucht die Präzessionen des Polarsterns vom 1. Jan. 1804 bis zum 1. Jan. 1815.

1804. AR d. Polst. . 13°20′ 12″,3. Dkl. 88°15′43″,0 nördl.
Länge . . . . 85 49 34 ,7 . . Br. 66 4 39 ,2
Sch. f. 1810 . . 23 27 51 ,6

n = 11; $m$ = 5,5; Lunisolarpräzession = 50″,3884;
$\frac{1}{2}n$ . d$L$ = m . d$L$ = 4′ 37″,13; $L+\frac{1}{2}n$ . d$L$ = 85°54′11″,83

*Berechnung der Präzession in der Deklinazion.*

| | | |
|---|---|---|
| log Sin | 0° 4′ 37″,13 . . . . . | 7,12826 |
| log Sin | 23 27 52 . . . . . . . | 9,60008 |
| log Cos | 66 4 39 . . . . . . . . | 9,60804 |
| log Cos | 85 54 12 . . . . . . . | 8,85394 |
| C. log Cos | 88 15 43 . . . . . . . | 1,51813 |
| log Sin $\frac{1}{2}n$ . d$D$ | . . . . . . | 6,70845 |
| $\frac{1}{2}n$ . d$D$ | . . . . . 1′ 45″,4 | |

Man wiederhole die Rechnung mit 88° 17′ 28″ = $D+m$ . d$D$ und man wird finden $m$ . d$D$ = 1′ 47″,2, so daſs die Präzession in elf Jahren = 3′ 34″,4 ist. Eine neue Wiederholung wird keine gröſsere Genauigkeit geben.

*Berechnung der Präzession in der Rektaszension.*

| | | | |
|---|---|---|---|
| log 2 . . . . . . . . | 0,30103 | log Cos ω . . . . | 9,96252 |
| log Sin $m$ . d$L$ . . . | 7,12826 | log Cos $m$ d$L$ . . | 0,00000 |
| log Cos $l^2$ . . . . . | 9,21608 | log $B$ . . . . . | 9,96252 |
| C. log C. ($D+n$ . d$D$) . . | 1,53328 | log Sin ω . . . . . | 9,60008 |
| C. log Cos $D$ . . . . . | 1,51813 | log Tang $l$ . . . . | 0,35300 |
| log $A$ . . . . . . . | 9,69678 | l. S. ($L+m$.d$L$) | 9,99889 |
| | | Log $C$ . . . . . | 9,95197 |

| | | | |
|---|---|---|---|
| $B$ ....... 0,91731 | | | |
| $C$ ....... 0,89529 | | | |
| $B-C$ ... 0,02202 | . . log $(B-C)$ . . | 8,34270 | |
| | log $A$ . . . . | 9,69677 | |

log Sin $(\mathrm{d}A + n \cdot 0{,}2017)$ . . . . 8,03947

$\mathrm{d}A + 2'',219$ . . . . . . 37′ 38″,8

| | |
|---|---|
| Präzession des Polarst. von 1804 bis 1815 . | + 37′ 36″,6 |
| AR des Polarsterns für 1. Jan. 1804 . . . . . | 13° 20′ 12″,3 |
| AR den 1. Jan. 1815 . . . . . . . . . | 13° 57′ 48″,9 |
| Beobachtete AR . . . . . . . . . . | 13 57 42 ,0 |
| Differenz . . . . . . . . . | 6″,9 |

§. 19. Um sich der Formeln bei beobachteten Deklinazionen und Rektaszensionen zu bedienen, mufs man zu den Längen und Breiten übergehen, welches zwar nicht schwer, aber doch umständlich und weitläuftig ist, vorzüglich wenn man eine grofse Anzahl von Beobachtungen zu reduziren hat. Darum sind andere Formeln entwickelt, die zwar keine geometrische Schärfe, aber doch alle nöthige Genauigkeit für die am häufigsten vorkommenden Fälle besitzen. Sie hängen nur von den Deklinazionen und Rektaszensionen ab, und werden mit Hülfe der Reihen oder der endlichen Differenzen der trigonometrischen Linien bewiesen *). Es sind folgende:

Präzession der Dekl. $= \mathrm{d}L \, . \, \mathrm{Sin}\,\omega \, . \, \mathrm{Cos}\,(A + \tfrac{1}{2}\mathrm{d}A)$

Präzession der AR =

$$\mathrm{d}L \, . \, \mathrm{Cos}\,\omega + \mathrm{d}L \, . \, \mathrm{Sin}\,\omega \, . \, \mathrm{Sin}\,(A + \tfrac{1}{2}\mathrm{d}A) \, . \, \mathrm{Tg}\,(D + \tfrac{1}{2}\mathrm{d}D) - n \, . \, 0'',2017$$

Es sei, wie oben, $p$ die jährliche Präzession in der Deklinazion, $q$ diejenige in der Rektaszension, $n$ die Anzahl der Jahre, für welche man die Präzession sucht, $m$ die Hälfte derselben, und es

*) Man sehe Cagnoli's Trigonometrie. II. Aufl. §. 1523.

sei $dL = 50'',39$, wie auch $\omega$ oder die Schiefe $= 23^\circ\,27'\,50''$, wie wir sie für 1810 bestimmt haben; dann ist $\frac{1}{2}dD = mp$; $\frac{1}{2}dA = mq$; $dL.\,\mathrm{Cos}\,\omega = 46'',2242$; $dL.\,\mathrm{Sin}\,\omega = 20'',0642$; $dL.\,\mathrm{Cos}\,\omega - 0'',2017 = 46'',0225$; also

Präzess. in der Dekl. $= n.\,20'',0642.\,\mathrm{Cos}\,(A + mq)$

Präzess. in der AR $=$

$n.\,46'',0225 + n.\,20,0642.\,\mathrm{Sin}\,(A + mq).\,\mathrm{Tg}\,(D + mp)$.

§. 20. Um also die Oerter der Sterne von einer Epoche auf eine andere zu reduziren, ist nöthig 1) mit der Rektaszension und Deklinazion der Epoche von welcher man ausgeht, die beiden Präzessionen für ein Jahr zu berechnen. 2) Jede derselbe mit $m$ zu multipliziren. 3) Die Produkte zu den zugehörigen Rektaszensionen und Deklinazionen zu addiren, oder von ihnen zu subtrahiren, jenachdem dieselben zunehmen oder abnehmen. 4) Mit den so reduzirten Rektaszensionen und Deklinazionen die Redukzion zu vollenden.

Man setzt hiebei voraus, dafs die Präzessionen, oder die Aenderungen in Rektaszension und Deklinazion der Zeit proporzional seien; dies ist aber nicht genau wahr, vorzüglich wegen der Sinus und Tangenten. Doch entstehen hiedurch nur äusserst kleine Unterschiede, welche, wenn man einige Sterne, nahe beim Pole, ausnimmt, bei den übrigen ganz unmerklich sind, wenigstens wenn man keine grössere Genauigkeit, als die bei den Astronomen gewöhnliche, verlangt; wir werden dies sogleich an einem Beispiele sehen. Für eine lange Reihe von Jahren können wir uns defshalb der obigen Formeln bedienen, ohne dafs irgend eine Korrekzion nöthig wäre. Blos, wenn man einen Zeitraum von mehr als einem Jahrhunderte hätte, so müfste man in den Formeln die der, in der Mitte liegenden Zeit zugehörige Lunisolarpräzession und Schiefe einführen.

§. 21. Wie wir die frühern Formeln auf den Polarstern als Beispiel angewendet haben, so wollen wir dies auch mit den zuletzt gegebenen thun; dies wird uns alsdann den gröfsten Fehler, der bei ihnen statt finden kann, kennen lehren. Wir suchen also, wie oben die Redukzion von 1804 auf 1815.

1804. AR des Polarst... 13°20′12″,3.. Dekl. 88°15′43″,0

*Erster Theil der Rechnung.*

| Jährl. Präz. in Dekl. | | Jährl. Präz. in AR. | |
|---|---|---|---|
| log 20″,0642 . . . | 1,30242 | log 20″,0642 . . . | 1,30242 |
| log Cos AR . . . . | 9,98813 | log Sin AR . . . . | 9,36300 |
| log $p$ . . . . . . . . | 1,29055 | log Tang $D$ . . . . | 1,51793 |
| $p$ oder die Präz. in Deklinazion . . | 19″,52 | log d. zweiten Th. . | 2,18235 |
| | | Erster Theil. . . | 46″,02 |
| | | Zweiter Th. . . | 152 ,53 |
| | | $q$=Präz. in AR . . | 198″,55 |

*Zweiter Theil der Rechnung.*

| | | | |
|---|---|---|---|
| AR . . . . . | 13° 20′ 12″,3 | Dekl. . . . . | 88° 15′ 43″,0 |
| $mq$ . . . . . . . . . . | 18 12 ,0 | $mp$ . . . . . . . . . . | 1 47 ,3 |
| AR + $mq$. . . | 13°38′24″,3 | Dekl. + $mp$. . | 88° 17′30″,3 |
| **Präz. in AR.** | | **Präz. in Dekl.** | |
| log 11 . . . . . . . | 1,04139 | log 11 . . . . . . . . . | 1,04139 |
| log Const. . . . . | 1,30242 | log Const. . . . . . | 1,30242 |
| log Sin (AR+$mq$) . | 9,37259 | log Cos (AR+$mq$). | 9,98758 |
| log Tg (Dekl+$mp$) | 1,52544 | log Präz. . . . . . | 2,33137 |
| log d. zw. Theils. . | 3,24184 | Präz. in Dekl. . | 214″,147 |
| Zweiter Theil. . | 1745″,2 | | |
| Erster Theil . . . | 506 ,2 | | |
| Präz. in AR . . . | 2251″,4 | | |

Präzession des Polarsterns von 1804 bis 1815

| | AR | Dekl. |
|---|---|---|
| Erste Formeln . . . . | 37′ 36″,60 . . . . | 3′ 34″,20 |
| Zweite Formeln , . . | 37′ 31″,40 . . . . | 3′ 34″,47 |
| Unterschied . . . . . . . . | 5″,20 . . . . . | 0″,27 |

Da also in elf Jahren der Fehler beim Polarstern nur 0″,3 in Dekl. und 5″ in AR beträgt, so kann man 1) Die Präzession in Dekl. immer mit den zweiten Formeln berechnen, wo auch der Stern stehen mag. 2) Die Präzession in AR kann ebenfalls, ohne daſs ein Fehler zu befürchten wäre, mit den zweiten Formeln berechnet werden, wenn nur der Stern wenigstens 20° vom Pol entfernt ist. 3) Die Redukzionen für den Polarstern von einem Jahre zum andern, können ebenfalls mit denselben Formeln gemacht werden, weil der Fehler nur ungefähr eine halbe Sekunde betragen wird, und auch dieser sich noch verringern läſst, indem man das Jahr in vier Theile theilt, und die jedem Theile entsprechende Präzession besonders berechnet. 4) Ueberhaupt wird es bei allen gewöhnlichen Fällen immer am besten sein, die zweiten Formeln zu gebrauchen, und die ersten nur dann anzuwenden, wenn man die allergröſste Genauigkeit verlangt.

Um diese Rechnungen zu erleichtern, hat man Tafeln entworfen, aus welchen, gleichsam auf den ersten Blick, die Präzession entnommen werden kann. Dergleichen sind unter andern die von Delambre in der Connoissance des Temps 1792. pag. 216. mitgetheilten.

# *Dritter Abschnitt.*

## *Formeln für die durch die Nutazion hervorgebrachten Ungleichheiten.*

§. 22. Die vorzüglichsten Wahrnehmungen, welche Bradley auf die Entdeckung der Nutazion führten, die übrigens, wie wir schon bemerkt haben, durch die Theorie der Attrakzion bereits angedeutet war, sind die folgenden. Wenn die Schiefe der Ekliptik und die Deklinazionen der Sterne, welche im Solstizialkolur liegen, in den vier Hauptpunkten des Umlaufs der Mondknoten beobachtet, und von den Einwirkungen der Präzession und der Aberrazion befreit werden, so bieten sie dennoch besondere Unterschiede dar. Indem nämlich der aufsteigende Knoten vom Widder zum Steinbock zurückgeht, nimmt sowohl die Schiefe als die Deklinazion ab, und zwar wird diese Abnahme immer grölser, bis sie, wenn der Knoten in die Wage gerückt ist, ihren gröfsten Werth erreicht. Beim weitern Zurückgehen des Knotens von der Wage gegen den Krebs, nehmen die Deklinazionen und die Schiefe zu, und werden beide am gröfsten bei der Rückkehr des Knotens in den Widder. Die gröfste Zunahme ist der gröfsten Abnahme gleich und der Unterschied etwa 19″: im Krebs und im Steinbocke ist kein Unterschied, indem die Deklinazionen und die Schiefe, welche man beobachtet wenn der Knoten im Steinbock ist, derjenigen ganz gleich kommt, welche statt findet, wenn der Knoten im Krebs ist.

§. 23. Diese Erscheinungen sind sehr nahe dieselben, als man beobachten würde, wenn, während der Knoten nach dem Widder gelangt, der Pol des Aequators sich dem Aequator um 9″ auf dem Solstizialkolur nähert, und in dem Momente, in welchem der Knoten vom Widder zurückweicht, diesen Punkt wieder verläfst; sodafs also Beide, der Pol und der Knoten, mit rückgängiger Bewegung und in gleichen Zeiten, jener einen kleinen Kreis von 9″ Halbmesser um seinen anfänglichen Ort, dieser die ganze Ekliptik beschriebe.

§. 24. Es sey (Fig. 39.) ♈*E*♎ die Ekliptik, ♈*G*♎ der Aequator, *P* sein Pol, also der Winkel *E*♈*G* die Schiefe der Ekliptik. Wenn nun der ☊ im ♈ ist, so erscheint dieser Winkel um 9″ grösser; der Aequator ist also aus der Lage ♈*G*♎ in die andere ♈*H*♎, und der Pol von *P* nach *A* übergegangen. Man setze voraus, dafs während der ☊ die Ekliptik beschreibt, der Punkt *A* den kleinen Kreis *ABCD* durchlaufe: dann wird, wenn der ☊ nach ♑ gekommen ist, der Pol nach *B* gerückt seyn, und der Aequator wieder denselben Abstand von der Ekliptik haben, wie im Anfange; rückt der ☊ weiter nach ♎, so wird der Pol in *C* und der Aequator in der Lage ♈*F*♎, näher zur Ekliptik seyn; die Schiefe erscheint also vermindert; kommt endlich der ☊ nach ♋, so kommt der Pol nach *D* und der Aequator in die anfängliche mittlere Entfernung von der Ekliptik. Alles dies wird wirklich auch sehr nahe so beobachtet. Wenn also der Aequator in einem beständigen Schwanken von *H* nach *F*, und von *F* nach *H* ist, so kann man diese Bewegungen entweder am Aequator selbst, oder an seinem Pole betrachten; im letztern Falle können jedoch die Aenderungen besser erklärt und bewiesen werden, welche die Schiefe, die Längen, die Rektaszensionen und die Deklinazionen hiedurch erleiden, denn die Breiten bleiben ungestört. Die Hypothese von dem Umlaufe des Pols des Aequators in einem Kreise, dessen Mittelpunkt der mittlere Punkt zwischen den beschriebenen Abweichungen wäre, wurde deſshalb gleich anfangs allgemein angenommen: doch setzte man in der Folge statt des Kreises eine Ellipse, da durch diese die Erscheinungen der Nutazion noch besser dargestellt wurden.

Der gröſsern Deutlichkeit und Leichtigkeit wegen, wollen wir zuerst die Formeln für die Hypothese des Kreises und nachher die für die Ellipse suchen.

### IV. Aufgabe.

*Die Formeln für die Aenderungen der Schiefe und der Aequinokzialpunkte durch die Nutazion zu finden.*

§. 25. Es sey ♈*F*♎ (Fig. 40.) die Ekliptik, ♈*E*♎ der Aequator, *ABCD* der Kreis, welchen der wahre Pol um den mittlern Pol *P* beschreibt, *PE* der Solstizialkolur, und *O* der Ort des wahren Pols für einen gegebenen Augenblick. Aus *O* als Mittelpunkt beschreibe man den Bogen ♈′*IGb*, und lege durch *P* und *O* den Bogen *POab*, welcher beide Aequator in *a* und *b* senkrecht treffen wird. Dann ist 1) ♈′*IGb* die Lage des Aequators, wenn der wahre Pol in *O* ist. 2) Die Winkel bei *a* und *b* sind rechte, und deſshalb *I* der Pol des Bogens *ab* = *PO*, des Maſses des Winkels ♈*I*♈′. 3) Da zugleich der ☊ von ♈ und der Pol von *A* ausgegangen sind, so ist der ☊ im ersten Quadranten, und seine Länge = *OPA* = *EPa*, also *a*♈ = 90° + long. ☊, und ♈*I* = long. ☊. 4) Im Dreiecke ♈*I*♈′, wo der Winkel bei ♈ die mittlere Schiefe = $\omega$, und der Winkel bei ♈′ das Supplement der scheinbaren Schiefe = $\omega'$ zu 180° ist, hat man $\omega' - \omega$ gleich der Aenderung der Schiefe, ♈♈′ gleich der Aenderung der Aequinokzialpunkte in der Länge, und wenn man von ♈′ die senkrechte Linie ♈′*p* herabläſst, ♈*p* gleich der Aenderung derselben in der Rektaszension. Es ist also noch übrig, den Ausdruck für jede dieser drei Aenderungen zu finden.

§. 26. 1) *Aenderung der Schiefe.* Im Dreiecke $\Upsilon\Upsilon' I$ ist $\cos \Upsilon\Upsilon' I = \cos \Upsilon I . \sin I . \sin \Upsilon - \cos I . \cos \Upsilon$, oder $\cos (180^\circ - \omega') = - \cos \omega' = \cos \Omega . \sin 9'' . \sin \omega - \cos 9'' . \cos \omega$. Da aber $\cos 9'' = 1 - 2 \sin 4'',5^2$, so hat man $\cos \omega - \cos \omega' = 2 \cos \omega . \sin 4'', 5^2 + \sin 9'' . \sin \omega . \cos \Omega = \sin 9'' . \sin \omega . \cos \Omega$, ohne merklichen Fehler, weil der erste Satz gegen den zweiten eine Gröſse von der zweiten Ordnung, und also unendlich klein ist. Man hat nun weiter $2 \sin \frac{1}{2} (\omega' - \omega) . \sin \frac{1}{2} (\omega' + \omega) = \sin 9'' . \sin \omega . \cos \Omega$, daher $\sin \frac{1}{2} (\omega' - \omega) = \frac{\frac{1}{2} . \sin 9'' . \sin \omega . \cos \Omega}{\sin \frac{1}{2} (\omega' + \omega)} = \frac{1}{2} \sin 9'' . \cos \Omega$, folglich $\omega' - \omega = \sin 9'' . \cos \Omega$, der Ausdruck für die Aenderung der Schiefe.

§. 27. 2) *Aenderung in der Länge.* Im Dreiecke $\Upsilon\Upsilon' I$ ist $\operatorname{Tang} \Upsilon\Upsilon' = \frac{\sin \Omega}{\sin \omega . \operatorname{Cotg} 9'' + \cos \omega . \cos \Omega}$ also, indem man Zähler und Nenner durch Cotg 9'' dividirt, $\operatorname{Tang} \Upsilon\Upsilon' = \frac{\operatorname{Tang} 9'' . \sin \Omega}{\sin \omega + \cos \omega . \cos \Omega . \operatorname{Tang} 9''}$. Hier ist aber der zweite Theil des Nenners eine fast verschwindende Gröſse gegen den ersten, also hat man $\Upsilon\Upsilon' = - \frac{9'' \sin \Omega}{\sin \omega}$, die Aenderung in der Länge.

§. 28. 3) *Aenderung in der Rektaszension.* Im Dreiecke $\Upsilon\Upsilon' p$ hat man $1 : \cos \omega = \Upsilon\Upsilon' : \Upsilon p$; da nun $\Upsilon\Upsilon' = - \frac{9'' \sin \Omega}{\sin \omega}$, so ist $\Upsilon p = \frac{9'' . \sin \Omega . \cos \omega}{\sin \omega} = - 9'' . \sin \Omega . \operatorname{Cotg} \omega$, der Ausdruck für die, allen Sternen gemeinschaftliche Aenderung in der Rektaszension.

§. 29. Die beiden Korrekzionen der Aequinokzialpunkte werden im ersten und zweiten Quadranten der Länge des ☊ subtrahirt, wie es die Figur zeigt; im dritten und vierten aber addirt. Die Korrekzion der Länge bringt man im Allgemeinen bei allen Längen an, und braucht dann bei diesen keine andere Verbesserung zu machen, da die Nutazion die Ekliptik nicht verrückt. Ebenso wird auch die Korrekzion der Rektaszension bei allen Rektaszensionen angebracht: jedoch ist dies nicht hinlänglich, sondern man muſs noch eine andere Verbesserung anwenden, die vom Orte des Sterns abhängt. Es sei $S$ der Stern, und es seien vom mittlern Pol $P$ und vom wahren $O$ die beiden Deklinazionskreise $PSh$, $OSH$ gezogen; dann ist $\gamma h$ die auf den Pol $P$ bezogene Rektaszension des Sterns, und $\gamma' H$ die auf den Pol $O$ bezogene: es ist also ausser der ersten Korrekzion noch eine zweite nöthig.

### V. Aufgabe.

*Den Ausdruck des zweiten Theils der Aenderung in der Rektaszension zu finden.*

§. 30. Man setze $Sh = D$, $SH = D'$. Im Dreiecke $SPO$ wird der Winkel bei $P$ vom Bogen $ah = aI - hI = 90° - hI$ gemessen, und es ist $PO = 9''$, Sin $SP$ = Cos $D$. Daher

$$\text{Tang}\, S = \frac{\text{Sin}\,(90° - hI)}{\text{Cos}\, D\,.\,\text{Cotg}.\,9'' - \text{Sin}\, D\,.\,\text{Cos}\,(90° - hI)}$$

und wenn man Zähler und Nenner durch Cos $D$. Cotg. 9″ dividirt

$$\text{Tang}\, S = \frac{\frac{\text{Tang}\, 9''}{\text{Cos}\, D}\,.\,\text{Sin}\,(90° - hI)}{1 - \text{Tang}\, 9''\,.\,\text{Tg}\, D\,.\,\text{Cos}\,(90° - hI)}.$$

Hier kann man ohne merklichen Fehler den zweiten Theil des Nenners gegen den ersten vernachlässigen und erhält dadurch Tang S =

$$\frac{\text{Tang } 9'' . \text{Sin } (90^\circ - hI)}{\text{Cos } D} = \frac{\text{Tang } 9'' . \text{Cos } hI}{\text{Cos } D};$$

da aber $hI = \Upsilon h - \Upsilon I = \text{AR.} * - \text{long.} \Omega = A - \Omega$,

so ist Tang $S = \frac{\text{Tang } 9'' . \text{Cos } (A - \Omega)}{\text{Cos } D}$. In den beiden Dreiecken $nSh$, $NSH$ hat man nun aber ohne merklichen Irrthum $nh = NH$, also Tang $NH$ = Tang $nh$ = Sin $D$ . Tang $S$ und Tang $S = \frac{\text{Tang } nh}{\text{Sin } D}$. Vergleicht man also beide Werthe von Tang $S$, um daraus den Ausdruck für Tang $nh$ herzuleiten, so erhält man Tang $nh$ = Tang $D$. Tang $9''$ . Cos $(A - \Omega)$, als den Ausdruck für den zweiten Theil der Verbesserung der Rektaszension. Die ganze Verbesserung ist also =

$$- 9'' [\text{Sin } \Omega . \text{Cotg. } \omega + \text{Tang } D . \text{Cos } (A - \Omega)]$$

### VI. Aufgabe.

*Den Ausdruck der Aenderung der Deklinazion zu finden.*

§. 31. Wenn man die vorigen Benennungen beibehält, so findet man im Dreiecke $SPO$

$\text{Sin } D' = \text{Sin } 9'' . \text{Cos } D . \text{Sin } (A - \Omega) + \text{Cos } 9'' . \text{Sin } D$ also $\text{Sin } D' - \text{Cos } 9'' . \text{Sin } D = \text{Sin } 9'' . \text{Cos } D . \text{Sin } (A - \Omega)$; da aber Cos $9'' = 1$, so ist $\text{Sin } D' - \text{Cos } 9'' . \text{Sin } D = \text{Sin } D' - \text{Sin } D = 2 \text{ Sin } \tfrac{1}{2} (D' - D) . \text{Cos } \tfrac{1}{2} (D' + D)$ und ohne merklichen Fehler $= 2 \text{ Sin } \tfrac{1}{2} (D' - D) . \text{Cos } D = \text{Sin } 9'' . \text{Cos } D . \text{Sin } (A - \Omega)$. Geht man von den Sinus zu den Bögen über, was wegen der Kleinheit der Letztern erlaubt ist, so erhält man $D' - D = 9'' . \text{Sin } (A - \Omega)$, die Korrekzion, die für die nördlichen Sterne in den beiden ersten Quadranten der Länge des $\Omega$ addirt, in den beiden letzten subtrahirt wird; für südliche Sterne findet das Gegentheil statt.

§. 32. Der wahre Pol beschreibt aber, wie wir schon oben bemerkt haben, nicht einen Kreis um den mittlern Pol, sondern eine Ellipse, deren beide Axen, wie Dalembert gezeigt hat, im Verhältnifs des Cosinus der Schiefe zum Cosinus der doppelten Schiefe sind. Es mufs also noch untersucht werden, welche Aenderungen die vorhergehenden Formeln erleiden, wenn sie von dem Kreise auf die Ellipse übergetragen werden. Es sei defshalb $AOL$ (Fig. 41.) der kleine Kreis $ABCD$ der Fig. 40., und $ADL$ die Ellipse, die sowohl mit den Beobachtungen besser übereinstimmt, als auch durch die Theorie gegeben wird; es sei ferner, wie in Fig 40., der wahre Pol in $O$, der mittlere in $P$, und $m$, $n$ die beiden halben Axen der Ellipse. Wenn man von $O$ die senkrechte Linie $Ob$ herabfällt, welche die Ellipse in $a$ trifft, und man die Halbmesser $PO$, $Pa$ zieht, so ist $OPA$, die Länge des ☊ im Kreise, $=$ ☊ und $aPb$, dieselbe Länge in der Ellipse, $=$ ☊′. Um also die Ausdrücke für den Kreis in die zugehörigen für die Ellipse zu verwandeln mufs man $PO$, $bP$ und $OPA$ durch $ba$ und $Pa$, und $bPa$ durch $bPO$ ausdrücken. Nun ist 1) im Dreiecke $PaO$, Sin $PaO$ ($=$ Cos $bPa$ $=$ Cos ☊′) : Sin $aOP$ ($=$ Cos ☊) $= PO$ ($= m$) : $Pa$, also $Pa = \frac{m \,.\, \text{Cos ☊}}{\text{Cos ☊}'}$. 2) Im Dreiecke $bPO$ ist $R$ : Sin $bPO$ ($=$ Sin ☊) $= m : bO$, folglich $bO = m$ . Sin ☊. Aus den Eigenschaften der Ellipse aber hat man $m : n = bO$ ($= m$ . Sin ☊) : $ab$, also $ab = n$ . Sin ☊. 3) In den beiden Dreiecken $bPO$, $bPa$ ist Tang $bPO$ ($=$ Tang ☊) : Tang $bPa$ ($=$ Tang ☊′) $= Ob$ ($= m$ . Sin ☊) : $ab$ ($= n$ . Sin ☊), oder Tang ☊ : Tang ☊′ $= m$ . Sin ☊ : $n$ . Sin ☊, mithin Tang ☊′ $=$

$$\frac{n \,.\, \text{Sin ☊} \,.\, \text{Tang ☊}}{m \,.\, \text{Sin ☊}} = \frac{n \,.\, \text{Tang ☊}}{m}.$$

## VII. Aufgábe.

*Die für den Kreis entwickelten Formeln in elliptische zu verwandeln.*

§. 33. 1) *Korrekzion der Schiefe.* Diese ist im Kreise $- PO . \mathrm{Cos}\, \Omega$, in der Ellipse $= - Pa . \mathrm{Cos}\, \Omega = \frac{m . \mathrm{Cos}\, \Omega . \mathrm{Cos}\, \Omega'}{\mathrm{Cos}\, \Omega'} = m . \mathrm{Cos}\, \Omega$; also erleidet der Ausdruck für die Schiefe keine Aenderung.

§. 34. 2) *Aenderung in der Länge.* Im Kreise $= - \frac{PO . \mathrm{Sin}\, \Omega}{\mathrm{Sin}\, \omega}$, in der Ellipse $= - \frac{Pa . \mathrm{Sin}\, \Omega'}{\mathrm{Sin}\, \omega}$ $= - \frac{m . \mathrm{Cos}\, \Omega . \mathrm{Sin}\, \Omega'}{\mathrm{Sin}\, \omega . \mathrm{Cos}\, \Omega'} = - \frac{m . \mathrm{Cos}\, \Omega . \mathrm{Tang}\, \Omega'}{\mathrm{Sin}\, \omega}$; aber $\mathrm{Tang}\, \Omega' = \frac{n}{m} \mathrm{Tang}\, \Omega$, also $- \frac{Pa . \mathrm{Sin}\, \Omega'}{\mathrm{Sin}\, \omega}$ $= - \frac{n . \mathrm{Cos}\, \Omega . \mathrm{Tang}\, \Omega}{\mathrm{Sin}\, \omega} = - \frac{n . \mathrm{Sin}\, \Omega}{\mathrm{Sin}\, \omega} = - n . \mathrm{Sin}\, \Omega .$ Cosec. $\omega$.

§. 35. 3) *Korrekzion des ersten Theils der Rektaszension.* Im Kreise $= - PO . \mathrm{Cotg}\, \omega . \mathrm{Sin}\, \Omega$, in der Ellipse $= - Pa . \mathrm{Cotg}\, \omega . \mathrm{Sin}\, \Omega = -$ $\frac{m . \mathrm{Cotg}\, \omega . \mathrm{Sin}\, \Omega' . \mathrm{Cos}\, \Omega}{\mathrm{Cos}\, \Omega'} = - m . \mathrm{Cotg}\, \omega . \mathrm{Cos}\, \Omega .$ $\mathrm{Tang}\, \Omega' = - n . \mathrm{Cotg}\, \omega . \mathrm{Cos}\, \Omega . \mathrm{Tang}\, \Omega = - n . \mathrm{Cotg}\, \omega . \mathrm{Sin}\, \Omega$.

4) *Korrekzion des zweiten Theils der Rektaszension.* Im Kreise $= - PO . \mathrm{Tang}\, D . \mathrm{Cos}\, (A - \Omega)$, und in der Ellipse $= - Pa . \mathrm{Tang}\, D . \mathrm{Cos}\, (A - \Omega')$ $= - \frac{m . \mathrm{Tang}\, D . \mathrm{Cos}\, \Omega\, (\mathrm{Cos}\, A . \mathrm{Cos}\, \Omega' + \mathrm{Sin}\, A . \mathrm{Sin}\, \Omega')}{\mathrm{Cos}\, \Omega'}$ $= - m . \mathrm{Tang}\, D . (\mathrm{Cos}\, A . \mathrm{Cos}\, \Omega + \mathrm{Cos}\, \Omega . \mathrm{Sin}\, A . \mathrm{Tang}\, \Omega')$, und indem man $\frac{n}{m} . \mathrm{Tang}\, \Omega$ statt $\mathrm{Tang}\, \Omega'$ substituirt, $= - m . \mathrm{Tang}\, D . \mathrm{Cos}\, A . \mathrm{Cos}\, \Omega - n .$

$\text{Tang}\,D\,.\,\text{Sin}\,A\,.\,\text{Sin}\,\Omega = -\Big\{\frac{m}{2}.\,\text{Tang}\,D\,.[\text{Cos}\,(A+\Omega)+\text{Cos}\,(A-\Omega)] + \frac{n}{2}.\,\text{Tang}\,D\,.[\text{Cos}\,(A-\Omega) - \text{Cos}\,(A+\Omega)]\Big\} = -\Big\{\tfrac{1}{2}\,(m+n)\,.\,\text{Tang}\,D\,.\,\text{Cos}\,(A-\Omega) + \tfrac{1}{2}\,(m-n)\,.\,\text{Cos}\,(A+\Omega).\,\text{Tang}\,D\Big\}$ und wenn man für Cos $(A-\Omega)$ seinen Werth $-$ Sin $(A-\Omega\ \ 90°)$ und für Cos $(A+\Omega)$ ebenso $-$ Sin $(A+\Omega-90°)$ substituirt, so wird der vorige Ausdruck $=$

$\tfrac{1}{2}[(m+n)\,.\,\text{Sin}(A-\Omega-90)+(m-n).\text{Sin}(A+\Omega-90°)]$. Tang $D$.

§. 36. 5) *Korrekzion der Deklinazion.* Im Kreise ist sie $PO\,.\,\text{Sin}\,(A-\Omega)$, in der Ellipse $=$ $Pa\,.\,\text{Sin}\,(A-\Omega')$

$$= \frac{m\,.\,\text{Cos}\,\Omega}{\text{Cos}\,\Omega'}(\text{Sin}\,A\,.\,\text{Cos}\,\Omega' - \text{Sin}\,\Omega'\,.\,\text{Cos}\,A)$$
$$= m\,.\,\text{Cos}\,\Omega\,.\,\text{Sin}\,A - m\,.\,\text{Cos}\,\Omega\,.\,\text{Cos}\,A\,.\,\text{Tang}\,\Omega'$$
$$= m\,.\,\text{Cos}\,\Omega\,.\,\text{Sin}\,A - n\,.\,\text{Cos}\,\Omega\,.\,\text{Tang}\,\Omega\,.\,\text{Cos}\,A$$
$$= m\,.\,\text{Cos}\,\Omega\,.\,\text{Sin}\,A - n\,.\,\text{Cos}\,A\,.\,\text{Sin}\,\Omega$$
$$= \begin{cases} +\tfrac{1}{2}m\,[\text{Sin}\,(A+\Omega)+\text{Sin}\,(A-\Omega)] \\ -\tfrac{1}{2}n\,[\text{Sin}\,(A+\Omega)-\text{Sin}\,(A-\Omega)] \end{cases}$$
$$= \frac{m-n}{2}.\,\text{Sin}\,(A+\Omega) + \frac{m+n}{2}.\,\text{Sin}\,(A-\Omega)$$

§. 37. Alle durch die Nutazion hervorgebrachten Aenderungen, in der Ellipse berechnet, sind also die folgenden:

1. Schiefe . . . . $m\,.\,\text{Cos}\,\Omega$
2. Länge . . . $-\dfrac{n\,.\,\text{Sin}\,\Omega}{\text{Sin}\,\omega}$
3. Erster Theil der AR. . $-\,n\,.\,\text{Cotg.}\,\omega\,.\,\text{Sin}\,\Omega$.
4. Zweiter — — —. . $\tfrac{1}{2}[(m+n).\text{Sin}\,(A-\Omega-90°)$ $+\,(m-n)\,.\,\text{Sin}\,(A+\Omega-90°)]$. Tang $D$
5. Deklin. . . $\dfrac{m+n}{2}.\text{Sin}(A-\Omega)+\dfrac{m+n}{2}.\,\text{Sin}\,(A+\Omega)$.

§. 38. Es ist nun noch übrig den Werth von $m$ zu bestimmen. BRADLEY setzte ihn auf 9″,0 fest, MAYER auf 9″,65, MASKELYNE auf 9″,55, und LAPLACE 9″,58. Aus den Beobachtungen der Schiefe von BRADLEY, MASKELYNE und mir folgt 9″,40; noch viel weniger aber findet der Baron von LINDENAU, der in einer Abhandlung über den Polarstern diese Konstante nur zu 8″,9382 bestimmt. In dieser Ungewifsheit halte ich mich an den von mir gefundenen Werth von 9″,4. Weil nun die grössere Axe zur kleinern im Verhältnisse von Cos $\omega$ zu Cos 2 $\omega$ ist, so erhält man für $n$ den Werth 7″,0003; und wenn man diese Werthe in die obigen Formeln einführt, so ist

1. Schiefe . . . . . . . . . . . 9″,40 . Cos ☊
2. Länge . . . . . . . . . — 17″,58 . Cos ☊
3. Erster Theil der AR . — 16″,13 . Sin ☊
4. Zweiter — — — . . [8″,2 . Sin($A$ – ☊ — 90°) + 1″,2 . Sin ($A$ + ☊ — 90°)] . Tang $D$
5. Deklin. . . . 8″,2 . Sin ($A$ — ☊) + 1″,2 . Sin($A$ + ☊)

§. 39. Die Rechnung für die beiden ersten Formeln ist leicht und bequem; die für die drei andern kann aber ebenso leicht gemacht werden mit Hülfe von drei kleinen Tafeln, deren Einrichtung keine Schwierigkeiten darbietet. Man multiplizire alle Sinus von 0° bis 90° zuerst mit — 16″,13, dann mit 8″,2, endlich mit 1″,2. Das erste Produkt ordne man in drei Kolumnen, jede zu 30°; dieselben werden für alle vier Quadranten des Kreises gelten: nämlich für die ersten drei Zeichen, niedersteigend, für die zweiten drei, aufsteigend, dann wieder niedersteigend, und wieder aufsteigend, weil von 90° bis 180° dieselben Sinus wie von 0° bis 90°, nur in umgekehrter Ordnung, und von 180° bis 360° in derselben Ordnung wie von 0° bis zu 180° wiederkehren. Und weil die Konstante negativ ist, so werden die Werthe in den ersten sechs Zeichen —, in den zweiten + haben. Auf solche Art ist die erste Tafel eingerichtet, und ebenso werden auch die beiden andern für die Produkte von $+8'',2$ und $+1'',2$ angeordnet.

Lambert der die Formeln fand, hat auch zugleich Tafeln für dieselben im Berliner Jahrbuche für 1776 gegeben. Bei ihnen ist die halbe grofse Axe $= 9''$ vorausgesetzt; dessenungeachtet werden wir aber diese Tafeln ungeändert am Ende dieses Abschnitts geben, weil, um sie auf $9'',4$ zu reduziren, nichts anders nöthig ist, als jeden Satz mit 1,044 zu multipliziren, oder zu jedem Satze das Produkt aus demselben in 0,044 zu addiren. Ausserdem werden wir noch eine Hülfstafel hinzufügen, welche die Tangenten für alle Grade des Quadranten enthält, damit man alles zur Rechnung Nöthige beisammen habe.

Die Formeln zeigen hinlänglich die Art, wie man sich der Tafeln bedienen mufs. 1. Man gehe in die erste Tafel mit der Länge des ☊ des Mondes ein, und bemerke die entsprechende Zahl der Tafel. 2. Mit dem Argumente $A - ☊ - 90°$ gehe man in die zweite, und mit $A + ☊ - 90°$ in die dritte ein, nehme, jenachdem die Zeichen sind, die Summe oder Differenz der entsprechenden Zahlen, und multiplizire sie mit der Tangente der Deklinazion des Sterns; das Produkt addire oder subtrahire man von dem, aus der ersten Tafel gefundenen Satze, nach der gehörigen Rücksicht auf die Zeichen, und man erhält die ganze Verbesserung in der Rektaszension. Für die Korrekzion der Deklinazion gehe man in die zweite Tafel mit dem Argument $A - ☊$, in die dritte mit $A + ☊$ ein; die Summe oder Differenz der entsprechenden Sätze wird die Korrekzion in der Deklinazion sein. Wenn der Stern in der nordlichen Halbkugel ist, so behält die Korrekzion das Zeichen der Tafel;

in der südlichen nimmt sie das entgegengesetzte an. Das der Tafel beigefügte Beispiel wird dies noch deutlicher machen.

Andere Formeln und Tafeln haben Delambre, Zach, Gauss, Bessel und Mehrere gegeben, um die Rechnungen zu erleichtern; aber ausser den besondern Tafeln für jeden Stern, aus welchen mit der Länge des ☊, sogleich die beiden Korrekzionen gefunden werden können, und ausser den allgemeinen, bei welchen man kein Argument zu bilden, oder keinen Hülfswinkel zu suchen nöthig hat, scheinen mir die übrigen nicht eben vorzüglicher als die Lambertschen.

§. 40. Ausser den von der Mondnutazion herrührenden Verbesserungen, pflegt man heut zu Tage auch noch die durch die Sonnennutazion hervorgebrachten, bei den Beobachtungen anzubringen. Zwar sind sie sehr klein, und kleiner als die wahrscheinlichen Fehler der Beobachtungen; doch darf man sie nicht, wie lange Zeit geschehen, vernachlässigen.

Wenn die Sonne bei ihrem jährlichen Umlaufe immer denselben Abstand von der Ebene des Aequators behielte, so würde ihre Wirkung auf denselben immer gleich sein, und deſshalb bei diesem keine Aenderung durch jene hervorgebracht werden. Aber die Sonne nähert sich bald dem Aequator, bald entfernt sie sich von ihm, zieht ihn also bald mehr bald weniger an, und bringt hiedurch eine Art Schwankung hervor, welche wir Sonnennutazion genannt haben. Weil nun aber die durch diese Kraft hervorgebrachte Aenderung am kleinsten in den Aequinokzien, und am gröſsten in den Solstizien sein muſs, so wird sie ihre Periode vollenden, während die Sonne von einem Aequinokzium zum andern geht, oder in sechs Monaten. Um diese Ungleichheiten darzustellen nehmen wir an. dafs der wahre Pol des Aequators in sechs Monaten einen kleinen Kreis um den mittlern beschreibe; dann werden jene von der Bewegung des wahren Pols in seinem Kreise, oder von dem Doppelten des von der Sonne durchlaufenen Bogens, vom Widderpunkt gezählt abhängen. Nach diesen Grundsätzen, hat EULER die für die Schiefe und die Aequinokzialpunkte sich ergebenden Aenderungen untersucht, und die erste zu $0'',6 . \mathrm{Cos}\, 2\odot$, die zweite zu $-1'',12 . \mathrm{Sin}\, 2\odot$ bestimmt, wodurch man folgende Korrekzionen der Rektaszension und Deklinazion der Sterne erhält.

$$\text{Korr. d. AR} = -1'',03 . \mathrm{Sin}\, 2\odot + \mathrm{Tang}\, D . (0'',6 . \mathrm{Cos}\, 2\odot . \mathrm{Cos}\, A - 0'',45 . \mathrm{Sin}\, 2\odot . \mathrm{Sin}\, A)$$

$$\text{Korr. d. Dekl.} = +0'',6 . \mathrm{Cos}\, 2\odot . \mathrm{Sin}\, A - 0'',45 . \mathrm{Sin}\, 2\odot . \mathrm{Cos}\, A.$$

Diese Formeln sind dieselben, welche wir für die Mondnutazion gegeben haben, blos dafs man von den Produkten der Sinus und Cosinus auf die halbe Summe oder halbe Differenz übergeht, und statt des Knotens die doppelte Länge der Sonne, oder $\Omega = 2\odot$ setzt. Defshalb können dieselben Tafeln für beide Nutazionen dienen; es wird nur nöthig sein, jeden Satz der Mondnutazion mit $0'',06221$ zu multipliziren, um die der Sonnennutazion entsprechenden Korrekzionen zu erhalten.

Hiebei ist zu bemerken, dafs wenn man möglichst genau rechnen wollte, die Multiplikazion besser mit $0'',046224$ geschähe, weil die von EULER gegebene Konstante 0,6 etwas zu grofs befunden worden. Dieselbe ist, nach der sichersten Bestimmung nicht gröfser als $0'',4345$, daher

$$9'',4 : 1 = 0'',4345 : 0'',04622.$$

# *Allgemeine Nutazionstafel*

## *von Lambert.*

| | 1. Tafel. | | | 2. Tafel. | | | 3. Tafel. | | | |
|---|---|---|---|---|---|---|---|---|---|---|
| | *Argument:* ☊ | | | *Argum. A* — ☊ | | | *Argum. A* + ☊ | | | |
| | 0 VI. | I. VII | II. VIII | 0 VI. | I. VII | II. VIII | 0 VI. | I. VII. | II. VIII | |
| *Gr* | − + | − + | − + | + − | + − | + − | + − | + − | + − | *Gr* |
| 0 | 0″,00 | 7″,71 | 13″,36 | 0″,00 | 3″,93 | 6″,80 | 0″,00 | 0″,58 | 1″,00 | 30 |
| 1 | 0,27 | 7,95 | 13,50 | 0,14 | 4,04 | 6,86 | 0,02 | 0,59 | 1,01 | 29 |
| 2 | 0,54 | 8,18 | 13,62 | 0,27 | 4,16 | 6,93 | 0,04 | 0,61 | 1,02 | 28 |
| 3 | 0,81 | 8,40 | 13,75 | 0,41 | 4,28 | 6,99 | 0,06 | 0,63 | 1,02 | 27 |
| 4 | 1,08 | 8,63 | 13,87 | 0,55 | 4,39 | 7,06 | 0,08 | 0,64 | 1,03 | 26 |
| 5 | 1,35 | 8,85 | 13,98 | 0,68 | 4,50 | 7,11 | 0,10 | 0,66 | 1,04 | 25 |
| 6 | 1,61 | 9,07 | 14,10 | 0,82 | 4,61 | 7,17 | 0,12 | 0,68 | 1,05 | 24 |
| 7 | 1,88 | 9,29 | 14,20 | 0,95 | 4,72 | 7,23 | 0,14 | 0,69 | 1,06 | 23 |
| 8 | 2,15 | 9,50 | 14,31 | 1,09 | 4,83 | 7,28 | 0,16 | 0,71 | 1,07 | 22 |
| 9 | 2,41 | 9,71 | 14,41 | 1,23 | 4,94 | 7,33 | 0,18 | 0,72 | 1,07 | 21 |
| 10 | 2,68 | 9,92 | 14,50 | 1,36 | 5,05 | 7,38 | 0,20 | 0,74 | 1,08 | 20 |
| 11 | 2,94 | 10,12 | 14,59 | 1,50 | 5,15 | 7,42 | 0,22 | 0,75 | 1,09 | 19 |
| 12 | 3,21 | 10,32 | 14,67 | 1,63 | 5,25 | 7,47 | 0,24 | 0,77 | 1,09 | 18 |
| 13 | 3,47 | 10,52 | 14,76 | 1,77 | 5,35 | 7,51 | 0,26 | 0,78 | 1,10 | 17 |
| 14 | 3,73 | 10,72 | 14,83 | 1,90 | 5,45 | 7,55 | 0,28 | 0,80 | 1,11 | 16 |
| 15 | 3,99 | 10,91 | 14,90 | 2,03 | 5,55 | 7,58 | 0,30 | 0,81 | 1,11 | 15 |
| 16 | 4,25 | 11,10 | 14,97 | 2,16 | 5,65 | 7,62 | 0,32 | 0,83 | 1,12 | 14 |
| 17 | 4,51 | 11,28 | 15,03 | 2,30 | 5,74 | 7,65 | 0,34 | 0,84 | 1,12 | 13 |
| 18 | 4,77 | 11,47 | 15,09 | 2,43 | 5,83 | 7,68 | 0,35 | 0,85 | 1,13 | 12 |
| 19 | 5,02 | 11,65 | 15,15 | 2,56 | 5,92 | 7,71 | 0,37 | 0,87 | 1,13 | 11 |
| 20 | 5,28 | 11,82 | 15,20 | 2,68 | 6,01 | 7,73 | 0,39 | 0,88 | 1,13 | 10 |
| 21 | 5,53 | 11,99 | 15,24 | 2,81 | 6,10 | 7,75 | 0,41 | 0,89 | 1,14 | 9 |
| 22 | 5,78 | 12,16 | 15,28 | 2,94 | 6,19 | 7,76 | 0,43 | 0,91 | 1,14 | 8 |
| 23 | 6,03 | 12,32 | 15,32 | 3,07 | 6,27 | 7,77 | 0,45 | 0,92 | 1,14 | 7 |
| 24 | 6,28 | 12,48 | 15,35 | 3,19 | 6,35 | 7,79 | 0,47 | 0,93 | 1,14 | 6 |
| 25 | 6,52 | 12,64 | 15,37 | 3,32 | 6,43 | 7,80 | 0,49 | 0,94 | 1,15 | 5 |
| 26 | 6,76 | 12,79 | 15,39 | 3,44 | 6,51 | 7,82 | 0,50 | 0,95 | 1,15 | 4 |
| 27 | 7,01 | 12,94 | 15,41 | 3,56 | 6,58 | 7,83 | 0,52 | 0,96 | 1,15 | 3 |
| 28 | 7,25 | 13,09 | 15,42 | 3,69 | 6,66 | 7,84 | 0,54 | 0,97 | 1,15 | 2 |
| 29 | 7,48 | 13,23 | 15,43 | 3,81 | 6,73 | 7,85 | 0,56 | 0,99 | 1,15 | 1 |
| 30 | 7,71 | 13,36 | 15,43 | 3,93 | 6,80 | 7,85 | 0,58 | 1,00 | 1,15 | 0 |
| | − + | − + | − + | + − | + − | + − | + − | + − | + − | |
| *Gr* | V. XI. | IV. X. | III. IX | V. XI. | IV. X. | III. IX | V. XI. | IV. X. | III. IX | *Gr* |

## *Hülfstafel.*

| Gr | Tang. | Gr | Tang. | Gr | Tang. | Gr | Tang. | Gr | Tang. | Gr | Tang. |
|---|---|---|---|---|---|---|---|---|---|---|---|
| 0 | 0,000 | 15 | 0,268 | 30 | 0,577 | 45 | 1,000 | 60 | 1,732 | 75 | 3,732 |
| 1 | 0,017 | 16 | 0,287 | 31 | 0,601 | 46 | 1,036 | 61 | 1,804 | 76 | 4,011 |
| 2 | 0,035 | 17 | 0,306 | 32 | 0,625 | 47 | 1,072 | 62 | 1,881 | 77 | 4,331 |
| 3 | 0,052 | 18 | 0,325 | 33 | 0,649 | 48 | 1,111 | 63 | 1,963 | 78 | 4,705 |
| 4 | 0,070 | 19 | 0,344 | 34 | 0,675 | 49 | 1,150 | 64 | 2,050 | 79 | 5,145 |
| 5 | 0,087 | 20 | 0,364 | 35 | 0,700 | 50 | 1,192 | 65 | 2,145 | 80 | 5,671 |
| 6 | 0,105 | 21 | 0,384 | 36 | 0,727 | 51 | 1,235 | 66 | 2,246 | 81 | 6,314 |
| 7 | 0,123 | 22 | 0,401 | 37 | 0,754 | 52 | 1,280 | 67 | 2,356 | 82 | 7,115 |
| 8 | 0,141 | 23 | 0,424 | 38 | 0,781 | 53 | 1,327 | 68 | 2,475 | 83 | 8,144 |
| 9 | 0,158 | 24 | 0,445 | 39 | 0,810 | 54 | 1,376 | 69 | 2,605 | 84 | 9,514 |
| 10 | 0,176 | 25 | 0,466 | 40 | 0,839 | 55 | 1,428 | 70 | 2,747 | 85 | 11,430 |
| 11 | 0,194 | 26 | 0,488 | 41 | 0,869 | 56 | 1,483 | 71 | 2,904 | 86 | 14,301 |
| 12 | 0,213 | 27 | 0,510 | 42 | 0,900 | 57 | 1,540 | 72 | 3,078 | 87 | 19,081 |
| 13 | 0,231 | 28 | 0,532 | 43 | 0,933 | 58 | 1,600 | 73 | 3,271 | 88 | 28,636 |
| 14 | 0,249 | 29 | 0,554 | 44 | 0,966 | 59 | 1,664 | 74 | 3,487 | 89 | 57,290 |
| 16 | 0,268 | 30 | 0,577 | 45 | 1,000 | 60 | 1,732 | 75 | 3,732 | 90 | unendl. |

### *Beispiel.*

Man verlangt die Nutazion in AR. und Dekl. von α Steinbock für 1. Jan. 1816.

AR d. Sterns . . . $10^{z}\ 1^\circ\ 44'$ . . . Dekl. . . . $13^\circ\ 9'$ südl. . . . .

long ☊ . . . $2^{z}\ 23^\circ\ 49'$

*Argum. für die AR.* I. ☊ $= 2^{z}\ 23^\circ\ 49'$

II. $A -$ ☊ $- 3^{z} = 4^{z}\ 7^\circ\ 55'$

III. $A +$ ☊ $- 3^{z} = 9^{z}\ 25^\circ\ 33'$

| | | |
|---|---|---|
| Arg. I. Taf. 1. . . . . . . . . . . . . . . . . | | — 15″,35 |
| Arg. II. Taf. 2. . . . . . . | + 6″,19 | |
| Arg. III. Taf. 3. . . . . . . . | — 1 ,03 | |
| Summe | + 5″,16 | |

Tang 13° 9′ . . . . . . — 0,2337
multipl. mit . . . . . + 5,16 } Produkt . . . . . — 1″,21

Nutaz. in AR. . . . . — 16″,56

*Argum. für die Dekl.* I. $A - \Omega = 7^s\ 7^\circ 55'$
II. $A + \Omega = 0^s\ 25^\circ 35'$

| | |
|---|---|
| Arg. I. Taf. 2. . . . . . . | $- 4'',82$ |
| Arg. II. Taf. 3. . . . . | $+ 0\ ,50$ |
| | $- 4\ ,32$ |

Diese Korrekzion wird additiv, oder $+ 4,32$, weil die Deklinazion südlich ist.

Hiebei ist die halbe groſse Axe $= 9'',0$ vorausgesetzt; wollte man die gefundenen Werthe auf die halbe groſse Axe $= 9'',4$ zurückführen, so müſste man bei der Rektaszension $0'',74$, bei der Deklinazion $0'',18$ addiren, sodaſs also die Korrekzion für die AR... $- 17'',3$, die für die Dekl...... $= 4'',5$ würde.

Setzt man statt der Länge des ☊, die doppelte Länge der ☉ $= 6^s\ 20^\circ$ und multiplizirt die dadurch erhaltenen Grössen mit 0,046, so erhält man die Sonnennutazion in AR... $+ 0'',01$, die in Dekl. ... $- 0'',38$.

## *Vierter Abschnitt.*

### *Aberrazion.*

§. 41. Wir haben schon im zweiten Buche §. 62. gesehen, was die Aberrazion des Lichts sei, wie sie von dem Verhältnisse der Geschwindigkeiten der Erde und des Lichts abhängt, wie sie immer den Lichtstrahl gegen die Seite lenkt, nach welcher sich die Erde bewegt, und wie hiedurch die Längen, Breiten, Rektaszensionen und Deklinazionen sich ändern müssen. Es bleibt also nur noch übrig die Einwirkung dieser Erscheinung auf die Sterne zu erläutern, und zu zeigen, auf welche Weise die Beobachtungen von derselben befreit werden können.

## VIII. Aufgabe.

*Den Ausdruck der Einwirkung der Aberrazion auf die Sterne zu finden, auf welchen Kreis diese auch bezogen sein mögen.*

§. 42. Es sei *EC* (Fig. 42.) die Ekliptik, *IS* ein gröfster Kreis, der durch den Stern *S* geführt worden und die Ekliptik in *I* schneidet; es sei ferner *T* die Erde, *TX* ein zu *SI* senkrechter Bogen, *Tt* der Weg der Erde während der Zeit in welcher das Licht zu uns gelangt, *tx* ein Bogen, parallel mit *TX*, und *Tv* parallel zur Ebene des Bogens *IS*. Wenn die Erde nach *t* gelangt ist, so hat sie sich von der Ebene des Bogens *IS*, um die Grösse *tv* entfernt; aber die Aberrazion läfst den Stern weiter vorwärts, in der Ebene und Richtung in welcher die Erde geht, erscheinen: also hat sich der Stern *S* ebenfalls von der Ebene *SI*, um gleichviel mit der Erde entfernt, nämlich um die Grösse $SS' = tv$, wie man leicht einsieht, wenn man die Parallelen *vS* und *tS'* zieht und das Parallelogramm *vStS'* vollendet. Weil nun hier nur die Bewegung in Beziehung auf die Ebene *SI* betrachtet wird, so kann man *v* als den Punkt ansehen, von welchem die Erde ausgegangen und *t* als den zu welchem sie in der Zeit gekommen ist, welche das Licht gebraucht von der Sonne zu uns zu gelangen.

§. 43. Es ist also noch übrig, den Ausdruck für die Wirkung der Aberrazion, oder für $SS' = tv$ zu finden. Im Dreiecke *TIX* ist aber $R : \text{Sin}\, I = \text{Sin}\, IT : \text{Sin}\, TX$, also $\text{Sin}\, TX = \text{Sin}\, I \,.\, \text{Sin}\, IT$; da mithin das Differenzial von $TX = d.IT . \text{Sin}\, I . \text{Cos}\, IT = tv$, und das Differenzial von $IT = Tt = 20'',255$, der mittlern Bewegung der Erde in der Zeit, welche das Licht gebraucht, um von der Sonne zu uns zu gelangen, oder in $493',2$; so ist

$tv = 20'',255 . \text{Sin}\, I . \text{Cos}\, IT$ der allgemeine Ausdruck der Aberrazion, was für ein Kreis auch $SI$ sein mag.

$SS'$ ist immer senkrecht zu $SI$; also wird 1) wenn $SI$ ein Breitenkreis ist, $SS'$ parallel zur Ekliptik sein, und die Aberrazion in der Länge ausdrücken; 2) wenn $SI$ senkrecht zum Breitenkreise ist, $SS'$ auf diesem Kreise selbst sein, und die Aberrazion in der Breite darstellen; 3) wenn $SI$ ein Deklinazionskreis, $SS'$ parallel zum Aequator und die Aberrazion in der Rektaszension sein; endlich 4) wenn $SI$ senkrecht zum Deklinazionskreise, $SS'$ auf diesem Kreise selbst sein und die Aberrazion in der Deklinazion geben. Also können ohne Schwierigkeit aus dem allgemeinen Ausdrucke für $SS'$ die besondern für die vier verschiedenen Arten von Aberrazionen hergeleitet werden. Dabei wollen wir immer die Erde im ersten Quadranten nach dem Durchschnittspunkte $I$ des Kreises $SI$ mit der Ekliptik voraussetzen, und es sei zugleich $20'',255 = m$, die Schiefe der Ekliptik $= \omega = 23° \, 27' \, 56''$, wie wir sie für den Anfang des Jahrhunderts bestimmt haben, $* =$ der Länge des Sterns, $\odot =$ der Länge der Sonne, und also $\odot + 180° =$ der Länge der Erde, $D$ die Deklinazion, $L$ die Länge des Sterns.

### *Aberrazion in der Länge.*

§. 44. Es stelle $SI$ einen Breitenkreis vor. Dann ist der Winkel $I$ ein rechter, also $\text{Sin}\, I = 1$, ferner $IT$ die Differenz zwischen der Länge der Erde und der des Sterns, also $IT = 180° + \odot - *$, auch $SI =$ der Breite des Sterns, und $SS'$ parallel zur Ekliptik. Aus der Fig. 42. wird als Fig. 43., wo $E$ der Pol der Ekliptik, $ESI$, $ESi$ Breitenkreise, $SI = L$, und $SS' = m . \text{Cos}\, IT . \text{Sin}\, I = m . \text{Cos}\, (180° + \odot - *) = - m . \text{Cos}\, (\odot - *)$, die Aberrazion in der Länge in der Gegend des Sterns. Im Dreiecke $SES'$ hat man aber Cos $L : SS' = R : Ii$, also $Ii = -\frac{m \cdot \text{Cos}\,(\odot - *)}{\text{Cos}\,L} = -m \cdot \text{Cos}\,(\odot - *) \cdot$ Sec. $L$, *die Aberrazion auf der Ekliptik.*

*Aberrazion in der Breite.*

§. 45. Es sei $\gamma IT$ (Fig. 44), ebenso wie in Fig. 43. die Ekliptik, $\gamma$ der Anfangspunkt der Längen, $SI$ der gröfste Kreis, der durch den Stern $S$ geht, und den Breitenkreis $EL$ senkrecht trifft; dann ist $SL = L =$ der Breite des Sterns, $IL = IS = 90°$, $\gamma L =$ der Länge des Sterns, $TL = * - 180° - \odot$, $IT = 90° + 180° + \odot - * = 270° + \odot - *$. Da sich aber die Erde im ersten Quadranten befindet, so hat man $IT = \odot - * - 90°$, und da die Aberrazion den Stern der Ekliptik nähert, $SS' = -m \cdot \text{Cos}\,(\odot - * - 90°) \cdot \text{Sin}\,L$; und weil $-$ Cos $(\odot - * - 90°) = \text{Cos}[90° + (* - \odot)] = \text{Sin}(* - \odot)$, so erhält man für die *Aberrazion in der Breite* den Ausdruck $m \cdot \text{Sin}\,(* - \odot) \cdot \text{Sin}\,L$.

§. 46. Weil die Aberrazion

in der Länge .... $-m \cdot \text{Cos}\,(\odot - *) \cdot \text{Sec}\,L$

in der Breite .... $-m \cdot \text{Cos}\,(\odot - * - 90°) \cdot \text{Sin}\,L$

beträgt, so kann man die Werthe von $m \cdot \text{Cos}\,(\odot - *)$ und $m \cdot \text{Cos}\,(\odot - * - 90°)$ zusammenfassen, und sie in eine einzige Tafel bringen, welche für beide Aberrazionen gilt. Defshalb 1) addire man zum log $m$ nach und nach die Logarithmen des Cosinus von 0° bis 90°, und schreibe 2) die entsprechenden Zahlen in drei Kolonnen, jede von 30°, indem man über die erste die Zeichen o und VI, unter dieselbe XI und V, und ebenso bei der zweiten I und VII, und X und IV, und bei der dritten II und VIII und XI und III setzt. 3) Die 30°, welche ein Zeichen ausmachen, schreibe man zur

Linken der Tafel, von oben nach unten, zur Rechten, von unten nach oben. 4) Weil die Cosinus im ersten und letzten Quadranten positiv, im zweiten und dritten negativ sind, und der allgemeine Ausdruck der Aberrazion gleichfalls negativ ist, so setze man bei den Zeichen des ersten und letzten Quadranten ein —, und ein + bei denen des zweiten und dritten. Von den allgemeinen Aberrazions- und Nutazionstafeln, welche DELAMBRE berechnet hat, und welche sich am Ende dieses Abschnitts finden, ist die erste auf die eben erklärte Weise eingerichtet.

Es sei $\odot - * = 3^s\ 18^\circ$, $\odot - * - 90^\circ = 0^s\ 18^\circ$; man sucht die beiden entsprechenden Aberrazionen. Für $3^s\ 18^\circ$ erhält man $6'',18$ und $-19'',02$ für $0^s\ 18^\circ$; man multiplizire $+6'',18$ mit der Secante der Breite des Sterns und $-19'',02$ mit dem Sinus, so erhält man die gesuchten Werthe. Wenn man die Unbequemlichkeit vermeiden will, die Sekante und den Sinus der Breite zu suchen, so konstruire man eine zweite Tafel aus den Werthen dieser Kreisfunkzionen, welche man der erstern beifügt.

Aus der bloſsen Ansicht der Werthe für die Aberrazion in der Länge und in der Breite findet man sogleich, daſs die Sterne in jedem Jahre eine Ellipse beschreiben deren halbe Axen $20'',255$ und $20'',255 . \text{Sin}\ L$ sind. Wenn $L = 90^\circ$, so ist der Stern im Pol, und die Ellipse verwandelt sich in einen Kreis, der parallel mit der Ekliptik liegt; wenn aber $L = 0$, so geht die Ellipse in eine grade Linie über, d. h. die Sterne in der Ekliptik haben keine Aberrazion in der Breite.

*Aberrazion in der Rektaszension.*

§. 47. Es sei (Fig. 45.) *EC* die Ekliptik, *EQ* der Aequator, *Pa* ein Deklinazionskreis, der durch den Stern $S$ geht, $T$ die Erde; dann ist $IEa =$ der Schiefe $= \omega$, $Ea =$ der AR. des ✶, $Sa =$ der Dekl. des ✶ $= D$, $SS'$ die Aberrazion in der Rektaszension für die Gegend des Sterns, und $\frac{SS'}{\text{Cos } Sa}$ für den Aequator. Man hat nun $SS' = m . \text{Sin } I . \text{Cos } IT = m . \text{Sin } I . \text{Cos } (ET - EI) = m . \text{Sin } I . \text{Cos } ET . \text{Cos } EI + m . \text{Sin } I . \text{Sin } ET . \text{Sin } EI$; da aber $\text{Sin } I . \text{Sin } EI = \text{Sin } Ea = \text{Sin AR.} = \text{Sin } A$, und $\text{Sin } I . \text{Cos } EI = \text{Sin } I . \text{Sin } EI . \text{Cotg } EI = \text{Sin } Ea . \text{Cotg } EI$, und $\text{Cotg } EI = \text{Cos } \omega . \text{Cotg } Ea$, so ist $\text{Sin } Ea . \text{Cotg } EI = \text{Sin } Ea . \text{Cos } \omega . \text{Cotg } Ea = \text{Sin } A . \text{Cos } \omega . \text{Cotg A} = \text{Cos } \omega . \text{Cos } A$. Und weil $\text{Sin } ET = \text{Sin } (180^\circ + \odot) = - \text{Cos } \odot$, so findet man nach den gehörigen Substituzionen in der Gleichung $SS' = \text{Sin } I . \text{Cos } ET . \text{Cos } EI + \text{Sin } I . \text{Sin } ET . \text{Sin } EI$ für den zweiten Theil derselben den Ausdruck $- m . \text{Cos } \odot . \text{Cos } \omega . \text{Cos } A - m . \text{Sin } \odot . \text{Sin } A$, der durch $\text{Cos } D$ dividirt, oder mit $\text{Sec } D$ multiplizirt, die *Aberrazion für den Aequator* =

$- 20'',255 \, (\text{Cos} \odot . \text{Cos} \, \omega . \text{Cos} \, A + \text{Sin} \odot . \text{Sin A}) \, \text{Sec} \, D$ ...... ($A$.) giebt.

*Aberrazion in der Deklinazion.*

§. 48. Es sei (Fig. 46.) $PA$ der Deklinazionskreis, der durch den Stern geht, $VEAQ$ der Aequator, $IETC$ die Ekliptik, $IVSQ$ der Kreis $SI$, welcher den Bogen $PA$ senkrecht trifft, und die Ekliptik in $I$ schneidet, endlich sei $T$ der Ort der Erde; dann ist $VA = VS = 90^\circ$, $SA =$ der Deklinazion des Sterns, gleich dem Maſse des Winkels $SVA$, also $- SS' = m . \text{Sin } I . \text{Cos } IT = m . \text{Sin } I . \text{Cos } (IE + ET) = m . \text{Sin } I . \text{Cos } IE . \text{Cos } ET - m . \text{Sin } I . \text{Sin } IE . \text{Sin } ET$. Und weil $\text{Sin } ET = \text{Sin } (180^\circ + \odot) = - \text{Sin } \odot$, und $\text{Cos } (180^\circ + \odot) = - \text{Cos } \odot$, so ist $\text{Sin } I . \text{Cos } IE . \text{Cos } ET -$

$\text{Sin}\,I.\text{Sin}\,IE.\text{Sin}\,ET = -\,\text{Sin}\,I.\text{Cos}\,IE.\text{Cos}\,\odot + \text{Sin}\,I.\text{Sin}\,IE.\text{Sin}\,\odot \ldots\ldots (N.)$ Man muſs nun noch die Werthe von Sin $I$. Sin $IE$ und Sin $I$. Cos $IE$ durch die Schiefe, die Rektaszension und die Deklinazion des Sterns $S$ ausgedrückt, suchen. Dazu hat man im Dreiecke $IVE$ die Proporzion $\text{Sin}\,V : \text{Sin}\,IE = \text{Sin}\,I : \text{Sin}\,VE$, oder $\text{Sin}\,D : \text{Sin}\,IE = \text{Sin}\,I : \text{Cos}\,A$, also $\text{Sin}\,I\,.\,\text{Sin}\,IE = \text{Sin}\,D\,.\,\text{Cos}\,A$. In demselben Dreiecke ist ferner $\text{Sin}\,E\,.\,\text{Cotg}\,V = \text{Sin}\,EV\,.\,\text{Cotg.}\,IE - \text{Cos}\,EV\,.\,\text{Cos}\,E$, oder $\text{Sin}\,\omega\,.\,\text{Cotg}\,(180^\circ - D) = \text{Cos}\,A\,.\,\text{Cotg}\,IE - \text{Sin}\,A\,.\,\text{Cos}\,\omega$ und $\text{Cos}\,A\,.\,\text{Cotg}\,IE = \text{Sin}\,A\,.\,\text{Cos}\,\omega - \text{Sin}\,\omega\,.\,\text{Cotg}\,D$. Es ist aber $\text{Sin}\,I.\text{Cos}\,IE = \text{Sin}\,I.\text{Sin}\,IE.\text{Cotg.}\,IE = \text{Sin}\,D.\text{Cos}\,A.\text{Cotg}\,IE$, also $\text{Sin}\,I.\text{Cos}\,IE = \text{Sin}\,A.\text{Cos}\,\omega.\text{Sin}\,D - \text{Sin}\,\omega.\text{Cos}\,D$. Wenn nun diese Werthe von Sin $I$. Sin $IE$ und Sin $I$. Cos $IE$ in die Formel ($N$.) substituirt, und alle Glieder mit $m$ multiplizirt werden, so erhält man den Ausdruck für die Aberrazion in der Deklinazion, nämlich

$$-SS' = m \left\{ \begin{array}{l} +\text{Sin}\,D\,.\,\text{Cos}\,A\,.\,\text{Sin}\,\odot \\ -\text{Sin}\,D\,.\,\text{Sin}\,A\,.\,\text{Cos}\,\odot\,.\,\text{Cos}\,\omega \\ +\text{Cos}\,D\,.\,\text{Sin}\,\omega\,.\,\text{Cos}\,\odot \end{array} \right\} \ldots (M.)$$

§. 49. Die Berechnung der Aberrazion in der Länge und in der Breite ist, wie man oben (§. 46) gesehen, leicht und kurz; bei der in der Rektaszension und in der Deklinazion ist dies aber nicht der Fall, und doch braucht man diese, im Vergleich gegen die andere, viel häufiger. Um also diese Rechnungen zu erleichtern, hat man besondere Tafeln für die Hauptsterne, und allgemeine für alle Sterne, wie auch immer ihre Rektaszension, Deklinazion und der Ort der Sonne sein mag, entworfen. Hiezu bedient man sich für die erstern am besten der Formeln, so wie wir sie gegeben haben, für die letztern aber kann man die Arbeit sehr verringern, wenn man dieselben Formeln in andere verwandelt, welche von der möglichst kleinsten Zahl von Kreisfunkzionen abhängen.

§. 50. Hiezu ist nöthig in die Formeln für die Aberrazion in der Rektaszension statt Cos ☉. Cos $A$ und Sin ☉ . Sin $A$ ihre Werthe durch die halbe Summe und die halbe Differenz der Cosinus zu setzen; man erhält hiedurch

$$-m\left\{\begin{matrix}\text{Cos}\,\omega\,.\,\text{Cos}\,\odot\,.\,\text{Cos}\,A\\ \text{Sin}\,\odot\,.\,\text{Sin}\,A\end{matrix}\right\}\text{Sec.}\,D=$$

$$-m\left\{\begin{matrix}\frac{\text{Cos}\,\omega-1}{2}\,.\,\text{Cos}\,(\odot+A)\\ \frac{\text{Cos}\,\omega+1}{2}\,.\,\text{Cos}\,(\odot-A)\end{matrix}\right\}\text{Sec.}\,D=$$

$$m\left\{\begin{matrix}+\,\text{Sin}\,\tfrac{1}{2}\,\omega^2\,.\,\text{Cos}\,(\odot+A)\\ -\,\text{Cos}\,\tfrac{1}{2}\,\omega^2\,.\,\text{Cos}\,(\odot-A)\end{matrix}\right\}.\,\text{Sec}\,D,$$

also, wenn man die oben (§. 42.) bestimmten Werthe von $m$ und $\omega$ substituirt.

$$\text{Aberrazion in AR.}=\left\{\begin{matrix}+\;\;0'',838\,\text{Cos}\,(A+\odot)\\ -\;19'',417\,\text{Cos}\,(A-\odot)\end{matrix}\right\}\text{Sec}\;D$$

§. 51. Auf ähnliche Weise erhält man aus der Formel für die Aberrazion in der Deklinazion, wenn man die beiden ersten Glieder als den ersten, das dritte Glied, als den zweiten Theil betrachtet, die gehörigen Substituzionen für Sin $A$. Cos ☉, Cos $A$ . Sin ☉ und Cos ☉. Cos $D$ macht, statt $m$ und $\omega$ ihre Werthe setzt, und bemerkt daſs Sin $(A-\odot)=-\text{Cos}\,(A-\odot+90^\circ)$, und Sin $(A+\odot)$ $=-\text{Cos}\,(A+\odot+90^\circ)$, den *ersten Theil der Aberrazion in der Deklinazion*

$$=\left\{\begin{matrix}+\;19'',417\;\text{Sin}\,(A-\odot)\\ -\;\;0'',838\;\text{Sin}\,(A+\odot)\end{matrix}\right\}\text{Sin}\;D$$

$$=\left\{\begin{matrix}-\;19'',417\;\text{Cos}\,(A-\odot+90^\circ)\\ +\;\;0'',838\;\text{Cos}\,(A+\odot+90^\circ)\end{matrix}\right\}\text{Sin}\;D;$$

und den zweiten Theil =

$$-4'',033\,.\,\text{Cos}\,(\odot-D)-4'',033\,.\,\text{Cos}\,(\odot+D).$$

Hiernach können drei allgemeine Tafeln berechnet werden, welche nicht mehr als zwei Seiten einnehmen, und sogleich alles zur schnellen Bestimmung der beiden Aberrazionen Nöthige geben. Die erste Tafel erhält das Argument $A - \odot$, die zweite $A + \odot$, die dritte $\odot - D$ und $\odot + D$, und eine vierte giebt die Sekanten und Sinus des Quadranten. Aus der ersten und zweiten Tafel erhält man mit den gehörigen Argumenten die Aberrazion in der Rektaszension, wenn man die gefundene Gröſse mit der Sekante der Deklinazion aus der vierten Tafel multiplizirt hat. Dieselbe erste Tafel dient auch für den ersten Theil der Aberrazion in der Deklinazion, indem man bei ihr zuerst das Argument $A + \odot + 90°$ und dann das Argument $A - \odot + 90°$ anwendet, und die Summe der beiden erhaltenen Gröſsen mit dem Sinus der Deklinazion des Sterns multiplizirt. Den zweiten Theil erhält man aus der dritten Tafel, indem man ſich der beiden Argumente bedient, nach welchen ſie berechnet ist, und die Zeichen verändert, wenn der Stern südlich iſt. Tafeln dieser Art, von Delambre berechnet, werden wir mit einem Beispiele am Ende dieses Abschnitts mittheilen.

§. 52. Wenn wir noch bequemere Tafeln haben wollen, für welche es nicht nöthig ist Argumente zu bilden, dergleichen Delambre in der Connoissance des Temps mitgetheilt hat, so wird die Berechnung derselben nicht so weitläuftig sein, als sie vielleicht anfänglich scheint. Für die Aberrazion in der Rektaszension muſs man die Oerter der Sonne von 10° zu 10° bis zu 180° mit jedem Grade des Quadranten kombiniren; dies erfordert nur 1620 Operazionen und 6480 Logarithmen: dasselbe muſs man für den ersten Theil der Aberrazion in der Deklinazion thun, wobei es besser sein wird, sich der Sinus statt der Cosinus zu bedienen.

Die Berechnung des zweiten Theils ist etwas weniger weitläuftig, denn eine geringe Aufmerksamkeit auf die Eigenschaften der Sinus und Cosinus wird hinlänglich sein, zu zeigen, daſs wenn man auch nur einen Quadranten von der Rektaszension des Sterns blos mit 6 Zeichen der Länge der Sonne kombinirt, man doch alle im ganzen Kreise vorkommenden Fälle bestimmt hat. Denn die Cosinus von 0° bis 90° dienen mit veränderten Zeichen für die Komplemente der AR zu 180°, und indem man von 180° bis 360° der AR. 180° vom Stern wegnimmt und sie zur Sonne addirt, so hat man dieselben Gröſsen, die man würde erhalten haben, wenn man die absolute AR. angewendet hätte; der einzige Unterschied ist in den Zeichen: und alles dies findet sowohl bei der Aberrazion in AR., als bei dem ersten Theile derjenigen in der Deklinazion statt. Was die Sekanten und Sinus der Deklinazion betrifft, so können diese die Zeichen nicht ändern, da sie nur dazu dienen, die aus den Tafeln erhaltenen Gröſsen auf den Aequator zu reduziren. Bei dem zweiten Theile der Aberrazion in der Deklinazion ist es jedoch anders: hier macht die Deklinazion einen Theil des Arguments aus, und ändert deſshalb die Zeichen, jenachdem sie nördlich oder südlich ist.

Beim Gebrauche der Tafeln ist zu bemerken, daſs beim Polarstern, oder bei einem andern sehr nördlichen Stern, die für eine etwas von den Beobachtungen entfernte Epoche berechneten Tafeln nicht sehr genau sein können. In Zach's *Tabulae speciales* ist deſshalb die Aberrazion des Polarsterns für verschiedene Jahre gegeben. Wenn man indessen die möglichst gröſste Genauigkeit verlangt, so ist es immer am besten die Formeln anzuwenden.

§. 63. Wir wollen diesen Abschnitt damit beschlieſsen, die Art zu zeigen, wie man zwei Ungleichheiten in Rechnung bringt, denen die Aberrazion unterworfen ist; obgleich dieselben sehr klein sind, und deſshalb fast immer übergangen werden. Von den erstern, welche von der täglichen Umwälzung der Erde um ihre Axe herrührt, haben wir schon im zweiten Buche §. 64. geredet; hier aber sollen die Formeln gegeben werden, nach welchen man ihren Einfluſs im AR. und in Deklinazion berechnen kann.

*Tägliche* Aberrazion in der AR. =

$$-\frac{0'',304 . \text{Cos Polhöhe} . \text{Cos Stundenwinkel} *}{\text{Cos Dekl.} *}$$

*Tägliche* Aberrazion in der Deklinazion = — 0″,304. Cos Polhöhe . Sin Dekl. ✱. Sin Stundenwinkel ✱.

Wenn der Stern im Meridiane ist, so wird der Stundenwinkel 0, und also findet hier nur die Aberrazion in AR statt, nämlich — 0″,304. Cos Polhöhe. Sec Dekl. ✱.

Den Beweis dieser Formeln findet man in Delambre's Astronomie III. Th. 135. S.

§. 54. Die zweite Ungleichheit rührt von der Gestalt der Erdbahn her, welche, wie am gehörigen Orte wird bewiesen werden, nicht kreisförmig nach unserer bisherigen Voraussetzung, sondern elliptisch ist, und also nicht erlaubt, daſs das Licht der Sonne immer in gleicher Zeit zu jeden Punkt der Ekliptik gelangt, weſshalb die Aberrazion nicht an allen Stellen der Erdbahn dieselbe ſein kann. Diese Ungleichheit hat Delambre zuerst in Formeln gebracht; aber ihre Wirkung ist so klein, daſs sie kaum bei den nördlichsten Sternen merklich wird. Man findet sie, wenn man die Aberrazion des Sterns in der Voraussetzung berechnet, daſs die Länge der Sonne = der Länge der Erdnähe sei, und dann den sechszigsten Theil derselben nimmt. In ZACH's Tafeln ist für 9ˢ 9° 29′ (die Länge des Perigäums 1800.) die Aberrazion des Polarsterns + 50″,0 in AR., und + 20″ in Deklinazion; die Korrekzion wegen der Ekzentrizität wird also + 0″,83 in AR. und + 0″,33 in Deklinazion sein. Weil nun aber die jährliche Aenderung des Perigäums sehr klein ist, so kann die von demselben herrührende Korrekzion, wenigstens für lange Zeit, als konstant betrachtet werden, und überdies zeigt das vom Polarstern genommene Beispiel, dafs dieselbe fast ganz unmerklich ist. DELAMBRE giebt im dritten Theile seiner Astronomie 111. S. die folgenden Formeln für diese Abweichung:

Korrekzion in AR =

$$\frac{0'',34 \,.\, (\text{Cos}\,\omega \,.\, \text{Cos}\,A \,.\, \text{Cos Perig.} + \text{Sin}\,A \,.\, \text{Sin Perig.})}{\text{Cos Dekl.}}$$

Korrekzion in Deklinazion =

$$0'',34 \,.\, \text{Sin}\,D.(\text{Cos}\,\omega \,.\, \text{Sin}\,A \,.\, \text{Cos Perig.} - \text{Cos}\,A \,.\, \text{Sin Per.}) - 0'',34 \,.\, \text{Sin}\,\omega \,.\, \text{Cos Perigäum} \,.\, \text{Cos}\,D$$

## *Allgemeine Aberrazionstafeln in Rektaszension und Deklinazion von Delambre.*

| | I. Tafel. Argument: A — ⊙ | | | II. Tafel. Argum.: A — ⊙ | | | III. Tafel. Argum. {⊙+D, ⊙—D} | | | |
|---|---|---|---|---|---|---|---|---|---|---|
| | o. VI. | I. VII. | II. VIII | o. VI. | I. VII. | II. VIII | o. VI. | I. VII. | II. VIII | |
| Gr | — + | — + | — + | + — | + — | + — | — + | — + | — + | Gr |
| 0 | 19″,17 | 16″,60 | 9″,59 | 0″,83 | 0″,72 | 0″,41 | 3″,98 | 3″,45 | 1″,99 | 30 |
| 1 | 19 ,17 | 16 ,43 | 9 ,30 | 0 ,83 | 0 ,71 | 0 ,40 | 3 ,98 | 3 ,42 | 1 ,93 | 29 |
| 2 | 19 ,16 | 16 ,26 | 9 ,00 | 0 ,82 | 0 ,70 | 0 ,39 | 3 ,98 | 3 ,38 | 1 ,87 | 28 |
| 3 | 19 ,15 | 16 ,08 | 8 ,70 | 0 ,82 | 0 ,69 | 0 ,38 | 3 ,98 | 3 ,34 | 1 ,81 | 27 |
| 4 | 19 ,13 | 15 ,89 | 8 ,40 | 0 ,82 | 0 ,68 | 0 ,37 | 3 ,97 | 3 ,30 | 1 ,75 | 26 |
| 5 | 19 ,10 | 15 ,71 | 8 ,10 | 0 ,82 | 0 ,67 | 0 ,35 | 3 ,97 | 3 ,26 | 1 ,68 | 25 |
| 6 | 19 ,07 | 15 ,51 | 7 ,80 | 0 ,82 | 0 ,67 | 0 ,33 | 3 ,96 | 3 ,22 | 1 ,62 | 24 |
| 7 | 19 ,03 | 15 ,31 | 7 ,49 | 0 ,82 | 0 ,66 | 0 ,32 | 3 ,95 | 3 ,18 | 1 ,56 | 23 |
| 8 | 18 ,99 | 15 ,11 | 7 ,19 | 0 ,82 | 0 ,65 | 0 ,30 | 3 ,94 | 3 ,14 | 1 ,49 | 22 |
| 9 | 18 ,94 | 14 ,91 | 6 ,87 | 0 ,82 | 0 ,64 | 0 ,29 | 3 ,93 | 3 ,10 | 1 ,43 | 21 |
| 10 | 18 ,88 | 14 ,69 | 6, 56 | 0 ,82 | 0 ,63 | 0 ,28 | 3 ,92 | 3 ,05 | 1 ,36 | 20 |
| 11 | 18 ,82 | 14 ,47 | 6 ,24 | 0 ,82 | 0 ,62 | 0 ,27 | 3 ,91 | 3 ,01 | 1 ,30 | 19 |
| 12 | 18 ,75 | 14 ,25 | 5 ,93 | 0 ,82 | 0 ,61 | 0 ,25 | 3 ,90 | 2 ,97 | 1 ,23 | 18 |
| 13 | 18 ,68 | 14 ,02 | 5 ,61 | 0 ,81 | 0 ,61 | 0 ,24 | 3 ,89 | 2 ,92 | 1 ,17 | 17 |
| 14 | 18 ,60 | 13 ,79 | 5 ,28 | 0 ,81 | 0 ,60 | 0 ,23 | 3 ,87 | 2 ,87 | 1 ,10 | 16 |
| 15 | 18 ,52 | 13 ,56 | 4 ,96 | 0 ,80 | 0 ,58 | 0 ,22 | 3 ,85 | 2 ,82 | 1 ,03 | 15 |
| 16 | 18 ,43 | 13 ,32 | 4 ,64 | 0 ,80 | 0 ,57 | 0 ,20 | 3 ,83 | 2 ,77 | 0 ,97 | 14 |
| 17 | 18 ,33 | 13 ,08 | 4 ,31 | 0 ,80 | 0 ,56 | 0 ,19 | 3 ,81 | 2 ,72 | 0 ,90 | 13 |
| 18 | 18 ,23 | 12 ,83 | 3 ,99 | 0 ,79 | 0 ,55 | 0 ,17 | 3 ,79 | 2 ,67 | 0 ,83 | 12 |
| 19 | 18 ,13 | 12 ,58 | 3 ,66 | 0 ,78 | 0 ,54 | 0 ,15 | 3 ,77 | 2 ,62 | 0 ,76 | 11 |
| 20 | 18 ,02 | 12 ,32 | 3 ,33 | 0 ,78 | 0 ,53 | 0 ,14 | 3 ,74 | 2 ,56 | 0 ,69 | 10 |
| 21 | 17 ,90 | 12 ,07 | 3 ,00 | 0 ,77 | 0 ,52 | 0 ,12 | 3 ,72 | 2 ,51 | 0 ,63 | 9 |
| 22 | 17 ,78 | 11 ,80 | 2 ,67 | 0 ,76 | 0 ,51 | 0 ,11 | 3 ,70 | 2 ,46 | 0 ,56 | 8 |
| 23 | 17 ,65 | 11 ,54 | 2 ,34 | 0 ,76 | 0 ,50 | 0 ,10 | 3 ,67 | 2 ,40 | 0 ,49 | 7 |
| 24 | 17 ,52 | 11 ,27 | 2 ,00 | 0 ,75 | 0 ,49 | 0 ,09 | 3 ,64 | 2 ,34 | 0 ,42 | 6 |
| 25 | 17 ,38 | 11 ,00 | 1 ,67 | 0 ,75 | 0 ,47 | 0 ,07 | 3 ,61 | 2 ,28 | 0 ,35 | 5 |
| 26 | 17 ,23 | 10 ,72 | 1 ,34 | 0 ,75 | 0 ,46 | 0 ,06 | 3 ,59 | 2 ,23 | 0 ,28 | 4 |
| 27 | 17 ,08 | 10 ,44 | 1 ,00 | 0 ,74 | 0 ,45 | 0 ,05 | 3 ,55 | 2 ,17 | 0 ,21 | 3 |
| 28 | 16 ,93 | 10 ,16 | 0 ,67 | 0 ,73 | 0 ,44 | 0 ,03 | 3 ,52 | 2 ,11 | 0 ,14 | 2 |
| 29 | 16 ,77 | 9 ,87 | 0 ,33 | 0 ,72 | 0 ,43 | 0 ,02 | 3 ,49 | 2 ,05 | 0 ,07 | 1 |
| 30 | 16 ,60 | 9 ,59 | 0 ,00 | 0 ,72 | 0 ,41 | 0 ,00 | 3 ,45 | 1 ,99 | 0 ,00 | 0 |
| Gr | + \| − | + \| − | + \| − | − \| + | − \| + | − \| + | + \| − | + \| − | + \| − | Gr |
| | XI. V. | X. IV. | IX. III. | XI. V. | X. IV. | IX. III. | XI. V. | X. IV. | IX. III. | |

## *Hülfstafel.*

| Gr | Sinus | Secans | Gr | Sinus | Secans | Gr | Sinus | Secans |
|---|---|---|---|---|---|---|---|---|
| 0 | 0,000 | 1,000 | 30 | 0,500 | 1,155 | 60 | 0,866 | 2,000 |
| 1 | 0,017 | 1,000 | 31 | 0,515 | 1,167 | 61 | 0,875 | 2,063 |
| 2 | 0,035 | 1,000 | 32 | 0,530 | 1,179 | 62 | 0,883 | 2,130 |
| 3 | 0,052 | 1,001 | 33 | 0,545 | 1,192 | 63 | 0,891 | 2,203 |
| 4 | 0,070 | 1,002 | 34 | 0,559 | 1,206 | 64 | 0,899 | 2,281 |
| 5 | 0,087 | 1,004 | 35 | 0,574 | 1,221 | 65 | 0,906 | 2,366 |
| 6 | 0,105 | 1,006 | 36 | 0,588 | 1,236 | 66 | 0,914 | 2,459 |
| 7 | 0,122 | 1,008 | 37 | 0,602 | 1,252 | 67 | 0,921 | 2,559 |
| 8 | 0,139 | 1,010 | 38 | 0,616 | 1,269 | 68 | 0,927 | 2,669 |
| 9 | 0,156 | 1,012 | 39 | 0,629 | 1,287 | 69 | 0,934 | 2,790 |
| 10 | 0,174 | 1,015 | 40 | 0,643 | 1,305 | 70 | 0,940 | 2,924 |
| 11 | 0,191 | 1,019 | 41 | 0,656 | 1,325 | 71 | 0,946 | 3,072 |
| 12 | 0,208 | 1,022 | 42 | 0,669 | 1,346 | 72 | 0,951 | 3,236 |
| 13 | 0,225 | 1,026 | 43 | 0,682 | 1,367 | 73 | 0,956 | 3,420 |
| 14 | 0,242 | 1,031 | 44 | 0,695 | 1,390 | 74 | 0,961 | 3,628 |
| 15 | 0,259 | 1,035 | 45 | 0,707 | 1,414 | 75 | 0,966 | 3,864 |
| 16 | 0,276 | 1,040 | 46 | 0,719 | 1,440 | 76 | 0,970 | 4,134 |
| 17 | 0,292 | 1,046 | 47 | 0,731 | 1,466 | 77 | 0,974 | 4,445 |
| 18 | 0,309 | 1,051 | 48 | 0,743 | 1,494 | 78 | 0,978 | 4,810 |
| 19 | 0,326 | 1,058 | 49 | 0,755 | 1,524 | 79 | 0,982 | 5,241 |
| 20 | 0,342 | 1,064 | 50 | 0,766 | 1,556 | 80 | 0,985 | 5,759 |
| 21 | 0,358 | 1,071 | 51 | 0,777 | 1,589 | 81 | 0,988 | 6,392 |
| 22 | 0,375 | 1,079 | 52 | 0,788 | 1,624 | 82 | 0,990 | 7,185 |
| 23 | 0,391 | 1,086 | 53 | 0,799 | 1,662 | 83 | 0,993 | 8,206 |
| 24 | 0,407 | 1,095 | 54 | 0,809 | 1,701 | 84 | 0,995 | 9,567 |
| 25 | 0,423 | 1,103 | 55 | 0,819 | 1,743 | 85 | 0,996 | 11,474 |
| 26 | 0,438 | 1,113 | 56 | 0,829 | 1,788 | 86 | 0,998 | 14,336 |
| 27 | 0,454 | 1,122 | 57 | 0,839 | 1,836 | 87 | 0,999 | 19,107 |
| 28 | 0,469 | 1,133 | 58 | 0,848 | 1,887 | 88 | 0,999 | 28,654 |
| 29 | 0,485 | 1,143 | 59 | 0,857 | 1,942 | 89 | 1,000 | 57,299 |
| 30 | 0,500 | 1,155 | 60 | 0,866 | 1,000 | 90 | 1,000 | *infin.* |

### *Beispiel.*

§. 55. Man verlangt die Aberrazion in AR. und in Deklinazion von α Capricorni für den 1. Jan. 1816.

AR * ..$10^z$ 1°41′..Dekl..13°8′ südl. long ⊙ $29^z$ 10° 1′

*Argumente der* AR: I. $A - \odot \ldots 0^s\ 21^\circ 40'$
II. $A + \odot \ldots 7^s\ 11^\circ 42'$

Arg. I. Taf. 1. ....... — 17″,82
Arg. II. Taf. 2. . . 0,61
— 18″,43

Hülfstaf. ... Sec. Dekl. ..... 1,027

Produkt oder Aberr. in AR .. — 18″,93

*Argumente für den ersten Theil der Deklinazion:*
I. $A - \odot + 3^s = 3^s\ 21^\circ 40'$ II. $A + \odot + 3^s = 10^s\ 11^\circ 42'$

Arg. I. Taf. 1. . . . . . . . + 7″,07
Arg. II. Taf. 2. . . . . . . . + 0 ,55
+ 7″,62

Hülfstaf. .... Sin Dekl. .... 0 ,227

Prod. oder erster Theil der
Aberrazion in der Dekl.... + 1″,73

*Argumente für den zweiten Theil*
I. $\odot + D = 9^s\ 23^\circ 9'$ .... II. $\odot - D = 8^s\ 26^\circ 53'$

Arg. I. Taf. 3. . . . . . . . . — 1″,57
Arg. II. Taf. 3. . . . . . . . . + 0 ,21
— 1 ,36

Da aber die Deklinazion südlich ist, so mufs man das Zeichen verändern, also ist

Erster Theil der Aberr. in Dekl. ..... + 1″,73
Zweiter — — — — — ..... + 1 ,36

Aberrazion in Dekl. . . . . . . + 3″,09

Die Aberrazion in der Tafel ist blos zu 20″ angenommen worden; da aber Delambre aus den Verfinsterungen des ersten Jupiterstrabanten dieselbe zu 20″,255 bestimmt hat, und wir ihm hierin gefolgt sind, so mufs man die gefundenen Grössen noch um ihr Produkt mit 0,012 vergrössern. Im Beispiele ist also die Aberr. in AR. = — 19″,16, die in Dekl. = + 3″,13.

Der Baron von Lindenau hat viele Untersuchungen, ebenso wie über die Nutazion, so auch über die genaue Grösse der Sonnenaberrazion angestellt. Jene bestimmt er, wie schon oben angegeben, zu 8″,9382, diese zu 20″,6096; was er also der Nutazion entzogen, hat er der Aberrazion zugetheilt. Diese Aenderungen werden aber nicht eben leicht angenommen werden.

## *Fünfter Abschnitt.*

### *Parallaxe der Fixsterne.*

§. 56. Nachdem die Erscheinungen untersucht sind, welche die Bewegung der Erde, verbunden mit der allmähliden Fortpflanzung des Sonnenlichts bei den Sternen hervorbringt, ist es nothwendig nun auch noch von denen, welche diese Bewegung, an und für sich betrachtet, hervorbringen kann, oder von der Parallaxe der Fixsterne, zu reden. Aberrazion und Parallaxe sind mit einander verbunden: wenn die Eine statt findet, so mufs auch die Andere vorhanden sein. Die Erstere aber, obgleich man sie gefunden, indem man die Letztere suchte, ist ausser allem Zweifel; dahingegen diese, allen Bemühungen zum Trotze sich noch nicht auf eine klare und sichere Weise gezeigt hat. Die Kraft unserer Instrumente scheint noch nicht zu dem Grade von Vollkommenheit gebracht zu sein, dafs man die ungeheure Entfernung der Fixsterne von uns bestimmen könnte; defshalb mufs man aber das Unternehmen nicht aufgeben, und die Theorie nicht übergehen.

§. 57. Wenn der Durchmesser der jährlichen Bahn der Erde nicht wirklich ein Punkt ist im Vergleich mit der Entfernung der Sterne, so mussen diese nothwendig in den verschiedenen Zeiten des Jahrs an verschiedenen Orten des Himmels erscheinen. Auf solche Weise mufs sich also die Parallaxe zeigen, wenn sie merklich ist. Es sei (Fig. 47) *ATC* die Hälfte der jährlichen Bahn der Erde, *P* ihr Pol, *PS* die senkrechte Linie, welche den Mittelpunkt des Kreises in *S* trifft, wo sich die Sonne befindet. Wenn man einen Stern in *P* annimmt, so wird dieser von *S* aus, immer auf der senkrechten Linie *SP*, oder an demselben Orte des Himmels erscheinen; nicht aber wenn er von der Erde aus betrachtet wird. Von *A* aus gesehen, erscheint er in *a*, von *G* aus auf der graden Linie *Gg* in *g*, und ebenso verändert er seinen Ort für die übrigen Punkte, durch welche nach und nach die Erde geht, bis wenn diese wieder zu dem Punkte gelangt, von welchen sie ausgegangen, der Stern auch wieder in demselben Orte gesehen wird, wo er zuerst sichtbar war. Daraus folgt 1) dafs, da die Winkel *APS, GPS* unter sich gleich sind, der Stern in derselben Zeit, in welcher die Erde ihre Bahn beschreibt, eine ähnliche um den Pol beschreiben wird. 2) Da der Winkel am gröfsten ist, wenn der Stern sich im Pole befindet, so mifst dieser Winkel die gröfste Parallaxe, auf welche dann die der übrigen Sterne ausser dem Pole reduzirt werden müssen. 3) Wenn der Winkel am Pole nur wenige Sekunden beträgt, und es scheint nicht, dafs man ihn grösser annehmen könne, so ist der Bogen, welcher ihn mifst, seiner Tangente gleich. Im Dreiecke *APS* wird also der Winkel bei *P* durch seine Tangente *AS*, die zugleich der Halbmesser der Erde ist, gemessen. Wir wollen dies Maafs *p* nennen, welches zugleich die gröfste Sternparallaxe sein wird, vorausgesetzt, dafs alle Sterne in gleicher Entfernung von der Erde sich befinden.

§. 58. Denselben Stern, den wir bisher betrachtet haben, versetze man nun ausserhalb des Pols nach $E$, und suche die Aenderungen, welche die Parallaxe zuerst in der Breite, dann in der Länge hervorbringen mufs.

*Aenderung in der Breite.* Wenn die Erde in $A$ und also der Stern in Konjunkzion mit der Sonne, so wird $ESC$ die Breite des Sterns von der Sonne, und $EAC$ von der Erde aus gesehen sein; der Unterschied zwischen Beiden ist der kleine Winkel $SEA$. Wenn die Erde nach $T$ kommt, 90° von der Konjunkzion, sind beide Breiten gleich: denn da $TS$ senkrecht zu $AC$ ist, so machen die beiden graden Linien $TE$, $SE$ sichtlich gleiche Winkel mit der Ebene der Ekliptik. Endlich wenn die Erde nach $G$ gelangt ist, oder der Stern in Opposizion mit der Sonne steht, so ist der Winkel $EGB$, das Maafs der Breite des Sterns, um $SEG$ grösser als der Winkel $ESB$.

Daher 1) nimmt durch die Parallaxe die Breite von der Konjunkzion zur Opposizion zu, und von dieser bis zu jener, ab: sie ist am kleinsten in der Konjunkzion, am gröfsten in der Opposizion, und in den Quadraturen der aus der Sonne gesehenen gleich. 2) Da die ganze Wirkung der Parallaxe durch den Winkel $AEG$ ausgedrückt wird, dessen Hälfte sichtlich dem Winkel $AES$ gleich ist, so kann man auch diesen Winkel für das Maafs der Parallaxe des Sterns in $E$ nehmen; es ist aber $AES$ die Differenz zwischen der von der Erde aus in der Opposizion oder Konjunkzion und der von der Sonne aus gesehenen Breite. 3) Wenn man von $S$ auf die grade Linie $AE$ das Perpendikel $SX$ fällt, so wird dies die Tangente des Bogens $AES$ oder der Breitenparallaxe des Sterns in $E$ sein. 4) In dem kleinen, bei $X$ rechtwinklichen Dreiecke $AXS$, ist $AS$ die Parallaxe des Sterns wenn er im Pol ist, oder die gröfste Parallaxe,

$SX$ die Parallaxe in $E$ und des Winkels $XAS$ der Breite des Sterns gleich. Deſshalb ist $R : \text{Sin}\, XAS = AS : SX$, oder wenn die Breite $= L$ und die gröſste Parallaxe $= p$ gesetzt wird, $R : \text{Sin}\, L = p : SX$, also $SX = p \,.\, \text{Sin}\, L$. 5) Wenn $a$ der halbe Unterschied der beiden Breiten des Sterns ist, die in der Opposizion und Konjunkzion beobachtet worden, so ist $a = p \,.\, \text{Sin}\, L$ und $p = \frac{a}{\text{Sin}\, L}$

§. 59. *Aenderung in der Länge.* Der grössern Deutlichkeit wegen wollen wir den Stern Anfangs in der Ekliptik selbst, oder ohne Breite annehmen. Es sei also (Fig. 48.) $ATGB$ die Ebene der Erdbahn, und $E$ ein Stern in der Fortsetzung dieser unendlich ausgedehnten Ebene. Wenn der Stern sich in der Konjunkzion oder in der Opposizion mit der Sonne, oder in der Linie $AG$ befindet, so wird er, von der Erde aus betrachtet immer an demselben Orte des Himmels erscheinen als von der Sonne aus: in der Konjunkzion oder Opposizion giebt es also keine Parallaxe, und die Länge bleibt ungeändert. Im Uebergange aber von $A$ nach $T$, bis zur ersten Quadratur entfernt sich die Gesichtslinie immer mehr von $AE$, in $T$ erscheint der Stern auf der graden Linie $Tt$, und die Abweichung ist am gröſsten; von $T$ nach $G$ nähert er sich wieder der Linie $AE$ und fällt in $G$ mit ihr zusammen. Von $G$ nach $A$ entfernt der Stern sich wieder von der Linie, aber nach der entgegengesetzten Seite, und nun finden dieselben Erscheinungen wie vorhin statt.

Von $A$ nach $G$ bleibt also die Gesichtslinie zur Rechten der Linie $AE$, oder auf derjenigen Seite gegen welche sich die Erde bewegt; von $G$ nach $A$ aber auf der Linken, oder auf der der Bewegung der Erde entgegengesetzten Seite. Die Parallaxe macht also die Länge von $A$ nach $G$

grösser, von $G$ nach $A$ kleiner; die gröſste Zunahme ist in $T$, die gröſste Abnahme in $B$, der Winkel $SET$ aber die gröſste Parallaxe und $TS$ sein Maſs.

Man nehme nun an, daſs der Stern eine beliebige Breite $L$ habe; dann ist klar, daſs der ganze Unterschied zwischen diesem und dem ersten Falle von der Verschiedenheit der Kreise abhängen wird, zu welchen die Bögen, die in beiden Fällen den kleinen Winkel am Stern oder $SET$ messen, gehören. Im ersten Falle gehöret der Bogen einem gröſsten Kreise, der Ekliptik, an, im zweiten dem Parallelkreise des Sterns; da aber alle unsere Beobachtungen immer auf gröſste Kreise bezogen werden, so muſs man den Bogen, welcher in der Gegend des Sterns die gröſste Parallaxe miſst, auf die Ekliptik reduziren. Hiezu hat man $\text{Cos } L : p = R :$ zu der gesuchten Parallaxe, welche also $= \frac{p}{\text{Cos } L}$. Man sehe II. Buch. 98. §.

§. 50. Für einen Stern dessen gröſste Parallaxe $p$, und die Breite $L$ ist, wird die gröſste beobachtete Parallaxe in der Breite $= p \cdot \text{Sin } L$, in der Länge $= \frac{p}{\text{Cos } L}$ sein. Daraus folgt, daſs 1) die Parallaxe im Pole ganz in der Breite, und in der Ekliptik ganz in der Länge sein wird. 2) Da die Breite des Sterns die Parallaxe in der Länge vergrössert, die in der Breite verkleinert, so scheint es, als wenn man bei diesen Untersuchungen die Erstere der Letztern vorziehen müſste: dies wäre auch wirklich der Fall, wenn man die Rektaszensionen und Deklinazionen mit gleicher Genauigkeit messen könnte.

Wir haben bis jetzt nur die Wirkung der Parallaxe in den vier Hauptpunkten der Erdbahn betrachtet; es fragt ſich nun noch, wie diese Wirkung in den zwischenliegenden Punkten erscheinen muſs. Dies wird die folgende Aufgabe auseinandersetzen.

## IX. Aufgabe.

*Die Ausdrücke für die Parallaxen in der Länge und in der Breite zu finden, in welchem Punkte ihrer Bahn auch die Erde sein mag.*

§. 61. *Parallaxe in der Breite.* Es sei die Erde in einem beliebigen Punkte $D$ ihrer Bahn; man fälle von $D$ die senkrechte Linie $DF$ auf den Durchmesser $AG$, oder auf die Syzigienlinie, und ziehe die Linie $FE$, dann ist der Winkel $SEF$ die beobachtete Parallaxe, und man hat $SEG : SEF = SG : SF$. Aber $SEG = p . \text{Sin}\, L$, und $FS = \text{Cos}\, ATD = \text{Cos}\, DG$, auch $GD =$ der Länge des Sterns weniger der Länge der Erde $= * - (180^\circ + \odot)$, weil, wenn man z. B. $\Upsilon$ zwischen $B$ und $O$ (Fig. 48.) annimmt, die Länge des Sterns $\Upsilon G$, und die der Erde in $D = \Upsilon O + 180^\circ$ sein wird. Daher ist $p . \text{Sin}\, L : SEF = R : \text{Cos}\, [(* - \odot) - 180^\circ]$, also $SEF = - p . \text{Sin}\, L . \text{Cos}\, (* - \odot)$.

*Parallaxe in der Länge.* Es sei (Fig. 51.) die Erde in $D$, wie vorhin; die Parallaxe in $T$ wird $SET$, die in $D$, $FED$ sein; da aber $SET = \frac{p}{\text{Cos}\, L}$, und $ST : FD = R : \text{Sin}\, DG$, so ist $FED = \frac{p}{\text{Cos}\, L}$

$$\text{Sin}\, DG = - \frac{p}{\text{Cos}\, L} . \text{Sin}\, (* - \odot).$$

Diese Formeln kann man auch finden indem man die Parallaxe ebenso als die Aberrazion behandelt; der hier eingeschlagene Weg scheint aber deutlicher und leichter zu sein.

§. 62. In einem beliebigen Punkte $D$ der Bahn verhält sich also die Längenparallaxe zur Breitenparallaxe wie $\frac{p}{\text{Cos } L}$. Sin (✱ — ☉) zu $p$ Sin $L$. Cos (✱ — ☉). Es wird daher jeder Stern während eines Jahrs scheinbar eine Ellipse beschreiben, deren Mittelpunkt der Ort des Sterns, von der Sonne aus gesehen, deren halbe grofse Axe $TS = -p$. Sec $L$. Sin (✱ — ☉), und deren halbe kleine Axe $SG = -p$. Sin $L$. Cos (✱ — ☉) sein wird. Weil nun auch zufolge der Aberrazion jeder Stern in einem Jahre ebenfalls eine Ellipse um seinen wahren Ort beschreibt, so wird es gut sein, die Formeln der beiden Ellipsen zu vergleichen und die Beziehungen zu entwickeln.

| | | |
|---|---|---|
| Parallaxe | in der Breite... | — $p$. Sin $L$. Cos (✱ — ☉) |
| | in der Länge.. | — $p$. Sec $L$. Sin (✱ — ☉) |
| Aberraz. | in der Breite... | + $m$. Sin $L$. Sin (✱ — ☉) |
| | in der Länge... | — $m$. Sec $L$. Cos (✱ — ☉) |

§. 63. 1) In den beiden Formeln für die Parallaxe vermindere man die Länge der Sonne um 90°, oder was dasselbe ist, setze ☉ — 90° statt ☉: dann verwandelt sich Cos (✱ — ☉) in Cos [✱ — (☉ — 90°)] = Cos [90° + (✱ — ☉)] = — Sin (✱ — ☉), und Sin (✱ — ☉) in Sin [✱ — (☉ — 90°)] = Sin [90° + (✱ — ☉)] = Cos (✱ — ☉). Es wird also + $p$. Sin $L$. Sin (✱ — ☉) aus — $p$. Sin $L$. Cos (✱ — ☉) und — $p$. Sec $L$. Cos (✱ — ☉) aus — $p$ Sec $L$. Sin (✱ — ☉), und wenn man noch $p$ in $m$ verwandelt, so erhält man genau die Formeln der Aberrazion. Ebenso, wenn man in den Formeln der Aberrazion ☉ + 90° statt ☉ und $p$ statt $m$ setzt, so verwandeln sie sich in die Formeln für die Parallaxe.

Die beiden Ellipsen sind also konzentrisch und ähnlich, und fallen zusammen wenn $m = p$ wird.

2) Man vergleiche die verschiedenen Bewegungen der Sterne in den beiden Ellipsen. Im der Konjunkzion ist $* - \odot = 0$, $\cos(* - \odot) = 1$, $\sin(* - \odot) = 0$, deſshalb ist für die Breite, die Parallaxe $= - p . \sin L$, die Aberrazion $= 0$; für die Länge, die Parallaxe $= 0$, die Aberrazion $= - m . \sec L$. In der ersten Quadratur ist $* - \odot = 270°$, $\sin(* - \odot) = - 1$, $\cos(* - \odot) = 0$, also für die Breite, die Parallaxe $= 0$, die Aberrazion $= - m . \sin L$; für die Länge, die Erstere $= + p . \sec L$, die Letztere $= 0$. In der Opposizion ist $* - \odot = 180°$, $\cos(* - \odot) = - 1$, $\sin(* - \odot) = 0$; also für die Breite, die Parallaxe $= + p . \sin L$, die Aberrazion $= 0$; für die Länge, die Erstere $= 0$, die Letztere $= + m . \sec L$. Endlich ist in der zweiten Quadratur $* - \odot = 90°$, $\sin(* - \odot) = 1$, $\cos(* - \odot) = 0$, also für die Breite, die Parallaxe $= 0$, die Aberrazion $= + m . \sin L$; für die Länge, die Parallaxe $= - p . \sec. L$, die Aberrazion $= 0$.

§. 64. In den beiden Ellipsen hat man also 1) für die Breite, die gröſste negative Parallaxe und Aberrazion in der Konjunkzion und in der ersten Quadratur, die gröſste positive Parallaxe und Aberrazion in der Opposizion und zweiten Quadratur, wobei immer die Parallaxe vorangeht und die Aberrazion folgt. 2) Für die Länge, ist die gröſste positive Parallaxe und Aberrazion in der ersten Quadratur und der Opposizion; die gröſste negative Parallaxe und Aberrazion in der zweiten Quadratur und der Konjunkzion, wobei auch die Parallaxe eher kommt als die Aberrazion. Die Periode der Parallaxe geht also immer vor der der Aberrazion. Dies sieht man noch besser, wenn man einen Blick auf die beiden Ellipsen des Polarsterns, an der Himmelskugel betrachtet, wirft. Hier ist $E$ (Fig. 49.) der Pol der Ekliptik, $M$ der mittlere Ort des Sterns,

*LM* seine mittlere Breite, ♈*L*, ♈*L'*, ♈*L''* die mittlern und die durch die Aberrazion geänderten Längen. In der kleinern Ellipse sind die Zeiten der gröfsten Parallaxen, und in der grössern die Zeiten der gröfsten Aberrazionen, sowohl in der Länge als in der Breite, bemerkt. Die gröfste negative Parallaxe ist im April bei $0^z$ 20°, die gröfste negative Aberrazion drei Monate später im Julius bei $3^z$ 20°; die gröfste positive Parallaxe im Julius bei $3^z$ 20°, und drei Monate nachher im Oktober bei $6^z$ 20° die gröfste positive Aberrazion, u. s. w.

§. 65. Weil die Formeln für die Parallaxe sich in die für die Aberrazion verwandeln, wenn man $3^z$ von der Länge der Sonne abzieht, und das Umgekehrte statt findet, wenn man $3^z$ zu der Länge der Sonne addirt, so kann man einerlei Tafeln für beide Grössen gebrauchen. Um sich also der Aberrazionstafeln, die schon berechnet sind, für die Parallaxe zu bedienen, ist nur nöthig $3^z$ zur Länge der Sonne für die Zeit der gesuchten Parallaxe zu addiren, und mit diesem Argument in der Tafel die entsprechende Zahl zu nehmen, die mit $\frac{p}{m}$ multiplizirt, die gesuchte Parallaxe geben wird.

§. 66. Die Aehnlichkeit zwischen den Formeln für die Parallaxe in der Länge und in der Breite, und denselben Formeln für die Aberrazion überhebt uns der Mühe die Formeln für die Parallaxe in der Rektaszension und Deklinazion besonders zu suchen. Die Beziehungen, welche zwischen den Aberrazionsformeln in der Länge und in der Breite mit denen in der Rektaszension und Deklinazion statt finden, müssen auch bei den Parallaxenformeln vorhanden sein, weil der Unterschied jener Formeln nur von der Schiefe der Ekliptik abhängt, die offenbar auf Aberrazions- und Parallaxenformeln einerlei Einflufs haben mufs. Sowie also für die Umwandlung der Formeln der Aberrazion in der Länge und in der Breite, in die für die Parallaxe nur nöthig war $p$ statt $m$ zu setzen, und 3s zur Länge der Sonne zu addiren, so wird dies auch bei den Formeln für die Rektaszension und Deklinazion der Fall sein.

§. 67. Die Formeln der Aberrazion sind folgende:

$$\text{in der AR} \ldots\ldots m \,.\, \text{Sec.}\, D \left\{ \begin{array}{l} + \text{Sin}\, \tfrac{1}{2}\omega^2 \,.\, \text{Cos}\,(A + \odot) \\ - \text{Cos}\, \tfrac{1}{2}\omega^2 \,.\, \text{Cos}\,(A - \odot) \end{array} \right\}$$

$$\text{in der Dekl.} \,.\, \left\{ \begin{array}{l} m \,.\, \text{Sin}\, D \left\{ \begin{array}{l} + \text{Cos}\, \tfrac{1}{2}\omega^2 \,.\, \text{Sin}\,(A - \odot) \\ - \text{Sin}\, \tfrac{1}{2}\omega^2 \,.\, \text{Sin}\,(A + \odot) \end{array} \right\} \\ \qquad - m \,.\, \text{Cos}\, D \,.\, \text{Cos}\, \odot \,.\, \text{Sin}\, \omega \end{array} \right\}$$

Wenn man also $\odot + 90^\circ$ statt $\odot$ setzt, so verwandelt sich $\text{Cos}\,(A + \odot)$ in $\text{Cos}\,[A + (\odot + 90^\circ)] = \text{Cos}\,[90^\circ + (A + \odot)] = - \text{Sin}\,(A + \odot)$, $\text{Cos}\,(A - \odot)$ in $\text{Cos}\,[A - (\odot + 90^\circ)] = \text{Cos}\,[-90^\circ + (A - \odot)] = + \text{Sin}\,(A - \odot)$, $\text{Sin}\,(A - \odot)$ in $\text{Sin}\,[A - (\odot + 90^\circ)] = \text{Sin}\,[-90^\circ + (A - \odot)] = - \text{Cos}\,(A - \odot)$, und $\text{Sin}\,(A + \odot)$ in $\text{Sin}\,[A + (\odot + 90^\circ)] = \text{Sin}\,[90^\circ + (A + \odot)] = + \text{Cos}\,(A + \odot)$. Nach den gehörigen Substituzionen erhält man daher

$$\text{Parall. in AR} = - p \,.\, \text{Sec.}\, D \left\{ \begin{array}{l} + \text{Sin}\, \tfrac{1}{2}\omega^2 \,.\, \text{Sin}(A + \odot) \\ + \text{Cos}\, \tfrac{1}{2}\omega^2 \,.\, \text{Sin}(A - \odot) \end{array} \right\}$$

Parall. in Dekl. =

$$\left\{ \begin{array}{l} - p \,.\, \text{Sin}\, D \left\{ \begin{array}{l} + \text{Sin}\, \tfrac{1}{2}\omega^2 \,.\, \text{Cos}\,(A + \odot) \\ + \text{Cos}\, \tfrac{1}{2}\omega^2 \,.\, \text{Cos}\,(A - \odot) \end{array} \right\} \\ \qquad + p \,.\, \text{Cos}\, D \,.\, \text{Sin}\, A \,.\, \text{Sin}\, \omega \end{array} \right\}$$

Wir haben aber $\omega = 23^\circ\, 27'\, 50''$ angenommen, also ist Parallaxe in AR. =

$$- p \,.\, \text{Sec.}\, D \left\{ \begin{array}{l} + 0{,}04132 \,.\, \text{Sin}\,(A + \odot) \\ + 0{,}95867 \,.\, \text{Sin}\,(A - \odot) \end{array} \right\}$$

Parallaxe in Dekl. =

$$\left\{ \begin{array}{l} - p \,.\, \text{Sin}\, D \left\{ \begin{array}{l} + 0{,}04132 \,.\, \text{Cos}\,(A + \odot) \\ + 0{,}95867 \,.\, \text{Cos}\,(A - \odot) \end{array} \right\} \\ \qquad + 0{,}39882 \,.\, p \,.\, \text{Sin}\, \odot \,.\, \text{Cos}\, D \end{array} \right\}$$

und weil $p$ immer nur wenige Sekunden betragen

kann, so ist es hinlänglich das zweite Glied in jeder dieser Formeln zu nehmen; daher ist

$$\text{Parallaxe}\begin{Bmatrix}\text{in AR.} = -\,0{,}95867 \,.\, \text{Sin}(A-\odot)p\,.\,\text{Sec}D\\ \text{in Dekl.} = -\,0{,}95867 \,.\, \text{Cos}(A-\odot)p\,.\,\text{Sin}D\end{Bmatrix}.$$

§. 68. Nennt man $a$ die Parallaxe, welche man in der Rektaszension beobachtet, wenn $A-\odot = 90^\circ$, so ist $a = 0{,}95867 \cdot p \,.\, \text{SecD}$, also $p = \frac{a}{0{,}95897 \cdot \text{Sec}D}$; und wenn man auf gleiche Weise die Parallaxe in der Deklinazion, die man beobachtet wenn $A = \odot$, mit $d$ bezeichnet, so hat man $d = 0{,}95867 \cdot p \,.\, \text{Sin}\,D$, und $p = \frac{d}{0{,}95867 \,.\, \text{Sin}\,D}$. Daraus folgt $\frac{a}{\text{Sec}\,D} = \frac{d}{\text{Sin}\,D}$ und $a : d = \text{Sec}\,D : \text{Sin}\,D$.

§. 68. Die Parallaxe in der Rektaszension ist also bei weiten merklicher als die in der Deklinazion, und zwar um so mehr, je nördlicher der beobachtete Stern ist. Der Polarstern wird also derjenige sein, aus dessen, zu gehörigen Zeiten beobachteten Rektaszensionen, man die Parallaxe am leichtesten bestimmen kann. Auf diesen Stern richtete auch Flamsteed seine Untersuchungen, nachdem Riccioli und Andere behauptet hatten, dafs die Sterne der Parallaxe ermangelten, und also der wesentlichste Beweis für das Kopernikanische System fehle. Aber Flamsteed beobachtete den Polarstern zur Zeit seiner gröfsten Aberrazionen, die von denen der Parallaxen um drei Monate entfernt liegen, und legte dieser die Wirkungen jener bei, die damals noch nicht bekannt war.

Wenn nun aber auch der Theorie nach, die Parallaxe in der Rektaszension grösser sein mufs als die in der Deklinazion, so kommen doch alle Astronomen darin überein, dafs dieselbe schwerer von den, bei den Beobachtungen unvermeidlichen

Fehlern zu trennen sei, als vielleicht die Parallaxe in der Deklinazion. Deſshalb verlieſs man die Rektaszensionen, und wendete die Deklinazion an; vorzüglich beschäftigten sich mit diesen Untersuchungen die beiden groſsen Beobachter des vorigen Jahrhunderts, BRADLEY und LACAILLE. Sie konnten aber nichts Sicheres und Gewisses finden, und ebenso ist es auch mir ergangen, nachdem ich viele Beobachtungen über Sterne der ersten Grösse, vorzüglich über Wega und Sirius angestellt hatte. Zwar bestimmte ich als sehr wahrscheinlich die Parallaxe der Wega zu 2″, und die des Sirius zu 4″; aber ein Unterschied von nicht mehr als 2″ bis 4″, der aus Beobachtungen hergeleitet ist, die um sechs Monate von einander abstehen, wird immer nicht geringe Zweifel übrig lassen, daſs er, eher als durch die Parallaxe, durch andere Zufälligkeiten, vorzüglich durch die, wenn sie klein ist so schwer zu erkennende Abweichung des Instruments von der Vertikale hervorgebracht worden. Auch gegen die Parallaxe in der Deklinazion können Zweifel erhoben werden, die sich nicht anders heben lassen, als indem jene durch die Beobachtungen der Rektaszension bestätigt wird, die vielleicht nicht ganz so schwer zu machen sind, als bisher geglaubt worden. CACCIATORE in Palermo wollte durch sehr sorgfältige Beobachtungen die Rektaszensionsparallaxe des Polarsterns zu 1′ 18″ gefunden haben, aber CARLINI in Mailand zeigte, das dieſs mit andern Beobachtungen gar nicht übereinstimmende Resultat, seinen Ursprung in einer durch die Sonne bewirkten Abweichung des Instruments hätte.

§. 70. Wäre aber wirklich die gröſste beobachtete Parallaxe des Polarsterns 1′ 18″ im Bogen, so wäre $78'' = \frac{0{,}95867 \cdot p}{\text{Cos } 88^\circ\, 14'}$, und $p = \frac{78'' \cdot \text{Cos } 88^\circ\, 14'}{0{,}95867}$ $= 2'',5$, der absoluten Parallaxe am Pol. Illeuus erhält man die entsprechende Deklinazionsparallaxe $d = (2'',5) \cdot (0,95867) \cdot \text{Sin } 88^\circ\ 14' = 2'',4$ sehr nahe. Es scheint also, als wenn man beim Polarstern niemals dahin gelangen werde, einen so kleinen Bogen durch die Beobachtungen mit Sicherheit zu bestimmen.

Nimmt man die absolute Parallaxe des Polarsterns zu 2'',5 an, so ist die Entfernung dieses Sterns von uns 82506 Halbmesser der Erdbahn, welche das Licht in 1 Jahr 106 Tage durchläuft.

## *Sechster Abschnitt.*

### *Eigene Bewegung der Sterne.*

§. 71. Nachdem die Astronomen eingesehen hatten, dafs es nothwendig sei, nach einer grösseren Genauigkeit bei den Beobachtungen zu streben, fing man an zu vermuthen, dafs die Sterne vielleicht ausser den, allen gemeinschaftlichen Bewegungen, noch dergleichen für jeden besondere hätten. Halley war der Erste, welcher gegen das Ende des siebzehnten Jahrhunderts diesen Gedanken fafste, als er die Beobachtungen des Ptolemaeos mit denen seiner Zeit verglich. Louville, Cassini, Mayer und Andere begründeten diese interessante Muthmassung noch mehr; ihre Untersuchungen bezogen sich aber nur auf Arktur, Sirius und wenige der übrigen Sterne, und auch von diesen konnten sie nichts mit Sicherheit und Bestimmtheit behaupten. Die Gröfse der mittlern Präzession läfst hiebei noch einige Ungewifsheit, und eine noch gröfsere verursachen bisweilen die Beobachtungen. Defshalb kann der Unterschied zwischen der beobachteten nnd berechneten Bewegung nicht anders als eigene Bewegung der Sterne betrachtet werden, als wenn er nicht bestimmt die Gränzen des wahrscheinlichen Fehlers der Beobachtungen übersteigt: eine solche Bestimmung wurde aber zuerst von Maskelyne gemacht. Dieser zeigte aus seinen und Bradley's Beobachtungen, dafs man nicht mehr an eine Bewegung des Arktur, des Sirius und einiger anderer Sterne zweifeln könne. Indessen sind nicht blos diese, sondern vermuthlich alle Sterne, solchen Bewegungen unterworfen, und wenn man dieselben noch nicht kennt, so rührt dies vorzüglich von dem Mangel guter Beobachtungen her, die durch einen hinlänglich grofsen Zeitraum von uns abgesondert sind, um jene kleinen Aenderungen merklich zu machen. Als ich im Jahre 1802 meinen ersten, und im Jahre 1814 meinen zweiten, ganz von neuen bearbeiteten Katalog herausgab, ward es mir nicht schwer, die schon bekannten Bewegungen zu bestätigen, und viele andere, früher nicht bekannte, darzulegen. Es giebt freilich einige unter ihnen, die nur mehr oder weniger wahrscheinlich sind; manche aber unterliegen keinem Zweifel mehr, vorzüglich diejenigen, welche gröfser als eine Sekunde, oder sehr nahe so grofs sind, und von welchen vor mir nur vier bekannt waren, nämlich die von Arktur, Sirius, Prokyon und β Jungfrau. Hier wollen wir die vorzüglichsten aus dem zweiten Kataloge vorlegen. Das Zeichen + bedeutet bei den Bewegungen in der Deklinazion, dafs der Stern gegen den Nordpol, das Zeichen —, dafs er gegen den Südpol rückt; bei den Bewegungen in der Rektaszension zeigt + eine Zunahme, — eine Abnahme.

*Jährliche eigene Bewegung einiger Sterne.*

| Sterne. | Eigene Bew. in AR. | Eigene Bew. in Dekl. | Sterne. | Eigene Bew. in AR. | Eigene Bew. in Dekl. |
|---|---|---|---|---|---|
| η Cassiopeja | +1″,78 | −0″,72 | γ² Jungfrau | −0″,77 | +0″,09 |
| 20 Mayer | +0 ,50 | −1 ,25 | 52 Jungfrau | −0 ,0 | +1 ,00 |
| μ Androm. | +1 ,2 | +0 ,4 | 43 Hauphaar | −1 ,20 | +0 ,94 |
| μ Cassiopeja | +5 ,70 | −1 ,65 | 61 Jungfrau | −1 ,30 | 1 ,08 |
| τ Wallfisch | −1 ,86 | +0 ,84 | Arktur | −1 ,17 | −1 ,96 |
| 66 Wallfisch | +1 ,10 | −0 ,05 | *b* gr. Bär | −1 ,0 | −0 ,1 |
| δ Dreieck | +1 ,29 | −0 ,26 | θ Bootes | −0 ,80 | −0 ,54 |
| 12 Eridanus | +0 ,64 | +0 ,80 | γ Schlange | +0 ,35 | −1 ,31 |
| *e* Eridanus | +4 ,30 | +0 ,83 | θ Drache | −0 ,87 | +0 ,30 |
| *g* Eridanus | +1 ,02 | −0 ,05 | ζ Herkules | −0 ,70 | +0 ,47 |
| *d* Eridanus | −2 ,21 | −3 ,60 | *A* Ophiuchus | −0 ,59 | −1 ,25 |
| Sirius | −0 ,52 | −1 ,15 | 30 Skorpion | −0 ,58 | −1 ,24 |
| Prokyon | −0 ,72 | −0 ,98 | η Schlange | −0 ,67 | −0 ,68 |
| Pollux | −0 ,72 | −0 ,12 | χ Drache | +1 ,72 | −0 ,40 |
| δ gr. Bär | −2 ,0 | +0 ,1 | *b* Adler | +0 ,92 | +0 ,72 |
| ι gr. Bär | −1 ,05 | −0 ,32 | σ Drache | +1 ,28 | −2 ,12 |
| θ gr. Bär | −1 ,80 | −0 ,60 | γ Schütze | +1 ,24 | +0 ,8 |
| 20 kl. Löwe | −0 ,76 | −0 ,42 | 61 Schw. praec. | +5 ,38 | +3 ,30 |
| 83 Löwe | −0 ,90 | +0 ,23 | 61 Schw. sequ. | +5 ,30 | +3 ,00 |
| β Jungfrau | +0 ,77 | −0 ,30 | 3 südl. Fisch | −1 ,09 | −0 ,11 |
| 8 Jagdhunde | −1 ,0 | +0 ,3 | 85 Pegasus | +0 ,90 | −1 ,15 |
| γ′ Jungfrau | −0 ,72 | +0 ,10 | β Cassiopeja | +0 ,82 | −0 ,25 |

§. 72. Da die Grösse dieser Bewegungen, und die bedeutende Anzahl von Beobachtungen, auf welche sie begründet sind, auch den entferntesten Verdacht eines Irrthums benimmt, so ist noch zu untersuchen, welches die Ursache dieser Erscheinung sei, oder sein könne: ob sie blos scheinbar, oder durchaus wirklich, oder ob beides zugleich statt findet.

Wenn sie bloſse Erscheinungen ſind, so möchte man wohl kaum eine andere Ursache zu ihrer Erklärung auffinden können, als eine fortrückende Bewegung unseres ganzen Systems. Wirklich war dies auch die erste Idee, die schon Mayer auffaſste, und die nachher HERSCHEL, PREVOST und Andere annahmen: wir wollen also untersuchen, ob eine solche Bewegung hiezu hinlänglich sei. Zuvörderst ist es keinem Zweifel unterworfen, daſs wenn die Sonne in Bewegung, und die Sterne in Ruhe sind, der Ort derselben zu einer Zeit, von dem zu einer andern Zeit verschieden sein werde. Es sei $S$ (Fig. 50.) der Punkt des Raums, in welchem sich die Sonne z. B. im Jahre 1700, und $S'$ ein anderer, wo sie sich 1800 befand; auch sei $a$ ein Stern, und $mn\pi$ ein Stück der Himmelskugel. Wenn die Sonne in $S$ ist, so sieht man den Stern in $n$, und wenn die Sonne nach $S'$ gelangt ist, so wird er in $m$ erscheinen; das Nämliche findet beim Stern $b$ statt. Diese beiden Sterne werden in $S$ unter dem Winkel $nSq$, und in $S'$ unter dem Winkel $mS'p$ der grösser ist als jener, erscheinen; deſshalb werden sie sich in der zweiten Lage entfernter von einander als in der ersten zeigen. Es wird also eine wirkliche Parallaxe vorhanden sein, die man die *Sekularparallaxe* nennen kann, und die von der jährlichen nur in Hinsicht der Grundlinie verschieden ist. Weil aber die jährliche fast unmerklich ist wegen der Kleinheit ihrer Grundlinie im Verhältniſs zu der Entfernung der Sterne, so muſs man $SS'$ ausserordentlich viel grösser als den Durchmesser der Erdbahn annehmen. Nun ist klar, daſs wenn die Sonne in $S$ ist, in diesem Punkte sich alle Gesichtslinien, nach welchen wir die Sterne sehen, durchschneiden müssen; ebendies muſs in $S'$ der Fall sein, wenn die Sonne dorthin gelangt ist. Wenn also zufolge der eigenen Bewegung zweier Sterne die Lage von $S'$, oder seine Rektaszension und Deklinazion bestimmt ist, so müssen die Bewegungen von je zweien aller übrigen Sterne denselben Durchschnittspunkt $S'$ geben. Hiebei wird es keine Schwierigkeit machen, dafs unsere Beobachtung auf der Erde und nicht auf der Sonne, wie bisher vorausgesetzt worden, gemacht werden, denn die Sonne geht mit ihrem ganzen Systeme von *S* nach *S'*: und dies kann in Vergleich gegen die ungeheure Entfernung der Fixsterne, als ein Punkt betrachtet werden, der mit der Sonne zusammenfällt.

## X. Aufgabe.

*Aus den gegebenen eigenen Bewegungen zweier Sterne den Durchschnittspunkt ihrer Gesichtslinien zu bestimmen.*

§. 73. Es sei ♈*G*♎*p* (Fig. 51 und 52.) der Aequinokzialkolur, ♈♎ der Aequator, *P* sein Pol; *M*, *m* die beiden Sterne, und *NT*, *nt* die gegebenen Bewegungen in Rektaszension, *TM*, *tm* die in Deklinazion. Es ist klar, dafs wenn man durch *M* und *N*, *m* und *n*, zwei Bögen gröfster Kreise *GH*, *gh* legt, diese in der Richtung der Gesichtslinien sein, und sich in demselben Punkte $\pi$ durchschneiden werden, in welchem sich die Gesichtslinien selbst treffen. Man denke sich nun zu den Sternen *M*, *m*, und zum Durchschnittspunkte $\pi$ die Deklinazionskreise *PMA*, *Pma*, *PC*$\pi$ gezogen; dann werden *AM*, *am* die Deklinazionen, ♈*A*, ♈*a* die Rektaszensionen der beiden Sterne, ohne die eigene Bewegung, und ♈*C* die Rektaszension, *C*$\pi$ die Deklinazion des gesuchten Punkts $\pi$ sein. Defshalb hat man 1) in den beiden rechtwinkligen Dreiecken *NTM*, *ntm*, in welchen die Seiten *NT*, *TM*, *nt*, *tm*, bekannt sind, die Winkel *M* und *m*. 2) In den beiden andern rechtwinkligen Dreiecken *RMA*, *rma*, in welchen die Winkel *M*, *m*, und die Seiten *AM*, *am* bekannt sind, findet man die Seiten *AR*, *ar*. 3) Es ist (Fig. 51.) ♈*A* — ♈*a* = *Aa*, und $Aa - (ar + AR) = Rr$, und (Fig. 52.) $\Upsilon A - \Upsilon a = Aa$, und $Aa - (ar - AR) = Rr$. 4) Im Dreiecke $r\pi R$ kennt man also die Grundlinie $rR$ und die anliegenden Winkel $R$ und $r$ aus welchen Grössen man die Höhe $\pi C$, und die beiden Segmente $Cr$ und $CR$ berechnen kann. 5) Es ist die Höhe $C\pi$ die Deklinazion des Durchschnittspunkts $\pi$, und seine Rektaszension (Fig. 51.) $\Upsilon C = \Upsilon a + (ar + rC) = \Upsilon A - (AR + CR)$; und (Fig. 52) $\Upsilon C = \Upsilon a + (ar + rC) = \Upsilon A + (AR + RC)$

*Beispiel.*

$\mu$ Cassiopeja.

| | |
|---|---|
| AR.... 13° 45′ 56″,5 = $\Upsilon a$ | Eig. Bew. { in AR .. + 5″,70 = $tn$ |
| Dekl. + 53° 56′ 3″,6 = $am$ | { in Dekl. — 1″,65 = $mt$ |

1) $\text{Tang}\, m = \dfrac{tn}{mt} \cdot \text{Cos}\, am$

Compl. log 1,65 ........... 9,78252
log 5,70 ........... 0,75587
log Cos 53° 56′ 3″,6 .. 9,76990

log Tang $m$........ 0,30829

$m = 63° 48′ 59″$

2).... $\text{Tang}\, ar = \text{Tang}\, m \cdot \text{Sin}\, am$
$\text{Cos}\, r = \text{Sin}\, m \cdot \text{Cos}\, am$

| | |
|---|---|
| log Tang $m$....... 0,30829 | log Sin $m$...... 9,95298 |
| log Sin $am$....... 9,90760 | log Cos $am$.... 9,76990 |
| log Tang $ar$..... 0,21589 | log Cos $r$.... 9,72288 |
| $ar$ = 58° 41′ 18″ | $r$ = 58° 6′ 33″ |

Prokyon.

| | |
|---|---|
| AR... 112° 12′ 21″,7 = $\Upsilon A$ | Eig. Bew. { in AR.. — 0″,71 = $TN$ |
| Dekl. + 5° 43′ 38″,5 = $AM$ | { in Dekl. — 0″,98 = $MT$ |

1)... $\text{Tang}\, M = \dfrac{TN}{MT} \cdot \text{Cos}\, AM.$

Compl. log 0,98 .......... 0,00877
log 0,71 .......... 9,85126
log Cos 5° 43′ 38″ .. 9,99783

log Tang $M$ ...... 9,85786

$M = 35° 47′ 13″$

2) ... $\text{Tang } AR = \text{Tang } M \cdot \text{Sin } AM$
$\text{Cos } R = \text{Sin } M \cdot \text{Cos } AM$

log Tang $M$ ...... 9,85786 log Sin $M$ ..... 9,76698
log Sin $AM$ ...... 8,99911 log Cos $AM$ ... 9,99783

log Tang $AR$ ... 8,85697 log Cos $R$ .... 9,76481

$AR = 4° 6′ 53″$ $R = 54° 25′ 9″$

---

3) ... $ar = 58° 41′ 18″$ $\Upsilon A = 112° 12′ 22″$
$AR = 4 \quad 6 \quad 53$ $\Upsilon a = 13 \quad 45 \quad 57$

$Aa = 98° 26′ 25″$
$ar + AR = 62° 48′ 11″$ ...... $62° 48′ 11″$

$Rr = 35° 38′ 14″$
$\frac{1}{2} Rr = 17° 49′ 7″$

$r = 58° 6′ 33″$
$R = 54 \quad 25 \quad 9$

$r - R = 3° 41′ 24$
$r + R = 112° 31′ 42″$

4) ... $\text{Tang } \frac{1}{2}(Cr - CR) = \text{Tang } \frac{1}{2} Rr \cdot \text{Sin } \frac{(r-R)}{(r+R)}$

log Tang 17° 49′ 7″ .. 9,50708
log Sin 3° 41′ 24″ .. 8,80861
Compl. log Sin 112° 31′ 42″ .. 0,03447

log Tang $\frac{1}{2}(Cr - CR)$ .. 8,35016

$$\tfrac{1}{2}\,Cr - \tfrac{1}{2}\,CR \ldots\ 1^\circ\ 16'\ 59'$$
$$\tfrac{1}{2}\,Rr \ldots\ldots\ 17\ \ 49\ \ 7$$

$$Cr = 16^\circ\ 32'\ 8' \ldots\ CR = 19^\circ\ 6'\ 6''$$
$$ar = 58^\circ\ 41\ 18 \qquad AR = 4\ \ 6\ \ 53$$

$$Cr + ar = 75^\circ\ 13'\ 26''\ CR + AR = 23^\circ\ 12'\ 59''$$
$$\Upsilon a = 13\ \ 45\ \ 57 \qquad \Upsilon A = 112\ \ 12\ \ 22$$

$$\Upsilon C = 88^\circ\ 59'\ 23' \ldots\ \Upsilon C = 88^\circ\ 59'\ 23''$$

5)... $\text{Tang}\, C\pi = \text{Tang}\, r \,.\, \text{Sin}\, Cr = \text{Tang}\, R \,.\, \text{Sin}\, CR$

$$\log \text{Tang}\ r \ = 0{,}20606 \qquad \log \text{Tang}\ R = 0{,}14544$$
$$\log \text{Sin}\ Cr = 9{,}45425 \qquad \log \text{Sin}\ CR = 9{,}51487$$

$$\log \text{Tang}\ C\pi = 9{,}66031 \qquad \log \text{Tang}\ C\pi = 9{,}66031$$
$$C\pi = 24^\circ\ 34'\ 47''$$

Also ist die Rektaszension des Durchschnittspunkts 88° 59′ 23″ und die Deklinazion 24° 34′ 47′ südl.

§. 74. Biot hat diese Aufgabe analytisch aufgelöst, und ebenso hat sie auch Delambre ausführlich und allgemein behandelt; wir haben den trigonometrischen Weg vorgezogen, als den natürlichsten und für Anfänger verständlichsten. Jetzt ist nichts mehr übrig, als die gehörige Anwendung der Formeln auf den gegenwärtigen Fall zu machen, und dies geschieht am besten, wenn man diejenigen Sterne auswählt, deren Bewegungen am genauesten untersucht und bestimmt sind, sie zu je zweien verbindet, und die entsprechenden Durchschnittspunkte sucht. Eine solche von Cacciatore berechnete Tafel fügen wir hier bei.

*Rektaszensionen und Deklinazionen der Durchschnittspunkte, die aus d. Bewegungen d. nachstehenden Sterne hergeleitet sind.*

| Sterne. | AR. | Dekl. |
|---|---|---|
| η, μ Cassiop. | 17° 37′ | 52° 54′ N. |
| η Cass. δ Dreieck | 40 41 | 30 59 N. |
| 61 Jungfr. A Oph. | 48 29 | 30 34 S. |
| η Cass. Pollux | 54 59 | 6 30 N. |
| η Cass. 12 Erid. | 60 58 | 6 18 S. |
| η Cass. d Erid. | 61 40 | 7 43 S. |
| η Cass. Castor | 63 39 | 11 35 S. |
| μ Cass. 61 Schwan | * 68 11 | 21 46 S. |
| η Cass. α ♈ | * 71 57 | 26 22 S. |
| η Cass. γ Hase | * 74 43 | 30 32 S. |
| η Cass. g Erid. | * 77 2 | 29 3 S. |
| η Cass. Prokyon | * 78 0 | 35 1 S. |
| Prokyon, Wega | * 85 37 | 28 7 S. |
| μ Cass. Prok. | * 88 59 | 24 35 S. |
| μ Cass e Erid. | * 89 33 | 25 17 S. |
| η Cass. Capella | 96 43 | 51 55 S. |
| Capella, Arktur | 97 37 | 62 5 S. |
| μ Cass. Sirius | 101 39 | 50 3 S. |
| Sirius, Prokyon | 103 15 | 6 44 S. |
| α ♈, α Becher | 105 4 | 15 23 S. |
| η Cass. Sirius | 109 11 | 57 48 S. |
| θ gr. Bär, A Oph. | 110 26 | 47 32 S. |
| e Erid. Prokyon | 111 48 | 5 10 S. |
| e Erid. σ Drache | 123 56 | 7 12 S. |
| η Cass. 20 Mayer | 138 17 | 63 30 S. |
| α ♈, e Erid. | 164 48 | 42 42 S. |
| α ♈, π ♋ | 183 39 | 22 22 S. |
| τ Wallf. Prokyon | 196 28 | 30 8 N. |
| α ♈, 12 Erid. | 198 41 | 41 42 S. |
| Pollux, 43 Haupth. | 224 28 | 2 11 S. |
| α ♈, Pollux | 224 56 | 2 2 S. |
| β Jungf. β Cass. | 226 33 | 16 44 S. |
| η Cass. π ♋ | 228 59 | 17 25 S. |
| Pollux, Wega | 240 53 | 9 55 S. |
| χ Drache, Sirius | 246 46 | 13 43 N. |
| η Cass. τ Wallfisch | *254 18 | 29 55 S. |
| Pollux, 83 Löwe | *255 15 | 17 18 S. |
| η Cass., e Erid. | *256 51 | 33 33 S. |
| θ gr. Bär, 49 ♎ | 259 52 | 8 34 N. |
| 66 Wallf. 85 Peg. | 265 27 | 47 18 S. |
| ζ Herk. b Adler | 312 57 | 31 22 S. |
| γ Jungfr. g Erid. | 336 17 | 25 4 S. |

§. 75. Aus der bloſsen Ansicht dieser Resultate ergiebt es sich schon, daſs ebensoviel Durchschnittspunkte als verglichene Bewegungen sind. Viele andere Berechnungen, die hier noch beigebracht werden könnten, sind ebenfalls sowohl unter sich, als auch von den mitgetheilten verschieden; überhaupt sind nicht zwei, die übereinstimmen. Durch eine, innerhalb der Gränzen der wahrscheinlichen Fehler liegende Aenderung der Bewegung derjenigen Sterne, die am wenigstens von einander abweichende, und deſshalb mit einem Sternchen bezeichnete Resultate geben, hat man versucht, ob sie sich in einen mittlern, oder allen gemeinschaftlichen Punkt vereinigen liessen, aber nichts Annehmbares und Genügendes erhalten. Wenn man also nicht etwa behaupten will, daſs die Sonne sich zu gleicher nach allen Richtungen hin bewege, oder daſs jene Bewegungen von Ursachen abhängen, die uns gänzlich unbekannt sind, so muſs man wohl zugestehen, daſs man sie nicht ganz als einfache und reine Erscheinungen betrachten könne. Dies läſst sich auch durch die Bewegung der Doppelsterne, wie $\gamma$ Jungfrau, $\beta$ Schwan, $o$ Steinbock, 65 und 67 des groſsen Bären, 20 und 21 Zwillinge, und anderer, beweisen. Unter diesen wollen wir die beiden schönsten, und deren Bewegungen auch am besten bekannt und bestimmt sind, auswählen, 61 des Schwans und Alya oder $\theta$ Schlange. Wenn die Bewegungen dieser Sterne wirklich blos scheinbar wären, so müſste bei beiden, der Abstand zwischen dem vorhergehenden und dem folgenden immer derselbe sein; aber man beobachtet hievon grade das Gegentheil. Bei 61 Schwan, dessen Lage in Hinsicht auf beide Sterne für 1815 und 1816 in der 53. Fig. auf einem Netze von 1″ zu 1″ eingetheilt dargestellt ist, und wo die vollen Linien die ganze Bewegung, die punktirten die durch die Präzession verursachte anzeigen, sieht man deutlich, daſs der nachfolgende sich dem vorangehenden genähert hat. Die 54. Fig. zeigt die beiden Lagen von *Alya* in den Jahren 1760 und 1800; hier hat sich der nachfolgende vom vorhergehenden entfernt.

§. 76. Da dem so ist, so scheint es als wenn man die Ursache hievon nur in den Sternen selbst aufsuchen müsse. Mag man nun unsere Planeten betrachten, die wir in Kreisen sich bewegen sehen, oder mag man die Gesetze der allgemeinen Anziehung, die wir im folgenden Buche auseinandersetzen werden, befragen; immer wird Alles dahin führen, anzunehmen, daſs auch die Sterne in beständiger Bewegung sind, indem sie sich entweder alle um einen gemeinschaftlichen Mittelpunkt, oder einige um diesen, andere um jenen bewegen; und da ihre ungeheure Entfernungen sie uns dennoch sichtbar werden lassen, so können sie auch ebenfalls wohl nicht verhindern, daſs uns nicht jene Bewegungen merklich werden sollten. Die Sonne ist aber auch ein Stern, und von den andern nur durch ihre Entfernung von uns verschieden: die Sekularparallaxe wird daher auch immer statt finden. Die Bewegungen, welche wir beobachten, hängen also sowohl von den besondern der Sterne selbst, als auch von der Lage ihrer Bahnen gegen die unsrige, und endlich von der Fortrückung des ganzen Sonnensystems ab. Welches Chaos also, welche Verwickelung von Bewegungen, die Niemand jemahls wird trennen und absondern! Wir wollen uns also damit begnügen, Thatsachen zu sammeln, ihre Richtigkeit zu zeigen, sie zu untersuchen und immer durch neue Beobachtungen zu bestätigen, uns aber zugleich hüten, Muthmassungen zu wagen oder Systeme zu bilden, die gewöhnlich nur dazu dienen die Fortschritte der Wissenschaften, welche sie befördern wollen, aufzuhalten.

## Siebenter Abschnitt.

### *Mittlere Oerter der Sterne oder Verzeichnisse.*

§. 77. Die mittlern Oerter der Sterne, entweder in Rektaszension und Deklinazion, oder in Länge und Breite, pflegt man in *Sternverzeichnisse* zusammenzustellen, daher diese ein sehr wichtiger Theil der Astronomie sind. Durch sie allein können wir nicht blofs die eigenen Bewegungen der Körper unseres Systems, sondern auch die Aenderungen, welchen der ganze Himmel unterworfen ist, erkennen und bestimmen. Zu allen Zeiten wurde diefs zwar erkannt, aber nicht vor Flamsteed in seiner vollen Wichtigkeit eingesehen; jetzt weifs ein Jeder, dafs die Sternverzeichnisse die Grundlage des ganzen Gebäudes der Astronomie sind, und dafs die Fortfchritte derselben grofsentheils der Vervollkommnung jener Verzeichnisse beizulegen sind.

Im zweiten Buche ist auseinandergesetzt, auf welche Weise die Sterne mit der Sonne und unter einander verglichen werden können, um ihre Rektaszensionen mit der gröfstmöglichsten Genauigkeit zu bestimmen; zugleich ist angegeben, was in Beziehung auf die Deklinazion zu beachten. Es ist also nur noch übrig eine Herzählung von dem zu geben, was bis jetzt in dieser Hinsicht geschehen ist.

§. 78. Das erste Verzeichnifs, das vielleicht überhaupt gemacht worden, oder wovon sich wenigstens das Andenken erhalten hat, verdanken wir dem Hipparchos in Alexandrien, der es aus einer grofsen Anzahl eigener Beobachtungen ungefähr um das Jahr 130 v. Chr. zusammenstellte und ordnete, und es nach Plinius Nachrichten, als einen Schatz der Nachwelt im Testamente vermachte; aber es ging zum grofsen Nachtheile der Astronomie in späterer Zeit verloren. Nachdem 267 Jahre verflossen waren, unternahm Ptolemaeos in derselben Alexandrinischen Schule, und ausgerüstet mit denselben Instrumenten, mit welchen Hipparchos beobachtet hatte, diese Arbeit von neuem; und nur dies Verzeichnifs gelangte mit Ptolemaeos grossem Werke, dem Almagest, auf die Nachwelt. Seine Epoche ist das Jahr 137 unserer Zeitrechnung, und das Verzeichnifs enthält 1022 Sterne, in 48 Sternbilder vertheilt, und nach Länge und Breite bestimmt. Ptolemaeos sagt nicht, ob er alle diese Sterne, oder nur einige beobachtet hat; dies sein Stillschweigen würde aber, wenn auch jeder andere Beweis fehlte, keine unwichtige Andeutung sein, dafs er den gröfsten Theil vom Hipparchos entlehnt habe: heutiges Tages, wo man die mittlere Gröfse der Präzession genau kennt, ist das, was sonst nur eine Muthmafsung sein konnte, fast zur Gewifsheit gebracht. Ptolemaeos hatte durch Vergleichung seiner Beobachtungen mit denen des Hipparchos, oder auf anderm Wege, die mittlere Präzession zu einem Grad in hundert Jahren bestimmt, also in der Zwischenzeit von 267 Jahren dieselbe zu 2° 40′, um 57′ kleiner als die wahre, nämlich 3° 37′, angenommen. Hieraus kann man nun leicht erkennen, dafs Ptolemaeos weiter nichts that, als 2° 40′ zu den Längen des Hipparchischen Katalogs zu addiren, in der Ueberzeugung, dafs er durch diese Redukzion den Stand des Himmels für seine Epoche erhalten würde. In der That, wenn man 2° 40′ von den Längen des Ptolemaeos abzieht, um sie nach seiner eigenen Bestimmung, auf die Epoche des Hipparchos zu reduziren, und wenn man beide mit einem Verzeichnisse, z. B. dem Flamsteedschen vergleicht, so findet sich, dafs bei den Unterschieden mit Hipparchos die beobachteten sehr nahe den berechneten gleich sind, dafs sie aber gröfser bei Ptolemaeos ausfallen, und nur dann erst übereinstimmen, wenn man die Hipparchischen Beobachtungen mit 3° 37′, wie es die richtige Präzession verlangt, auf die Epoche des Ptolemaeos reduzirt. Es scheint also sehr klar zu sein, dafs der Ptolemäische Katalog eigentlich der Hipparchische mit einer fehlerhaften Präzession ist, von welcher man ihn durch die Wegnahme von 2° 40′ befreien kann, um ihn soviel als möglich in seiner ursprünglichen Gestalt herzustellen. Auch erhellt, dafs Ptolemaeos entweder gar nicht, oder sehr schlecht beobachtete, indem bei seinen Längen der Fehler sich ungefähr auf einen Grad zu wenig belief.

§. 79. Die Araber, welche den Griechen in dem Studium der Astronomie folgten, verehrten den Almagest, und das in ihm enthaltene Verzeichnifs so hoch, dafs sie bis auf den Tartarfürsten Ulugh Beigh nichts daran zu ändern wagten. Dieser aber hatte eine grofse Sternwarte in Samarkand, seiner Residenz, errichtet, und indem er sich der Ptolemäifchen Sternörter, die Abderamen Alsuphi auf seine Zeit reduzirt hatte, bedienen wollte, sahe er bald ihre Mängel ein: er setzte sich defshalb vor, einen neuen Abrifs vom Himmel zu geben, und brachte denselben auch in kurzer Zeit durch eigene Beobachtungen zu Stande. In diesem Verzeichnisse, dessen Epoche das Jahr 481 der Hegira, oder 1437 der christlichen Zeitrechnung ist, sind fast alle Sterne des Ptolemaeos, ebenfalls auf die Ekliptik bezogen, enthalten. Im Abendlande lernte man dasselbe aber nicht vor 1665 kennen, in welchem Jahre es durch Thomas Hyde, der es sorgfältig mit drei persischen Manuskripten verglichen hatte, in Oxford herausgegeben wurde.

§. 80. In Europa wagte man erst im sechszehnten Jahrhunderte eine Reform des Ptolemäischen Verzeichnisses: Tyge Brahe in seinem Schlosse Uranienburg auf der Insel Huen im Sunde, und der Landgraf Wilhelm von Hessen in Cassel unternahmen zu gleicher Zeit diese Arbeit. Das Verzeichniſs des Landgrafen gilt für 1594, das von Brahe für 1601; in beiden sind die Sterne auf die Ekliptik bezogen, aber das Erstere enthält nur 400 Sterne, dagegen das Letztere 1000 hat, zu deren Beobachtung Brahe, wie er selbst schreibt, 20 Jahre verwendete. Nicht lange nachher faſste Johann Hevelius, ein sehr fleiſsiger Beobachter, den Vorsatz, ganz von neuen den Himmel zu beobachten. Er führte auch dies Unternehmen glücklich aus, hatte aber nicht das Vergnügen, das Verzeichniſs öffentlich bekannt zu sehen, da er kurz vor der Herausgabe starb. Dies Werk hat den Titel: *Firmamentum Sobiescanum*, weil die Zueignung an den König Johann von Pohlen, aus der Familie Sobieski, gerichtet ist; es enthält die Längen und Breiten, sowie die Rektaszensionen und Deklinazionen von 1888 Sternen für das Jahr 1660. Diesem Verzeichnisse kann man das von Riccioli aus 1700 Sternen für 1701 bestehende beifügen; es ist dies aber mehr eine Kompilazion von dem was Andere gemacht hatten, als ein neuer Katalog.

§. 81. Die bisher genannten Kataloge umfassen Alles, was man von den alexandrinischen Armillen an bis zur Erfindung der Fernröhre von den Sternen wuſste und an ihnen beobachtete; Flamsteed hat alle diese Arbeiten im dritten Theile seiner Historia Coelestis gesammelt und zusammengestellt. Mag man nun aber bei diesen Beobachtungen die Instrumente betrachten, mit welchen sie gemacht wurden, oder die Kenntnisse, welche man damals hatte, oder die Methoden, welche man beim Beobachten befolgte; so zeigt doch Alles, dafs man nicht eben viel Vollständigkeit und Genauigkeit bei ihnen erwarten darf. Zwar hielt BRAHE seine Beobachtungen innerhalb der Gränzen einer halben Minute genau, und noch weniger Ungewifsheit nahm HEVELIUS bei den seinigen an; doch kannten diese Beobachter die Refrakzionen nur unvollkommen, und ebenso auch die Parallaxen der Planeten, auf welche sie die Sterne bezogen; endlich waren sie nicht im Stande alle Fehler ihrer Instrumente zu kennen und zu schätzen. Daher kommt es, dafs wenn man ihnen einestheils ein entschiedenes Uebergewicht über die andern Beobachter nicht absprechen kann, sie doch anderntheils auch noch einer Ungewifsheit von sechs, sieben, und oft noch mehr Minuten unterworfen sind. Wie grofs aber auch immer die Unvollkommenheit dieser und der übrigen Beobachtungen sein mag, so mufs man sie dennoch als kostbare Materialien werthhalten, die für die Fortschritte der Astronomie geholfen haben, und noch helfen können.

§. 82. Gegen die Mitte des siebenzehnten Jahrhunderts führte man bei den Messinstrumenten statt der Dioptern die Fernröhre und ausserdem die Pendeluhren ein, und sah nun sogleich die Nothwendigkeit mit diesen Werkzeugen eine neue Grundlage für das ganz von neuem zu errichtende Gebäude der Astronomie zu legen. HALLEY begab sich vorzüglich in dieser Absicht nach Danzig, in der Hoffnung den HEVELIUS zu einem so grofsen und nothwendigen Werke zu bestimmen; dieser aber fühlte das Gewicht der Jahre zu sehr, um neue Arbeiten zu unternehmen, und diejenigen zu verwerfen, welche ihm so viele Anstrengung gekostet hatten. Nun wandte sich HALLEY an seinen

Freund und Genossen FLAMSTEED, welcher sich auch diesem Werke ganz widmete; zuerst in Darby, dann in London, und endlich auf der Sternwarte zu Greenwich, wo er die letzte Hand an seinen grofsen Katalog von 3000 und mehr Sternen legte. Es ist unglaublich, mit welcher Verehrung dies neue Verzeichnifs bei seiner ersten Erscheinung aufgenommen wurde, und welche Bewunderung es erregte! Fast ein Jahrhundert hindurch war es das Einzige dessen sich die Astronomen bei ihren Rechnungen uud Beobachtungen bedienten. Wenn man sein Verdienst noch genauer kennen will, so kann man nur FLAMSTEED's Werk, die *Historia Coelestis* befragen, wo seine Beobachtungen mitgetheilt, die Instrumente beschrieben, die gefundenen Schwierigkeiten angedeutet, und die Beobachtungsmethoden auseinandergesetzt sind. HALLEY gab 1712 dies große Werk heraus; FLAMSTEED war aber wenig hiemit zufrieden, weil er das Ganze noch nicht so wie er es wollte, ausgefeilt hatte; erst im Jahre 1725, als schon FLAMSTEED gestorben, ward nach seiner hinterlassenen Handschrift eine zweite Ausgabe veranstaltet. Die Epoche dieses Verzeichnisses ist das Jahr 1690, und alle Sterne desselben sind auf den Aequator bezogen, was, als das bequemste und leichteste, nachher von den Astronomen allgemein angenommen und befolgt ist.

§. 83. FLAMSTEED kannte aber noch nicht die Aberrazion des Lichts und die Nutazion der Erdaxe, auch bestimmte er die Refrakzion nicht mit hinlänglicher Genauigkeit; die Instrumente, deren er sich bediente, waren gleichfalls, wenn auch weit vorzüglicher als die älteren, doch nicht so vollkommen, dafs man nicht hätte wünschen sollen, dafs die mechanischen Künste noch zu grösserer Vollkommenheit gebracht werden möchten. Nachdem dies, was aber erst nach einem halben Jahrhunderte der Fall war, wirklich' geschehen, unternahmen Bradley in England, Lacaille in Frankreich, Mayer in Deutschland, und Zanotti in Italien die Begründung eines neuen Verzeichnisses.

Bradley beobachtete wenigstens zweimal alle Flamsteedschen Sterne von neuen, aber der Tod raffte ihn zu früh fort, so daſs in seinen Manuskripten sich nur ungefähr 300 Sterne fanden, von welchen er die Rektaszension und Deklinazion berechnet hatte. Diese allein kannten die Astronomen bis zum Jahre 1798, in welchem endlich durch die Bemühungen des Doktor Hornsby in Oxford alle Beobachtungen herausgegeben wurden; doch ward erst durch Bessel's Berechnung derselben (*Fundamenta Astronomiae pro Anno MDCCL.*) das Verdienst Bradley's und seiner Beobachtungen in das gehörige Licht gesetzt: Bessel giest aus denselben ein Verzeichniſs von 3222 Sternen für das Jahr 1755. Umfassender waren Lacaille's Arbeiten. Im Jahre 1757 gab er in seinem Werke, *Astronomiae Fundamenta,* die Oerter von 397 Sternen, die er in Paris durch Zenithdistanzen und korrespondirende Höhen bestimmt hatte, eine Methode die für die Rektaszensionen äusserst mühsam, und doch von geringer Genauigkeit ist. Am Vorgebirge der guten Hoffnung, wohin ihn sein Eifer für die Astronomie zog, beobachtete er in weniger als zwei Jahren an 10000 Sterne, von welchen er nach seiner Rückkehr für mehr als 1000 die Rektaszension und Deklinazion für 1750 bekannt machte. Endlich unternahm er von 1760 bis 1761 mit neuem Eifer die Beobachtung der Zodiakalsterne; unglücklicherweise aber entriſs diese neue Arbeit der Astronomie einen so groſsen Beobachter in dem noch kräftigen Alter von 49 Jahren. Seine Beobachtungen aber waren nicht verloren: Bailly berechnete sie, und machte sie in der Connoissance des Temps für 1765 bekannt. Tobias Mayer der vorzüglich die Absicht hatte die Mondtafeln zu verbessern, beachtete blos die Zodiakalsterne von welchen er in Göttingen für etwa 1000 derselben die Rektaszensionen und Deklinazionen bestimmte; aber auch er ward ein frühzeitiges Opfer seiner Anstrengungen, und sein Verzeichniſs erst 1775 von Lichtenberg herausgegeben. Zanotti befand sich nicht im Stande selbst zu beobachten, und theilte deſshalb nur in seinen Ephemeriden die Beobachtungen zweier seiner Schüler, Matteucci und Brunelli, mit.

Wären alle diese vorzüglichen Beobachter mit Instrumenten von gleicher Güte versehen gewesen, so würden auch ihre Beobachtungen wohl gleich vortrefflich ausgefallen sein: aber Lacaille beobachtete immer mit sehr mittelmässigen, dahingegen die von Bradley und Mayer die besten waren, welche zu ihrer Zeit gemacht wurden. Nichts destoweniger sind einige Beobachtungen von Lacaille nicht schlechter als die der beiden andern, von denen übrigens Bradley, weil er eine bessere Einrichtung hatte, und länger beobachtete, vorzüglicher ist.

§. 84. Wie groſs nun aber auch immer das Verdienst der obenerwähnten Verzeichnisse sein mag, so enthielten sie doch nicht eine für die jetzige Ausdehnung der Astronomie hinlängliche Anzahl von Sternen, und man konnte sich ihrer auch nicht lange bedienen, ohne daſs sie nicht hie und da durch neue Beobachtungen berichtigt und verbessert wären. Beides wurde von mehreren Astronomen mit vielem Eifer unternommen und ausgeführt, sodaſs die Oerter der Sterne, welche man schon kannte, genauer bestimmt, und diejenigen vieler bisher noch nicht beobachteter Sterne jetzt auch bekannt wurden. Maskelyne in Greenwich setzte sich vor die Oerter der 34 Sterne genau zu bestimmen, welche sein Vorgänger Bradley als allgemeine Vergleichungspunkte aller seiner Rektaszensionen genommen hatte, und nachdem er von 1765 bis 1769 ohne Unterbrechung hieran gearbeitet hatte, machte er einen, wenn auch kleinen doch sehr wichtigen Katalog von diesen 34 Sternen bekannt. Sein ganzes Leben hat er fortgefahren diese Sterne alljährlich zu beobachten, die neuen Oerter mit den vorigen zu vergleichen, und die nöthigen Verbesserungen zu machen. Deſshalb haben sich auf diesen Katalog bis zum Jahre 1805 alle Astronomen gestüzt, und ihn als Prüfstein für ihre eignen Beobachtungen gebraucht, um dieselben zu verbessern oder zu berichtigen.

Einige Zeit nachher unternahmen Delambre in Paris und von Zach in Gotha die Berichtigung der vornehmsten Sterne der Verzeichnisse von Flamsteed und Lacaille: von Delambre's Arbeiten ist aber bis jetzt nur ein kleiner Theil bekannt geworden, die Zachschen hingegen finden sich zum Theil vor der ersten Ausgabe seiner Sonnentafeln, zum Theil in dem schon öfter erwähnten Werke: *Tabulae Speciales* etc. Beide Astronomen hatten aber hauptsächlich ihr Augenmerk auf die Rektaszensionen gerichtet, weil diese den meisten Fehlern unterworfen, und doch bei der Berechnung der Beobachtungen des Mondes und der Planeten sehr nöthig sind. Es blieb also noch übrig die Deklinazionen zu berichtigen, und viele Sterne der sechsten und noch mehr der siebenten und achten Grösse zu beobachten, welche von Flamsteed und den andern Astronomen nach ihm, übergangen waren. Diese Lücke auszufüllen beeiferten sich fast zu gleicher Zeit Lefrançais Lalande in Paris, Henry und Barry in Manheim, Cagnoli in Verona und ich in Palermo.

Lefrançais Lalande beobachtete mit einem grofsen Mauerquadranten von Bird ungefähr 50000 nördliche Sterne, von welchen nach und nach 2000 berechnet und in der *Connoissance des Temps* mitgetheilt wurden. Die von Barry und Henry beobachteten, auf 2000 sich belaufenden Deklinazionen, sind vom Baron von Zach in seine *Tabulae Speciales* eingerückt. Cagnoli hat sowohl Rektaszensionen als Deklinazionen, aber nur von 500 Sternen beobachtet; sein kleiner Katalog steht im X. Bande der *Atti della Società Italiana.* Meine Beobachtungen fingen von 1791 an; da ich mir aber vorgesetzt hatte alle Sternörter, welche Wollaston in seiner Sammlung von Katalogen giebt, zu prüfen, und zwar nicht durch eine einzige Beobachtung, sondern durch soviele als möglich, so gelangte ich erst im Jahre 1803 dahin die Resultate unter dem Titel: *Stellarum inerrantium positiones mediae ineunte Seculo XIX.* bekannt zu machen. Dies Verzeichnifs enthält die Rektaszensionen und Deklinazionen von 6748 Sternen, und zugleich die Unterschiede mit Flamsteed, Lacaille und Mayer. So grofsen Fleifs ich indessen angewendet hatte, so erkannte ich doch bald dafs einige Wollastonsche Sterne mir entgangen, dafs andere nicht gut bestimmt wären, und dafs es überhaupt nöthig sei, die 34 Maskelyneschen Sterne, auf welche ich meine Rektaszensionen bezogen hatte, einer genauen Prüfung zu unterwerfen und sie unmittelbar mit der Sonne zu vergleichen. Ich entschlofs mich also, alle Sterne von neuen zu beobachten, die Rektaszensionen der Vergleichungssterne unmittelbar durch die Sonne zu bestimmen, alle früheren Rechnungen zu wiederholen, und sie mit den neuen, und die Resultate beider mit denen anderer Astronomen zu vergleichen. Bei diesem schwierigen Unternehmen ward ich von meinem Gehülfen Cacciatore, sowohl bei den Beobachtungen, als auch bei den Rechnungen unterstützt. Darum konnte ich 1806 im *Libro sesto del Real Osservatorio di Palermo* zwei Verzeichnisse, eins von 100, das andere von 120 Sternen geben, die unmittelbar mit der Sonne verglichen waren, und zu Vergleichungspunkten für die übrigen Sterne bei den Rektaszensionen dienen sollten. Endlich im Jahre 1814 hatte ich die ganze Arbeit vollendet und machte sie durch den Druck bekannt; der Katalog enthält 7646 Sterne für 1800, wie beim früheren, weil diese Epoche in der Mitte zwischen meinen Beobachtungen liegt und deſshalb geeignet ist, den Stand des Himmels für den Anfang des neunzehnten Jahrhunderts zu geben.

§. 85. Alles was wir in diesem Abschnitte mitgetheilt haben, umfaſst das vorzüglichste was bis jetzt für mittlere Sternörter geschehen. Die Verzeichnisse von Hevelius, Flamsteed, Lacaille, Mayer und Bradley sind, auf 1790 sowohl in Hinsicht auf Rektaszensionen als Deklinazionen reduzirt, von Wollaston in seinem Werke: *A Specimen of a General Astronomical Catalogue*. London 1789, bekannt gemacht. Nicht lange nachher gab Bode ein ähnliches Werk unter dem Titel; *Uranographie* heraus; es enthält für 1801 die Rektaszensionen und Deklinazionen von 17240 Sternen, Doppelsternen, Nebelsternen, und Sternhaufen, nach Sternbildern geordnet, was den Gebrauch des Werks etwas mühsam und umständlich macht, da man immer das Sternbild wissen muſs zu welchem der Stern, dessen Ort man sucht, gehört.

Es ist noch übrig, der Himmelskarten zu erwähnen, welche zur Erleichterung der Kenntniſs des Himmels bestimmt sind. Bayer, Hevelius,

Flamsteed, Schiller und Doppelmayer haben dergleichen, aber nach verschiedenen Ansichten, geliefert. Die Karten von Bayer und Hevelius werden immer von den Astronomen geschätzt werden, aber der Flamsteedsche Atlas von 28 grofsen Blättern ist von allen für das beste und am bequemsten eingerichtete Werk angesehen worden. Fortin und Bode haben ihn verkleinert von neuem herausgegeben; er ist auch unter dieser Gestalt sehr bequem. Einen andern Atlas, nach Flamsteed's Grundsätzen, hat Bode in Berlin im Jahre 1801 herausgegeben; dieser ist bis jetzt der vollständigste, da er alle alten und neuen Sternbilder, die vorzüglichsten Nebelsterne und eine grofse Anzahl neuer Sterne enthält. Harding's Atlas, welcher jetzt fast ganz vollendet ist, giebt alle 50000 Sterne von Lalande, und manche andere; seine Einrichtung ist die möglichst bequemste für den Astronomen.

## *Achter Abschnitt.*

### *Eigenthümlichkeiten der Sterne.*

§. 86. Die Eigenthümlichkeiten, die entweder sämmtlichen Sternen gemeinschaftlich, oder einigen besonders eigen sind, lassen sich auf folgende bringen: 1) Beschaffenheit des Lichts. 2) Funkeln. 3) Farben. 4) Lichtänderung. 5) Grösse. 6) Zahl. 7) Erscheinen und Verschwinden einiger. 8) Doppelsterne. 9) Nebelflecke. Fur alle diese Dinge sind schon viele Muthmafsungen von den Astronomen aufgestellt, und viele Erklärungen ersonnen: hier mag es hinlänglich sein, kurz dasjenige anzugeben, was noch die gröfste Sicherheit hat.

§. 87. 1) Aus der ungeheuren Entfernung der Sterne von uns folgert man sogleich, dafs sie nur mit einem eigenthümlichen Lichte, nicht wie die Planeten, mit dem der Sonne, leuchten können. Es zeigt sich auch ein merklicher Unterschied, wenn man das Licht der Fixsterne mit dem der Planeten vergleicht: ersteres ist bei weiten lebhafter als letzteres, und kündigt sich auch dadurch schon als eigenthümliches Licht an, dahingegen das andere nur zurückgeworfenes ist. Wenn also die Sterne ihre Lichtquelle in sich haben, und wir über die Beschaffenheit derselben nach der Analogie urtheilen wollten, so müſsten wir sie für ebensoviele brennende Körper halten: doch ist ein solcher Schluſs nach der Analogie hier wohl schwerlich erlaubt, da Sonnen und Planeten vielleicht durchaus verschiedene Körper sind.

§. 88. 2) Das Funkeln oder Zittern der Sterne rührt von der Kleinheit ihres Durchmessers und von der Beschaffenheit unserer Atmosphäre her. Die Lichtstrahlen, welche durch dieselbe gehen und sich auf mannigfaltige Weise immer von neuen brechen und biegen, zeigen niemals an demselben Orte den Punkt des leuchtenden Gegenstandes von welchem sie ausgegangen. Wenn also der ganze Gegenstand nur ein Punkt ist, so wird er in einem fortwährenden Zittern erscheinen, und dies ist grade bei den Sternen der Fall, die uns nur als leuchtende Punkte erscheinen. Deſshalb darf man sich auch nicht wundern, daſs das Funkeln am Tage stärker ist, als bei der Nacht, und zunimmt, wenn die Bewegung der Atmosphäre durch Wind oder andere Ursachen zunimmt.

§. 89. 3) Das Licht der Sterne ist von verschiedener Farbe; meistens silberweiſs, doch auch bei einigen blaſsroth, bei andern sogar dunkelroth. Diese Farbe bleibt nicht immer dieselbe: so war Sirius zu den Zeiten der Griechen röthlich, jetzt ist hievon keine Spur zu sehen, sondern der Stern ist silberweifs. Will man die Hypothese von dem Brennen der Sterne zulassen, so kann man aus den Farben auf den grössern oder geringern Grad dieser Verbrennung schliessen.

§. 90. 4) Die Erscheinung der neuen Sterne, und das allmählige Abnehmen und Verschwinden derselben, ebensowie das Verschwinden anderer, die lange sichtbar gewesen, zeigt an, dafs die Lichtquelle plötzlichen Aenderungen unterworfen sein kann; bei unsern Feuer läfst sich dies leicht denken, und in der That scheint es, als wenn man bei den neuen Sternen kaum eine andere Hypothese als die eines wirklichen Brandes annehmen kann, indem selbst die Farben, die ein solcher zeigt, wenn er aus Mangel an Nahrung nach und nach verlischt, an diesen Sternen beobachtet werden. Unter solchen neu erschienenen und wieder verschwundenen Sternen ist der berühmteste der in der Cassiopeja, der im Jahre 1572 erschien, und sechzehn Monate sichtbar war, ohne seinen Ort zu verändern oder eine merkliche Parallaxe zu zeigen. Er hatte weder Bart noch Schweif, wie ein Komet, sondern überglänzte den Sirius, die Wega und alle andern hellen Sterne. Doch nahm die Lebhaftigkeit des Lichts bald merklich ab, seine Farbe ward roth wie die des Mars, dann bleich, und blieb so bis zu seinem gänzlichen Verschwinden. Ein fast ganz ähnlicher wurde 1604 im Schlangenträger beobachtet; er zeigte alle Farben eines geschliffenen und der Sonne ausgesetzten Diamanten; bald aber veränderte er Licht, Farbe und Grösse fast wie der vorhergehende, und verschwand im Jahre 1606. Mehrere andere Sterne dieser Art, welche man in frühern Zeiten beobachtet haben will, sind vielleicht blos Kometen gewesen.

§. 91. 5) Einige Sterne, 15 an der Zahl, haben einen periodischen Lichtwechsel, sodafs sie innerhalb eines gewissen Zeitraums mehr oder weniger an Licht abnehmen und wieder zunehmen. Die Perioden sind von sehr verschiedener Grösse; bei Algol beträgt sie 69 Stunden, beim Veränderlichen im Wallfische 332 Tage, bei dem in der Wasserschlange 494 Tage. Im Allgemeinen erklärt sich diese Erscheinung durch eine Axendrehung der Sterne, durch welche von Zeit zu Zeit Stellen, welche von Licht entblöſst sind, auf die uns zugekehrte Seite kommen, doch genügt diese Erklärung nicht für manche Einzelnheiten, z. B. daſs alle diese Sterne merklich geschwinder zu- als abnehmen.

§. 92. 6) Bis zur Entdeckung der Fernröhre glaubte man, daſs die Sterne einen nur wenig kleineren Durchmesser hätten, als sie dem Auge zeigen; Kepler nahm den Durchmesser des Sirius zu 4 Minuten an. Cassini fand jedoch mit einem Fernrohre von mittelmäſsiger Kraft sehr bald den Irrthum: er setzte den Durchmesser des Sirius auf 2″ herunter, und lieſs ihm dennoch viel zu viel. Heutigestages ist bewiesen, daſs vier Sterne der ersten Grösse, Aldebaran, Regulus, Spica und Antares, nicht 1″ im Durchmesser haben; weil, wenn diese Sterne vom Monde bedeckt werden, dieser nicht 2″ Zeit gebraucht sie ganz zu verdecken, wie es doch sein müſste, wenn die Sterne 1″ im Durchmesser hätten, weil jener 1″ im Bogen in 2″ Zeit macht. Herschel hat mit einem guten Fernrohre den Durchmesser der Wega auf weniger als 1″ reduzirt, und vielleicht könnte er noch mehr vermindert werden. Wenn der scheinbare Durchmesser der Sterne 1″ wäre, und ebensogroſs die jährliche Parallaxe, so würde ihr wahrer Durchmesser dem Halbmesser der Erdbahn gleich sein; aber die Parallaxe ist vielleicht grösser als der Durchmesser, und also läſst sich hieraus nichts folgern.

§. 92. 7) So klein die scheinbaren Durchmesser der Sterne sind, so grofs ist ihre Anzahl, und wenn es schwer ist, die Gränzen des Erstern anzugeben, so ist dies für die Letztere ganz unmöglich. Dem blofsen Auge erscheinen ohne Zweifel nur wenige Tausende von Sternen; sowie man aber ein ganz gewöhnliches Fernrohr zur Hand nimmt, zeigt sich an allen Orten des Himmels eine ungemessene Anzahl, und wenn das Fernrohr von vorzüglicher Güte und Kraft ist, so übersteigt die Menge Alles was sich vorher die Einbildungskraft zu denken vermochte. Herschel hat in einem kleinen Felde von 10′ gut 50 Sterne um Aldebaran gezählt, und in einer einzigen Viertelstunde auf einem Streifen von nur 2° Breite deren 116000 gesehen. In der Voraussetzung einer gleichmässigen Vertheilung am Himmel würden nach dieser Beobachtung mehr als 100 Millionen sein; aber die Milchstrafse allein umfafst tausendmal mehr als am ganzen übrigen Himmel sind. Die Anzahl dieser Sterne ist also ungeheuer; nichtsdestoweniger übersteigt aber unser Gedanke diese Gränzen, sieht immer neue Welten, sucht das Ende, aber sucht es immer vergebens.

§. 93. 8) In dieser ungeheuren Masse von Sternen trifft man auf einige, die, durch Fernröhre beobachtet, in zwei, drei und noch mehrere getheilt erscheinen. Dergleichen sind $\gamma$ Widder, Castor, $\alpha$ Herkules, $\gamma$ Jungfrau, $\alpha$ Kentaur und viele andere; Herschel hat ihrer über 700 beobachtet. Diese Doppelsterne verdienen die Aufmerksamkeit der Astronomen in einem hohen Grade, sowohl wegen des Gebrauchs, den man von ihnen zur Auffindung der Parallaxe machen kann, als auch wegen verschiedener auffallender Beobachtungen, welche mehrere Astronomen an ihnen gemacht, und wegen welcher noch viele Ungewifsheit bleibt.

Nach BIANCHINI ist ξ der Leyer doppelt, und der südlichste von beiden zertheilt sich überdies bisweilen in zwei andere; GREGORY meint, daſs der Stern in der Mitte des Schwerts des Orion und einige der Plejaden bisweilen doppelt, bisweilen dreifach erscheinen. Andere Astronomen haben sogar eine Art Planeten bei mehreren Sternen gesehen, vorzüglich wollte CHRISTIAN MAYER in Manheim bestimmt behaupten, daſs die Doppelsterne zu den verschiedenen Zeiten, in welchen sie von FLAMSTEED an bis auf uns beobachtet worden, ihre gegenseitige Lage geändert hätten, und daſs die Sterne auf der südlichen Hälfte des Himmels von kleinen Sternchen, als Trabanten, begleitet wären. Dies letztere ist aber sonst von Niemand beobachtet, dahingegen die Aenderung der gegenseitigen Lage der Doppelsterne durch die Wahrnehmungen neuerer Astronomen bestätigt ist.

§. 94. 9) Ausser den Doppelsternen sind noch die Nebelsterne zu bemerken, die sich als weiſse Lichtflecke am ganzen Himmel zerstreut zeigen. HERSCHEL hat deren bis auf 2000 gezählt, die groſsentheils in einer Art von Zone liegen, welche rund um den Himmel geht. Einige, aber sehr wenige, sieht man mit dem bloſsen Auge; im Allgemeinen kann man sie jedoch nur mit Hülfe der Fernröhre wahrnehmen. Sie werden in drei Klassen getheilt, nämlich 1) in eigentliche Nebelflecke, in welchen, wie stark auch die Vergrösserung des Fernrohrs sein mag, man keinen Stern unterscheidet; 2) in Nebelflecke mit untermischten sehr kleinen Sternen. 3) in solche, welche sich immer in einzelne Sterne, ohne allen Lichtschimmer auflösen lassen. Der Nebelfleck im Gürtel der Andromeda, der auch mit bloſsen Augen sichtbar, ist einer der schönsten der ersten Art. Er hat die Form zweier abgestumpfter, mit ihren Grundflächen aneinander liegender Kegel (Fig. 55.); mit den besten Fernröhren hat sich noch nicht der kleinste Stern in demselben unterscheiden lassen. Ein anderer sehr schöner derselben Art, der aber nur durch Fernröhre sichtbar ist, zeigt sich am westlichen Ohr des Wassermanns; er ist von kreisförmiger Gestalt, und in der Mitte leuchtender als am Umfange (Fig. 57.).

Zu der zweiten Gattung gehört der schöne Fleck zwischen dem Bogen des Schützen und dem östlichen Fuſse des Ophiuchus. Schon mit mittelmäſsigen Fernröhren unterscheidet man in ihm eine groſse Menge kleiner Sterne, die wie auf einem weiſsen Gewande ausgestreut stehen, (Fig. 56.). Der Nebelfleck bei σ Fuhrmann ist von der dritten Art; er löſst sich, mit Hülfe eines sehr guten Fernrohrs ganz in Sterne auf, welche in der Form eines kleinen Vierecks stehen (Fig. 58.).

Die Nebelflecke hat keiner sowie Herschel untersucht, und mit grösserem Fleiſse beschrieben: mit seinen groſsen Fernröhren gelang es ihm sehr viele zu betrachten, die kein anderer Astronom gesehen hat. Er meint in diesen Flecken die ersten Keime der Planeten und Kometen zu erkennen, und sagt, daſs sie gleichsam sehr zarte Lichtmassen wären, mit untermischten Punkten, um welche, wie um Mittelpunkte, nach und nach die übrige Masse sich vereinigte, und daſs auf solche Weise, indem die Verdichtung zunähme, Körper entständen wie Planeten oder Kometen.

§. 95. Die Milchstraſse kann man als einen groſsen Nebelfleck betrachten, der wie ein Gürtel rings um den Himmel geht.

Mit Hülfe eines sehr starken Teleskops, wie z. B. ein Herschelsches von 20 Fuſs Länge, löst sie sich ganz in eine unendliche Menge äusserst kleiner Sterne auf.

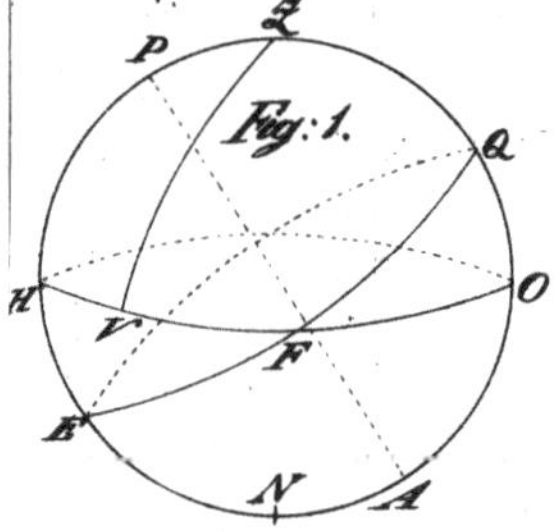
Z
P
Fig:1.
Q
H
O
V
F
E
N
A

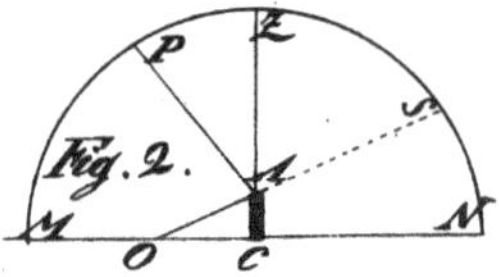
P
Z
S
Fig.2.
A
M
O
C
N

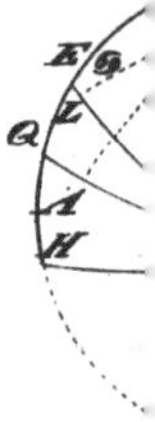
E
Q
L
A
H

Fig:14.

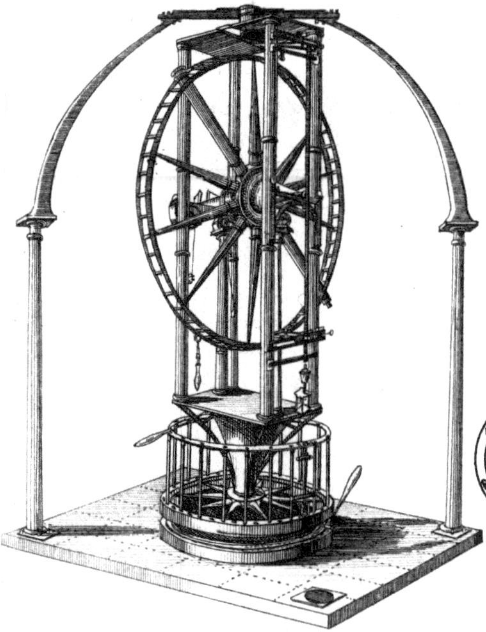

D
S
I
x
H
F
y
A

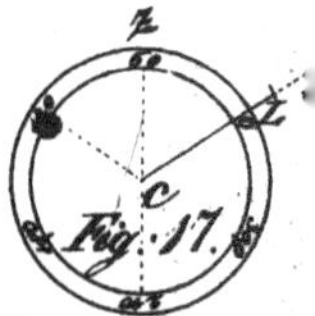
Z
L
C
Fig.17.
N

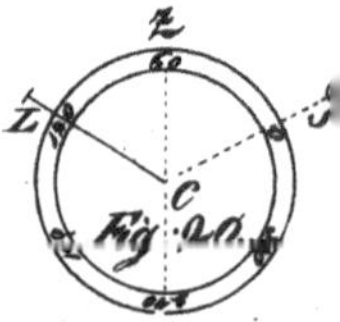
Z
L
C
Fig.20.

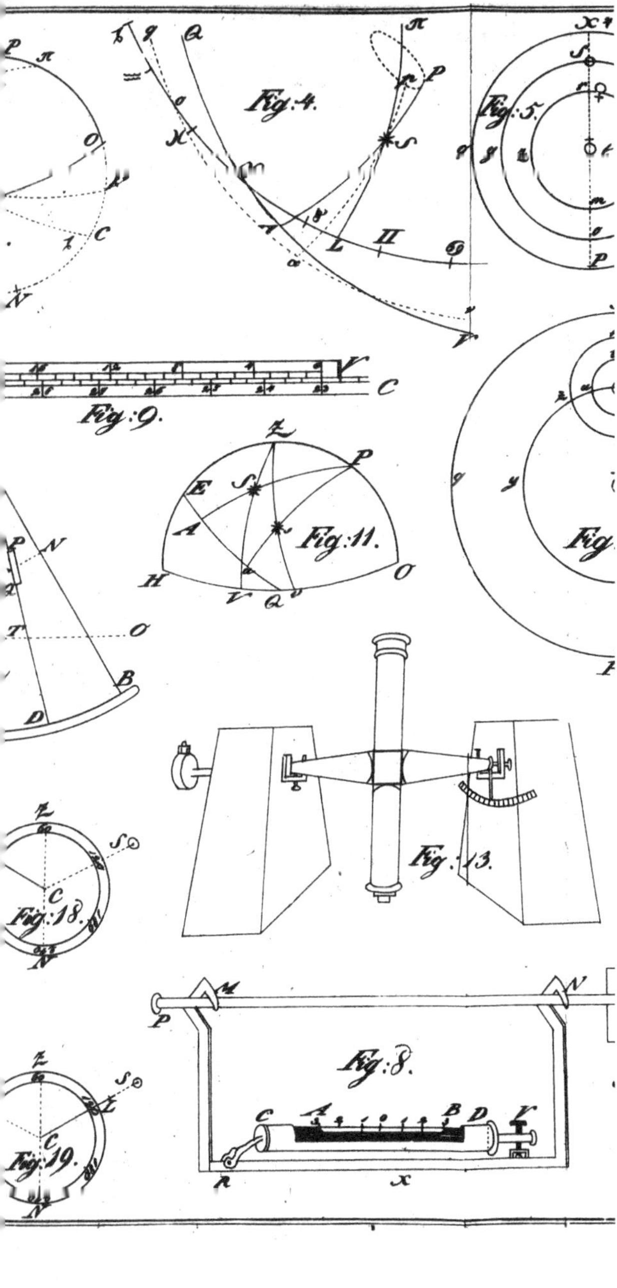
Fig:4.
Fig:5.
Fig:9.
Fig:11.
Fig:13.
Fig:18.
Fig:19.
Fig:8.

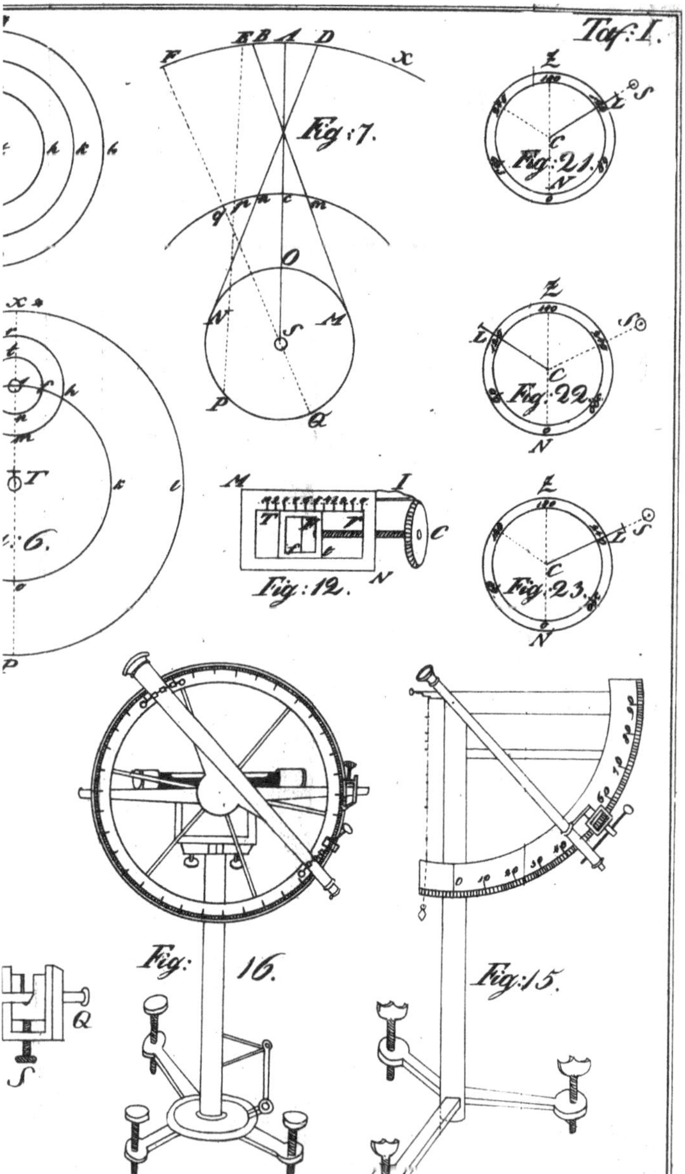
Taf: I.
Fig: 7.
Fig: 21.
Fig: 22.
Fig: 23.
Fig: 12.
Fig: 16.
Fig: 15.

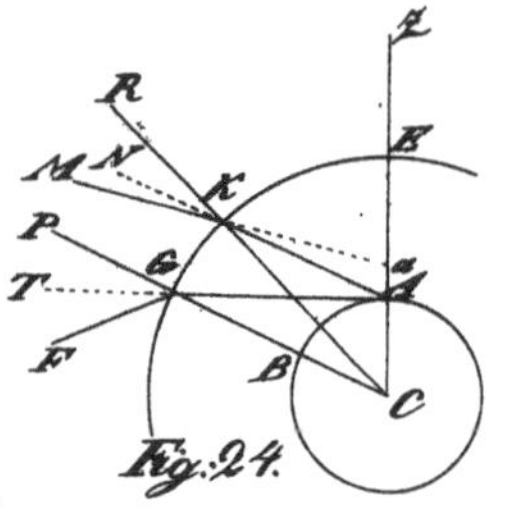


Fig: 24.

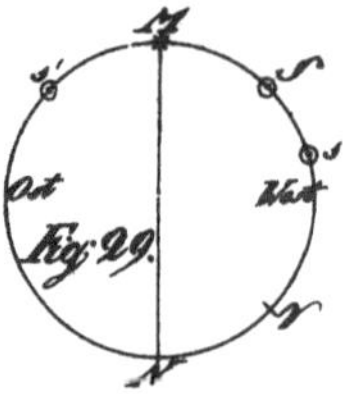


Fig: 29.

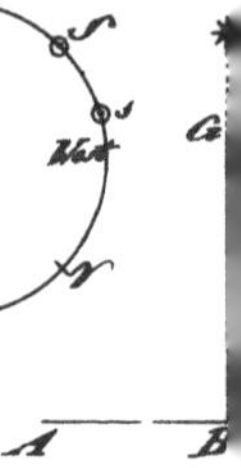


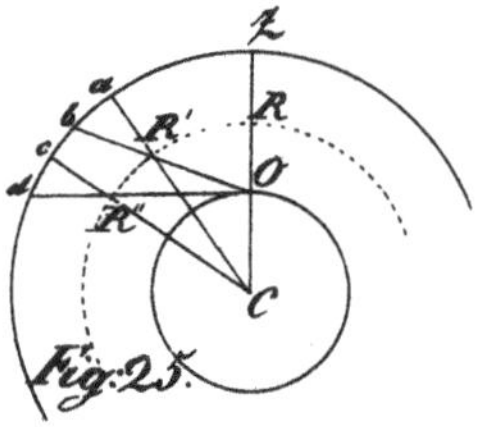


Fig: 25.

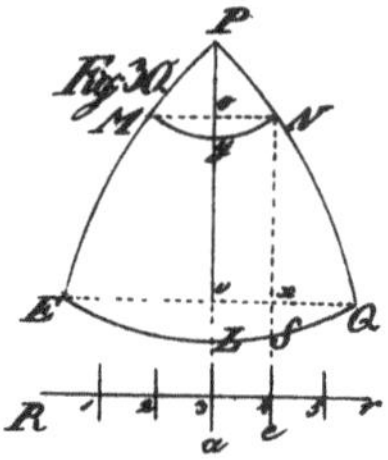


Fig: 30.

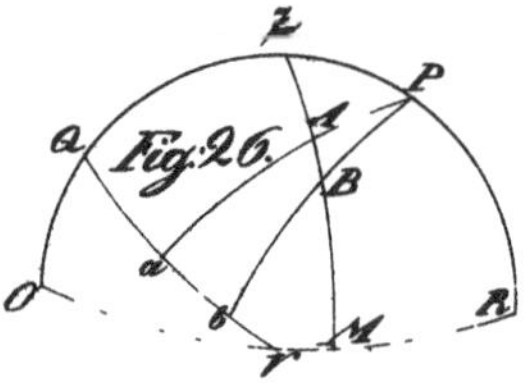


Fig: 26.

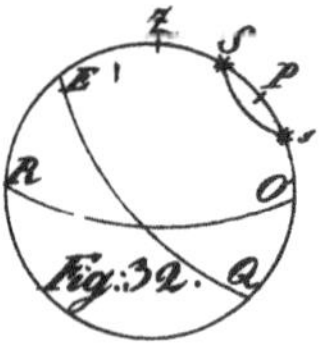


Fig: 32.

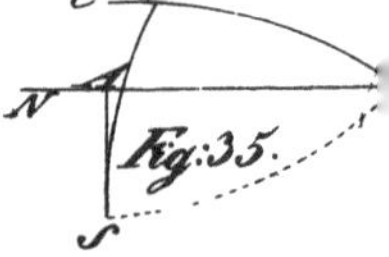


Fig: 35.

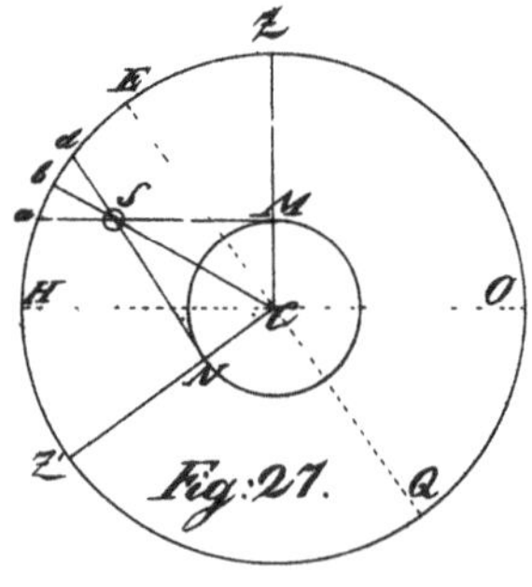


Fig: 27.

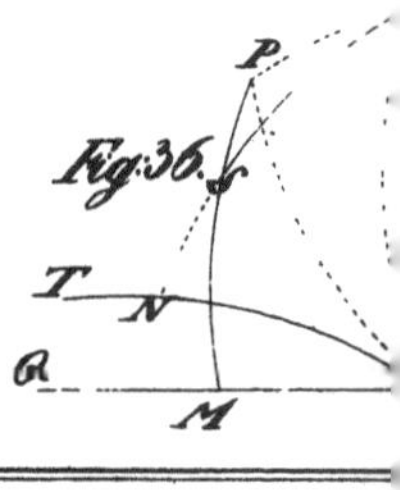


Fig: 36.

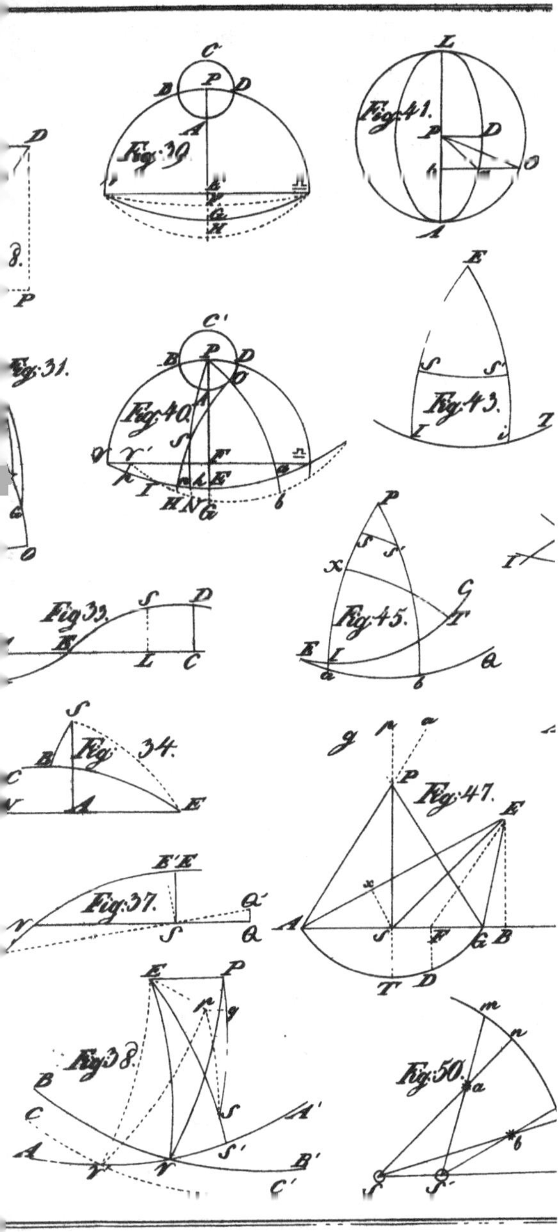
Fig.39.
Fig.41.
Fig.31.
Fig.40.
Fig.43.
Fig.45.
Fig.33.
Fig 34.
Fig.47.
Fig.37.
Fig.38.
Fig.50.

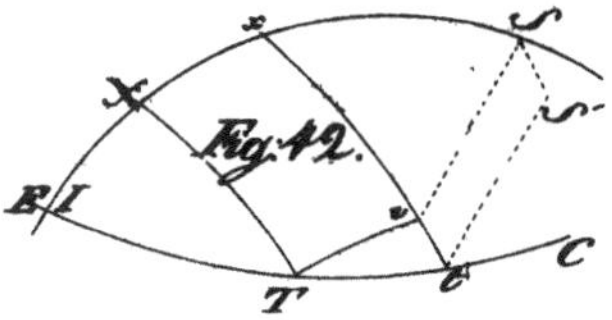
Fig: 42.
x
S
S'
X
E
I
T
C
C

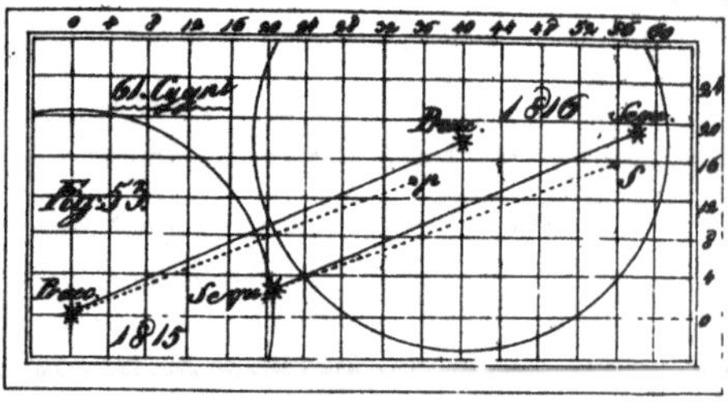
0 4 8 12 16 20 24 28 32 36 40 44 48 52 56 60
61. Cygni
1816
Praec.
Sequ.
Fig: 53.
Praec.
Sequ.
1815

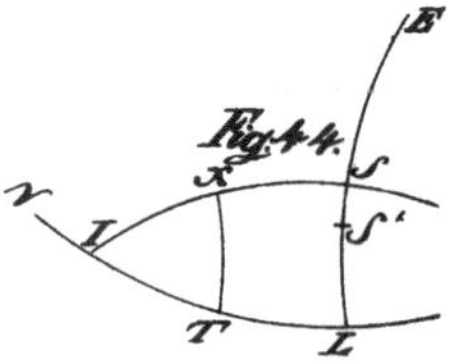
E
Fig: 44.
x
S
S'
I
T
L

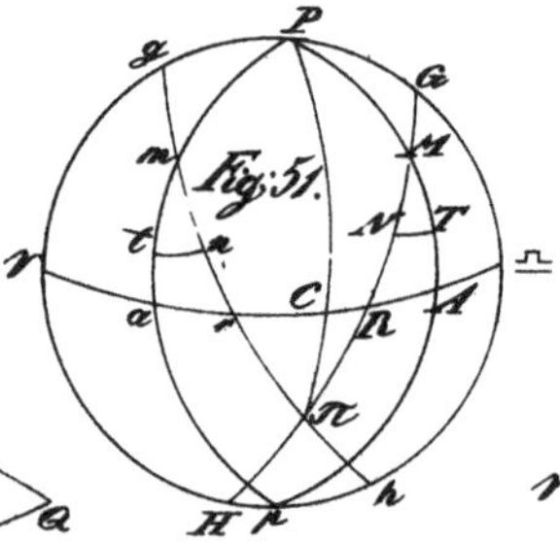
P
g
G
m
M
Fig: 51.
t
n
N
T
a
r
C
R
A
π
H
p
h

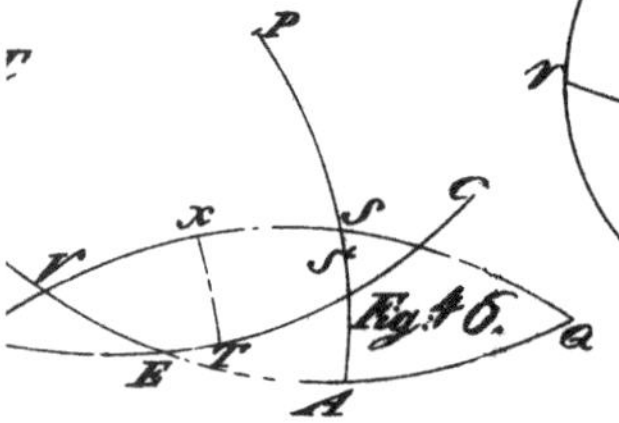
P
x
S
S'
C
Fig: 46.
E
T
A
Q

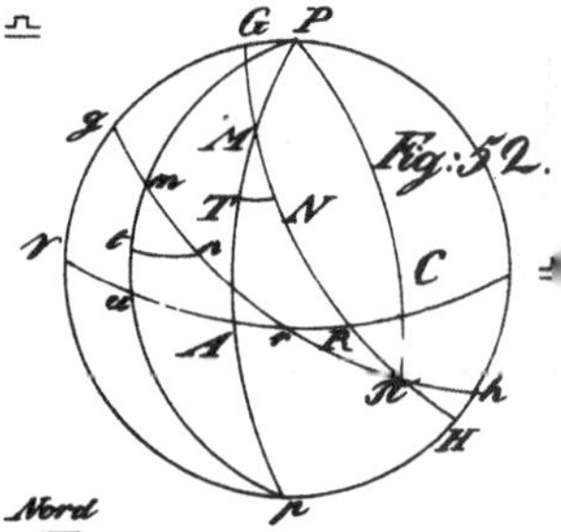
G P
g
M
m
Fig: 52.
T
N
t
n
C
a
A
r
R
π
h
H
p

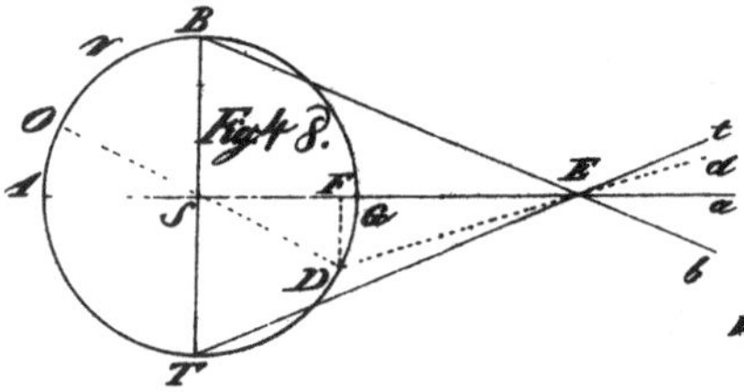
B
O
Fig: 48.
A
S
F
G
E
t
d
a
D
b
T

Nord
Sequ. 1760
West
Praec.
Ost
Sequ. 1800
Fig: 54.
Süd

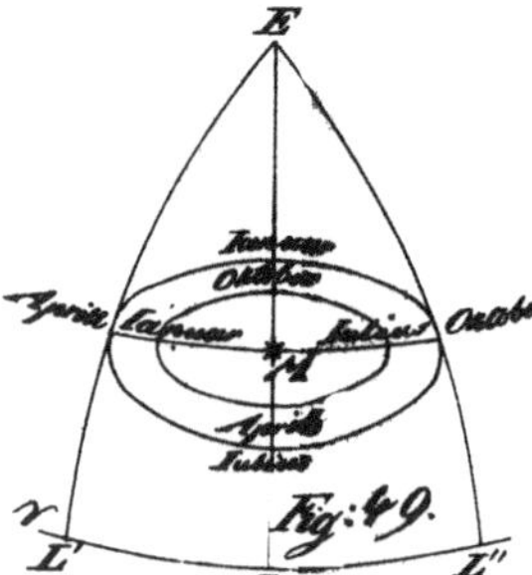
E
Oktober
Julius
M
April
Fig: 49.
L'
L
L''

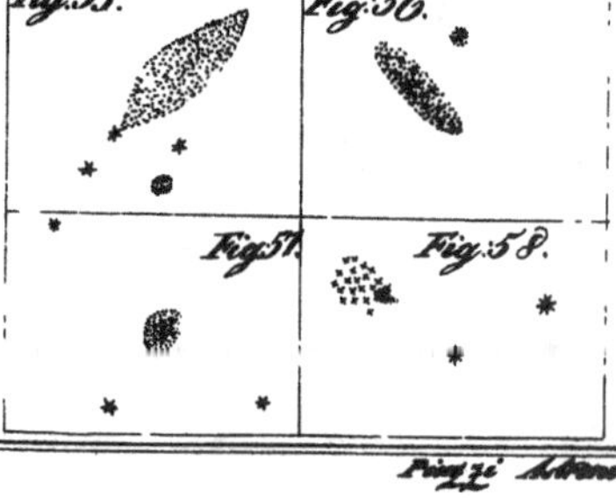
Fig: 55.
Fig: 56.
Fig: 57.
Fig: 58.

FSC
www.fsc.org
MIX
Papier | Fördert gute Waldnutzung
FSC® C083411

Kolibri 360 GmbH
Ferdinand-Jühlke-Straße 7
99095 Erfurt, Deutschland
produktsicherheit@kolibri360.de